郭鶴年自傳

郭鶴年　口述

Andrew Tanzer　編著

郭鶴年自傳

口　　述：郭鶴年

編　　著：Andrew Tanzer

翻　　譯：蔡　羌

封面題籤：王永成

責任編輯：毛永波　曾卓然

封面設計：涂　慧

出　　版：商務印書館 (香港) 有限公司

　　　　　香港筲箕灣耀興道 3 號東滙廣場 8 樓

　　　　　http://www.commercialpress.com.hk

發　　行：香港聯合書刊物流有限公司

　　　　　香港新界大埔汀麗路 36 號中華商務印刷大廈 3 字樓

印　　刷：中華商務彩色印刷有限公司

　　　　　香港新界大埔汀麗路 36 號中華商務印刷大廈

版　　次：2018 年 2 月第 1 版第 5 次印刷

　　　　　© 2017 商務印書館 (香港) 有限公司

　　　　　ISBN 978 962 07 5764 8 (精裝)

　　　　　ISBN 978 962 07 5758 7 (平裝)

　　　　　Printed in Hong Kong

謹以此

獻給先母鄭格如
郭氏集團的真正創始人

獻給二哥鶴齡

一位偉大但不幸英年早逝的人

▲ 母親鄭格如結婚前的照片。 1917 年。

▼ 父親郭欽鑒。 1920 年。

◀ 母親和她在中國的親人。左起：我姨姨、外祖母、外祖父、大哥鶴舉、母親、舅父。1924 年。

▲ 郭氏堂兄弟。左起：鶴醒（十二堂兄）、
鶴璟（十堂兄）、大哥鶴舉（排行十七）、
我（排行二十）、二哥鶴齡（排行十八）。
1927 年。

▶ 母親與我們三兄弟。左起：二哥鶴齡、
大哥鶴舉和我。1935 年。

▲ 父親照片。1937 年。

▶▼ 我，父親非常信賴的助
手阿 Kow，及其兒子。
1989 年 11 月。

▶ 二哥鶴齡和他的姪女，大
哥的女兒。1947 年。

郭氏堂兄弟合影。左起：鶴瑞（十四堂兄）、鶴醒（十二堂兄）、鶴青（五堂兄）、我（排行二十）、鶴韜（十三堂兄）、鶴琦（十五堂兄）、鶴舉（排行十七）、鶴鳴（二十一堂弟）、鶴璟（十堂兄）、鶴堯（十一堂兄）。1950 年。

▲ 母親新山家中的祈禱房間。

▶ 母親着佛家海青。1970 年。

◀ 亡妻謝碧蓉。1980 年。

▲ 母親與我和碧蓉的子女留影。左
　起：綺光、母親、孔丞、璇光、敏
　光和孔演。1959 年。

◀ 妻子寶蓮。2013 年。

▲ 我與寶蓮和子女留影。左起：孔
華、燕光和惠光。2003 年。

▲ 後排左起：我兒子孔華、孔演、
　孔丞，和姪兒孔鑰和孔輔。前排
　左起：我與孔演的兒子孟雄，大
　哥鶴舉。1984 年。

目錄

前言

本書記載一位洞悉天時地利的傑出人物的故事。

郭鶴年先生為商界翹楚，聲名顯赫，早年以商品業務聞名於世，其後進軍航運、物流、房地產及酒店業。本自傳深入展露其個人的成長經歷。

出生於殖民地時期馬來亞中屬少數族羣的福州人社區，年青時遭逢日本佔領統治，及長則參與推動新興獨立國家馬來西亞的經濟轉型，自鄧小平時期始即竭力盡心報效祖國，一直到今天。郭鶴年先生深諳各地文化，順應時代變遷。

他的成長教養，讓他面對人性至善至惡，培育出非凡的洞察力，知所取捨。

無論置身柔佛新山的後街，還是倫敦的大道；香港的董事會會議室，還是北京的權力中心，他都泰然自若，如在家中。他既是儒家賢者，亦是英國紳士；他是出色的商家，也是精明的談判者。他處事嚴謹，卻寬宏大量。

他堅守本分，秉持積極的價值觀，傳承自其摯愛的母親。她為撫養兒子成材不計犧牲，他感念母親，侍母至孝。

郭鶴年先生的故事時而激勵人心，時而讓人捧腹，時而令人傷感。這就是我這位良朋知己的故事。

東亞銀行有限公司　主席兼行政總裁　李國寶博士
大紫荊勳賢　金紫荊星章　太平紳士

序言

郭鶴年希望藉此回憶錄向母親鄭格如和哥哥鶴齡致敬，哥哥鶴齡為追求政治信念而獻出了年輕生命。在書中他講述創立以亞洲為基地的郭氏集團的故事。從某種意義上，這家聘用了數十萬員工的跨國企業命脈全繫於郭鶴年的母親——鄭格如女士，她品德高尚，虛懷若谷，謙遜仁和，誠實守信，克己自律，無論做生意還是做人都深深影響着她的兒子郭鶴年。

我們深信，人們會從閱讀郭鶴年的生平故事中得到樂趣，這是一部多姿多彩（當然也有傷感的部分）的家族歷史。郭鶴年的父母從中國到英屬馬來亞落地生根，父親奠定了家族企業的基石，但溘然而逝，未及留下遺言。郭鶴年在這本書裏主要講述他管理企業和做生意的獨特見解——從 1949 年開始，他如何帶領郭氏集團發展成為多元經營的跨國企業。

郭鶴年雖然在馬來西亞出生和長大，但他從來沒有忘記自己是中國人。他五十年代即與中國開展商業往來，待文化大革命結束，中國擺脫封閉狀態，歡迎外國投資者時，郭鶴年是首批應邀進入中國投資的海外華僑。

對歷史、文化及社會學的研究者而言，這是一本十分有用的書。郭鶴年從小接受英國殖民地的精英教育，至 1941 年 12 月日本轟炸新加坡被迫中斷。幸虧他擁有天賦驚人的記憶力、觀察和分析能力，加上敏銳的直覺、廣泛的興趣和對事物的強烈好奇心，驅使他自己努力地吸收知識和學問。讀者從書中可以了解華人移民東南亞，在英國殖民統治下的生活，在第二次大戰時期日軍鐵蹄下經歷的歲月，也可了解中國和亞洲經濟騰飛的歷程。

靈活多變的郭鶴年因為懂得多種語言及擁有多元文化，所以能通行無阻地遊走於世界各地並把業務開遍全球。這本書既包括他對不同文化和人物的觀察和見解，也包括他與不同種族合作、做生意的經歷，其中的一些故事還很幽默，甚至帶點詼諧。

郭鶴年在漫長和豐盛的商業生涯中一直保持低調、盡可能避開外界的注目。我們十分榮幸能參與及製作這本回憶錄，並和公眾分享他精彩絕倫的人生。

Andrew Tanzer
（麥克萊恩，弗吉尼亞州）

郭雯光
（新加坡）

鳴謝

由 2002 年着手撰寫到 2017 年落實出版，在這段漫長的過程中，我十分慶幸能得到許多朋友、同事和家人的協助。

首先，我要特別感謝 Andrew Tanzer，在這項筆桿子的工作上，我們是一對合作無間的夥伴。這位長駐亞洲擔任商業雜誌記者的美國人，我與他一見面便認定他，知道他能幫助我將回憶轉化成文字，並編輯成書。憑藉他對亞洲的了解認識，加上作為記者擁有的報導採訪技巧，經過幾個月會面，他把我的故事編寫成初稿。

而中文版方面，我要感激蔡芫，她將英文原稿傳神地翻譯成中文。我還要多謝我的姪女郭雯光，她多年來領導整個團隊，與 Andrew 溝通無間，還不斷努力推進落實文稿和出版的工作。

我對我可敬的助理黃小蓮更是感激萬分，她日以繼夜地苦苦完成了本人口述錄音整理。還有陳宇慧和我兩位能幹的職員蔡竹筠和馮幗芬協助中文版的翻譯工作。此外，我還非常多謝黃小抗和郭秉隆幫忙審閱中文本和給予意見。

為了付印前的修訂，Andrew 的二哥 Jeff Tanzer 做了一些文稿的整理工作；我的摯友、東亞銀行主席李國寶介紹了 Andrew Burns 給我，他在編輯上給予我很多寶貴的意見；嘉里控股的黃克難花了好些時間去將訪問的聲帶打成文稿；還有我的三女兒郭綺光在最後階段幫忙剪輯後加的內容。

最後，我要感謝英文本的出版商吳弈慶，他不但肩負起這項工作，還引領我走到這個對我來說帶點陌生的出版界。

大事年表

歷史背景		家族和企業
	1893	郭欽鑒（父親）在中國福州出生
	1900	鄭格如（母親）在中國福州出生
	1909	郭欽鑒移民新加坡
清朝結束，中華民國成立	1912	
	1920	鄭格如移民馬來西亞，並與郭欽鑒成婚
	1921	郭鶴舉（菲力浦）在馬來亞柔佛新山出生
	1922	郭鶴齡（威廉）在馬來亞柔佛新山出生
	1923	郭鶴年（羅伯特）在馬來亞柔佛新山出生
大蕭條開始	1929	
日本對中國發動全面戰爭	1937	
日本偷襲珍珠港，入侵馬來亞	1941	
日本投降，太平洋戰爭結束	1945	
	1947	郭鶴年與謝碧蓉結婚
	1948	郭鶴齡（馬來亞共產黨員）遁入深山叢林 郭欽鑒離世
中華人民共和國成立	1949	郭鶴年與家族其他成員成立郭氏兄弟有限公司
	1953	郭鶴齡於馬來亞深山叢林被英軍槍殺

歷史背景		家族和企業
馬來亞獨立	1957	
	1963	郭鶴年在倫敦食糖市場賺到第一桶金
	1964	馬來亞製糖有限公司在馬來西亞布萊投產
新加坡從馬來亞獨立	1965	
蘇哈托將軍在印尼執政	1966	聯邦麵粉廠在馬來西亞巴生港開業
		郭鶴舉離開郭氏集團，到荷盧經濟聯盟擔任馬來西亞大使
馬來西亞爆發種族騷亂	1969	
	1971	新加坡香格里拉開業
		波加薩利麵粉廠在印尼投產
鄧小平領導中國，推行改革開放政策	1978	
馬哈蒂爾·穆罕默德成為馬來西亞總理	1981	
	1983	郭謝碧蓉罹患癌症離世
	1984	中國國際貿易中心合同在北京簽署
	1993	嘉里控股收購《南華早報》
	1994	嘉里飲料在中國開設首家可口可樂瓶裝廠（其後總共開了 10 家）
	1995	鄭格如離世
香港回歸中國	1997	爆發亞洲金融危機
	1997	郭鶴年退休
	2003	郭鶴年重返工作

第一部分

・柔佛新山・

第一章　　母親對我的薰陶

　　我兒時最早期的記憶裏就只有哭泣和心碎的感覺。我會跑到黑暗的角落裏，然後不知不覺間昏沉睡去。那是 1925 年，我只有一歲半。母親帶着大哥鶴舉返回中國，留下我和二哥鶴齡。憑着一種直覺，我們深信母親此去再也不會回來。

　　從 1920 年結婚那天起，父親一直沒有善待母親。這一場盲婚啞嫁，讓母親認識到父親的種種不良行徑。新婚頭幾年，父親愛沾花惹草的個性已毫不掩飾地顯露出來。他還吸食鴉片和賭博，有時甚至兩三天都不見蹤影。母親實在受夠了，於是她返回福州，並且下定決心再也不回馬來亞。

　　母親留下一個福州來的保姆照顧我們，我一直叫她阿婆。記憶中至深一幕是我和二哥鶴齡鑽到桌椅下，身體蜷縮一團迷迷糊糊睡着的情景，彷彿那裏是我們唯一感到安全的地方。雖然阿婆對我照顧有加，但那被遺棄的感覺，內心那孤獨、不安的情緒卻怎也揮之不去。慶幸的是，阿婆的陪伴和關愛，幫助我度過了人生中那段黑暗的歲月。

　　阿婆不識字，她請人代筆寫信給母親。信中寫道："太太，您一定要回來啊！兩個孩子都很想念您！"終於，母親在離家一年半後，從中國返回了新山。

　　我的父親郭欽鑒，1893 年 12 月生於福州，屬蛇。父親家中共有六個兄弟，他排行第六，很小的時候就失去了雙親。祖父是家中次子，按照長子繼承制的傳統，家產都由長兄來繼承。在封建的中國社會裏，主要的稻田和家產總是傳給長子，其他孩子所得的往往少得可憐。

父親兄弟幾家吃住在一起。父親的長兄總是偏心自己的兒子，對他非常不好。當收成欠佳，食物不夠時，父親的長兄只會確保自己的孩子得到大部分食物和更多的米糧，他還會用其他方法來欺負父親，所以父親可以說是在被虐待和剝削的環境中長大。

東南亞為父親提供了一條逃離的出路。第一個遠赴東南亞的是我的四伯父。大約 1906、1907 年，約 17 歲的四伯父南渡到新加坡，很快在當地的一家華人店舖找到了一份店員的工作。兩三年不到，四伯父就成為老闆最喜愛的員工之一。這家店舖在貿易中扮演中間商的角色，從馬來亞腹地運來農產品，經過分類包裝之後，再供應給當地的英國洋行，如寶德（Boustead）、牙得利（Guthrie）和夏里遜‧克羅斯菲爾德（Harrison & Crosfield）等等。

那時，信件全靠海運傳送。信從老家福州送到新加坡的四伯父手裏需要四週甚至更久。四伯父漸漸對幼弟的遭遇略有所聞，於是便決定安排他乘船前來新加坡。那一年應該是 1909 年。父親因此成為兄弟中第二個移民東南亞的人。他剛來時，大約只有 15 歲，骨瘦如柴，營養不良導致體重過輕。

父親最多受過一兩年的中學教育，略懂簡單書寫，看看報紙和閱讀信件。雖然沒有多少學識，卻精通數字，為人精明，個性很強，擅於人際交往。剛到新加坡時，父親和四伯父一起在一家華人店舖裏當幫工。相比四伯父，父親更為聰明、早熟，加上事事順從，兼且工作勤奮努力，很快便得到老闆的賞識。

父親曾說，在剛開始工作的頭幾個月，他沒有收過分毫工資。但他總是第一個上班、最後一個吃飯，第一個起牀、最後一個睡覺（他們都睡在店裏）。終於有一天，老闆對父親說，"你工作很賣力呀，給你三分錢吧！"父親於是用一分錢理了髮，一分錢買了一雙新木屐，剩下的一分錢買了件新汗衣。

幾年後，父親和四伯父賺了一些錢足以自立門戶。福州位於福建省中部，一般認為福州人都比較膽小謹慎，不像福建南部的泉州或廈門人那樣富有冒險精神和經商頭腦。父親和四伯父並沒有試圖在新加坡打拼，而是決定撐着舢舨穿越鱷魚成羣出沒的柔佛海峽，來到新山開店。當時正值第一次世界大戰期間，馬來亞出產的香料供不應求，價格飆升，他們從中大賺了一筆。到了1919、1920年，父親和四伯父已經挺富有了。

母親鄭格如生於 1900 年 12 月，屬鼠。相比父親，母親的家境殷實得多。她來自一個小地主家庭，家住福州，但在北方的山東也擁有產業。外祖父博學多才、聰明睿智，且受過良好教育，對中草藥略有研究，為人非常和藹可親。他對女兒更是萬般愛護，所以母親可以說是外祖父的掌上明珠。她是在溫暖和愛的包圍下成長，相比父親，截然不同。

當時，福州是英國的通商口岸，母親從小就有很強的反帝國主義、反殖民主義情緒。福州一共有四家英國公司，分別是英美煙草（British American Tobacco）、怡和集團（Jardines）和太古洋行（Butterfield Swire），以及布律吉洋行（Brockett）——由一位來自紐卡斯爾市的英國人所經營，該公司的創始人是我已故第一任妻子謝碧蓉和我大哥鶴舉的亡妻謝碧蓮的外祖父。

有一天，外祖父離家北上收租，外祖母帶來了裹腳婆為母親裹小腳。慶幸外祖父沒過幾天便回到家中。看到心愛的女兒遭受那種痛苦，他掐住太太說："你這個蠢女人！"接着，他拿起剪刀將裹腳布剪斷。母親的雙腳痛了好幾個星期，但幸好並沒有變形。

鄭格如思想獨立，她自己申請入讀一所福州的女子學院。那個時代，中國鮮有女子能夠上大學。外祖母有個弟弟，他和二伯父在一次功夫較量後成為了好友。

一天，二伯父向他誇耀："我剛收到家中小弟的一封信，他在南洋生意做得很好。"

外祖母的弟弟立刻答道："啊，我有一個美麗聰慧的外甥女正上大學，我們何不為他們牽紅線呢？"

於是，母親在學校裏被硬拽出來，被迫遠赴南洋嫁給一個生意做得不錯的陌生人。母親並不願意離開中國，更不願意放棄尚未完成的學業。但是她必須聽從父母之命。那個時代的中國，幾乎所有的婚姻都是由父母包辦的。母親是在傳統家庭成長，對她來説，父親的話無異就是聖旨。

外祖父對母親説："我給你找了個夫婿，他將會是你生命中的另一半。我查過了，從各方面來看，他都挺適合你。你就別上學了，去那兒跟他結婚吧。"母親很愛外祖父，於是便順從他。1920 年，她芳齡 19 歲時，便乘船從福州遠赴新加坡，按中國習俗與父親成親。

但事實上，父母彼此之間並不合適。那個年代很多成功華商，就如母親的這位新婚丈夫一樣吸食鴉片，沉迷賭博，包養情婦。到大約 1921 年，父親已經積累了約 50 萬馬幣的財富。他從社會最底層白手興家，辛苦打拼，好像靠自己的努力征服了全世界一樣，當然有權盡情去享受人生。

父親生於一個非常傳統的社會，他期望自己的妻子千依百順，安於伺候和滿足他的需求。他沒有得償所願。母親擁有現代思想，受過良好教育，有很好的教養。所以從一開始，兩人的意願就存着很多衝突。毫無疑問，這是一場一廂情願的婚姻，而母親正是深受其苦的一方。

母親和保姆阿婆留給我許多美好的兒時回憶，但父親卻對我們三兄弟不聞不問。我們甚少見到他，他也很少跟我們說話。因此在我們三兄弟的成長過程中，自然地與母親的關係較為親密。

而大哥鶴舉又和二哥鶴齡較為親近，他們會分享想法、互相討論。三兄弟中，我感覺總被冷落一旁。因為在我出生時，大哥和二哥之間已經建立了很深厚的感情。我們的年齡彼此間相距十四五個月：大哥生於 1921 年 5 月，二哥生於 1922 年 7 月，而我則生於 1923 年 10 月初。他倆不但較我年長，也因為我長得矮小，那些需要體能的事情，他們能做，我卻根本做不了。這讓我倍覺孤單。

因此，我總愛黏住母親。母親也有注意到這點。她每次外出探訪親友時都會帶上我。所以，我和母親的關係變得特別親密。

母親跟親友坐下來，一聊就是一兩個小時。其間，我就靜靜地躺在母親的膝上，耳畔那些單調低沉的談話聲調慢慢催我入眠。這種情境經常出現，所以我很輕易便能回想起來。有意無意間，我所聽到的都是大人之間的對話。我想，或許正是這個原因，我是三兄弟中最懂事的一個。

我總覺得父親對我存有偏見。他認為我是一個自私、以自我為中心的人。一家人吃飯時，我會在一盤雞肉中挑一塊好的，每當我舉筷要夾時，父親便會瞪着我吼："別動！"有一兩次，我甚至被趕離飯桌，只能挨餓。

我打從很小的時候就精於算術。我早熟、外向，孩提時代就愛唱愛跳愛表演。大概 5 歲時的一天，我正天真地唱着一首有關父親東昇公司的歌曲。父親突然從臥室衝出來，狠狠地摑了我一巴掌。我當時感到很委屈。我到底做錯了甚麼？

在成長的過程中，我感到被身邊大部分人所忽視，特別是父親和他的三哥，而身為長子的鶴舉則深受父親和三伯父的寵愛。

我記得有一次，三伯父從一個木製的錢盒裏拿出數毛錢，穿過狹窄的小巷，走到印度人的小攤買了一塊雀巢巧克力。然後，他拉着大哥鶴舉的手走到角落，把巧克力悄悄塞給他說："拿着，別分給弟弟啊。"這使我非常生氣，時至今日，我依然很鄙視三伯父這種小氣的行為。

不過，類似這樣的刻薄行徑反而能激發我努力向上。這些羞辱，無論是對身體、心靈和自尊心的傷害，都刻骨銘心，無論如何也無法忘記！直到今天，我仍會竭力追求公平公正。這團幾乎不可熄滅的火焰使我成為一個難纏的對手。我會想，"我要證明給你們看！我一定要證明給你們看！"從很早開始，我就心懷這種強烈的怒火，激勵着我勇往直前。

即使在我們很小的時候，有時也能感受到家中那種緊張的氣氛。很多次，父母親從新加坡旅行回來，回到自己的臥室，使勁關上門，之後便大吵起來。

時至今日，我仍記得母親給我們三兄弟講述的那次可怕經歷。當時，父母親乘坐自己的車子從新加坡返回新山。途中他倆發生了爭執。車子當時沿着蜿蜒的道路行駛，父親一度打開車門，試圖把母親推出車外。司機是個馬來人，他從後視鏡中看到這個情景就大喊："頭家（老闆），不要這樣，不可以的，這很危險，真的很危險！"那時的汽車有許多把手，母親在千鈞一髮之際，抓住了其中一個才沒被父親推出車外。那個時代的男人把他們的女眷當作私人財產，就如傢具一樣可以任意擺佈，隨意買賣甚或丟棄。

除了自己，父親從不在乎任何人。商場上的成功侵蝕了他的靈魂，讓他過着一種完全逃避現實的生活。父親每個月總會去幾趟新加坡，幾天幾夜不見蹤影。他在那裏有麻將牌友，他會盡情賭博和放縱，直至精疲力竭才回家。身為賢妻的母親還會親手熬一鍋營養特別豐富的燉湯為父親補身。

1928 年，父親成功戒掉了鴉片。究其原因，並不是他自己的意願，而是他的馬來朋友幫他戒掉的。父親的朋友把他騙上開往英格蘭的慢船，上船後才發現沒有鴉片和煙槍。父親後來告訴母親，有那麼三四次，他簡直想從船上一躍而下，煙癮發作的滋味實在太難受。

父親也有好的一面。他總有辦法讓任何一個萍水相逢的人喜歡他。父親與生俱來就擁有一種迷人魅力。十個馬來人中十個都喜歡他。父親認為馬來人是這個地方的紳士，而柔佛的華人相比下就是一班唯利是圖、工於心計、背信棄義的傢伙。

說到商業智慧，父親確實高人一等。他擁有一種與生俱來的直覺，而且天資聰穎，富有經商頭腦 —— 這正是華夏漢族的基因。絕大多數的中國人都能觀言察色。因為人類生存在地球上，基本上就是動物的一種，而動物都能用嗅覺聞出對手的氣味。父親就是擁有這種優勢，他能迅速打量和判斷人，甚至連印度人也能精確做出判斷，這對於一個中國人來說，一點也不容易。亦因為父親的成長經歷比較艱難曲折，所以他的適應力也特別強。

儘管這聽起來有點奇怪，但父親在某方面確實是一個很有道德的人。儘管他對自己的妻子不忠，但對那一代華商而言，這並不算是缺德。在商場上，父親表現得非常紳士，對朋友更是慷慨大方，跟政府官員打交道時，特別是跟馬來公務員，他總能贏得對方的歡心和友誼。在我的記憶中，父親從來沒有惡意中傷，或以陰謀詭計加害對手。雖然我很欣賞他的商業道德，但我卻無法原諒他對待我的方式和態度。

父親能說一口流利的馬來土語，但並不會說英語。母親同樣也不會。父親深感不懂英語嚴重窒礙了他的事業發展。他甚至預感到馬來亞，特別是經濟方面，將會一直被英國所主宰。除非你能掌握好英語這門語言，否則也不會有多大作為。因此，父親便把他的三個兒子都送去了一所英語學校——修女女校（Convent Girl's School）。

學校裏的愛爾蘭修女要求我們取個英文名字。父親不懂英文，他讓唯一一個會說英語的員工給我們取名。那個員工略懂一點歷史，他說："好的，那我們就為鶴舉取西班牙國王之名叫菲力浦，為鶴齡取征服王之名叫威廉，為鶴年取蘇格蘭國王之名叫羅伯特。"於是從小學開始，我們便一直沿用這些英文名字。

修女女校內那咄咄逼人的天主教，給我留下了頗不愉快的記憶。學校教導我們不要迷信。但每當行雷閃電之際，修女總會叫道："快跪下，向聖母瑪利亞禱告！"這難道不是迷信嗎？這些資深修女，卻會反過來到她們認為是"異端邪惡的寺廟"裏，去捉那些陪伴母親拜祭的華人男孩，然後加以嚴厲斥責。

若要明白父親對待自己家庭的方式，我必須結合他的生意背景一併來看。大約在 1928 年，我當時只有 4 歲，父親正身陷困境之中。他的生意在這十一二年間都在艱苦經營，一直橫跨經濟大蕭條。大部分時候，只能賺取微利，現金異常緊絀。在此蕭條期，父親一定非常沮喪。對於他沒有善待母親，這或許能稍作解釋。

在 1917 至 1922 年間，父親的生意發展得頗為興隆，賺了將近 50 萬元，在當時來說這是一筆可觀的財富。我估計，那時候整個馬來半島和新加坡不足一千戶中國家庭能擁有這麼多錢。因此，從任何標準來衡量，父親都是一個富有的人。

父親其中一椿最成功的生意，就是成為英國殖民政府的供應商。他的東昇公司得到一份為醫院和監獄提供日用品的合同。父親還利用慢燃技術將紅樹林地區的木材製成木炭，又在新山創立了首家冷庫倉。他通常開創了一項業務，虧些錢後結業，然後又再開創另一項。這雖然能在一段時間內賺點錢，但卻無法逃出這個循環。

大約在我出生那年──1923 年，四伯父因重病返回了中國。東昇公司是由父親和四伯父合夥經營的，但父親一直是公司的頂樑柱，有一天，四伯父對父親說："我想回鄉醫病。如果能夠治好，我一定會回來。你把我們共同擁有的資產變賣，我拿現金回到中國後，會以我們兩人的名義買地建房。"但四伯父最終也沒有回來。

公司的所有現金突然被抽走，這如同身體中的所有血液被抽乾殆盡一樣。這導致供母親持家的錢也不足用，有時甚至身無分文。多年來，母親只能靠湊合度日，一天一天地苦撐着。生意特別糟糕的時候，父親從直律街的店裏一回來便跟母親徹夜長談（那時父親有兩家店，一家在直律街，一家在我出生的依布拉欣街）。我記得，母親會拿些簡單的金飾去典當，然後把換回來的錢交給父親。

我們兄弟三人都能感受到生活拮据。母親每花一分錢都異常小心謹慎，希望能用得其所。我們用洗衣皂洗澡、洗頭，有時會洗得渾身痕癢腫痛。如果家裏的傭人打碎了盤子，即使受過良好教育的母親有時也會非常生氣地提高嗓門訓斥。

在孩子眼中，桌上的食物總是不夠。有時，我們嚷着要吃好些，母親總會教訓我們說："孩子們，你們已經很幸運了，至少還有吃的！鎮上有許多家庭一日吃不上三餐。"吃的肉少影響了發育，因此我一直都很瘦，幾乎骨瘦如柴。我記得，我 16 歲高考那年，體重只有 84 磅（38 公斤），是班內 30 個學生中排行第二矮小。

母親被迫用裝麵粉的棉布袋子給我們縫製內褲，於是我們的內褲上經常印有 Anchor 或 Blue Key 的商標。那時候，上體育課時，我們必須在更衣室脫掉外面的褲子。對我來說，被同學看到這樣的內褲真的感到羞愧難堪。

不過相比之下，許多華人同學的境況更差。我有一個同窗五年的同學，平日看起來總是清潔整齊。一直到我 16 歲要上高中時，他才告訴我，每天要在馬來亞潮濕的赤道氣候下走幾英里路往返學校。他還說，有一天，有個朋友送給他一個橘子，由於以前從未吃過，因此格外珍惜，還把整個橘子從瓤到皮吃得一乾二淨。

在這艱難時期，父親仍堅持留着一輛汽車來充撐門面。我每次乘這輛車去學校時，總有二三成機率遇上輪胎沒氣或油箱沒油。我們只好徒步走完剩下的路。我們只是佯裝有錢頭家的兒子而已。

經濟大蕭條給我留下了難以忘懷的記憶。橡膠產業是馬來亞的經濟支柱。從柔佛州到泰國邊界遍佈着橡膠種植園。年輕時，我會驅車由新山前往約 10 至 20 公里遠的士古來村（Skudai）和古來村（Kulai），這兩條村都很依賴橡膠業。經濟蕭條時，仿如鬼城般，那裏的人看起來都是乾癟癟的，處於半饑饉狀態。即使在11時的早上，街道依然空空蕩蕩，店門緊閉。街上唯一能看到的生物就是那些骯髒不堪的流浪狗。

我還是孩童時，就曾目睹過那些放債的印度人上門討債的情景。1926到1941年間，父親手頭的現金十分匱乏。他用借來的錢去開創新業務，但可惜全部都失敗。面對經濟蕭條的逆流突然淹至，缺乏教育的他更是手足無措。未能如新加坡、檳城和馬六甲那些有學識的商人一樣，採取果斷的措施來應付這場金融衝擊。

父親只能向赤地亞人求助。這些放貸人來自印度南部泰米爾納德邦省（Tamil Nadhu Province），尤以來自馬德拉斯市（Madras city）的一帶為多，他們控制了整個馬來半島。他們的店舖很特別。一般的店都建在地面上，但他們的店則高出地面約兩英尺（半米）。進門時，都要脫下鞋子，赤腳走上平台。身穿印度裹裙的他們在小桌前席地而坐。他們對無抵押貸款每年收取約14%利息。如果你向他們借1萬元，扣除前期手續費後，你最終只能拿到大概9,500元。

在我10或11歲的時候，赤地亞人曾派人上門來向父親討債。討債的方式比較溫和，甚至還有點好笑。我們家有兩道門，前門對着主街依布拉欣（Jalan Ibrahim），後門則對着陳旭年街（Jalan Tan Hiok Nee），那條街是以早期一位華裔富商命名的。赤地亞人的辦公室恰好就在這條陳旭年街上。討債人在上午10點半到11點便出現在我家後門。

討債人來敲門時，我們會按照父親所教的回答：“爸爸不在家。”

他們接着會用馬來語問：“Mana towkay, mana towkay（頭家在哪兒？頭家在哪兒？）？”

我們回答：“頭家出去了。”

然後，討債人會點着頭說，“Saya tahu, saya tahu（我知道，我知道）。”他們雖然臉帶笑容，但卻半步不移地繼續守候在我家門口，一待就是兩三個小時。如果父親要出門，他就得從前門溜走。這樣撒謊讓我感到十分難受。

到了 1936 年，父親愛上了一個年輕的女人。他從殘餘的生意中榨取一分一毫，全都花在新歡身上。1938 年，父親的第二任妻子生了第一個孩子，也就是我同父異母的妹妹。不久她又再生了一個女兒和三個兒子。父親自始便跟他們一起生活。

在我 14 歲的一天，家裏大鬧了一場。母親在整理房間時打開了父親的牛皮公事包，那個皮包是 1928 年父親去倫敦時買的。母親無意中看到父親隨意亂放的一些中文信件，全都是女性筆跡。信中的內容讓母親感到十分震驚，上面寫到：“你向我承諾過，會把你所謂的妻子和孩子統統送回福州，因為你們從來沒有正式結婚。你向我保證過，會帶我去登記結婚，為甚麼你還沒有兌現承諾？”

母親憤怒至極。至此之後，家裏爭吵不斷，再無安寧之日。得知父親還有一個妻子，而且已經身懷六甲，母親心痛欲絕。慢慢的，她所受的痛苦使她越來越依賴佛教，開始過起修行者的生活，最後變成了素食主義者。

我們兄弟三人的教養完全歸功於母親。她為我們定下了核心原則：忠誠、感恩，以及最重要的一條——永遠不要吹噓。在我的心中，母親是一個富有涵養的人，堪稱典範。她認為任何人都不應該炫耀智慧、成就，甚或財富。她總是說："不要吹噓，永遠不要說大話。"你幾乎從來聽不到母親誇耀自己或她的孩子，但她也從沒過度自貶或反過來蔑視權貴。她只是一直保持着十分寬容的態度。有的媽媽如同鴿子般整天圍着孩子團團轉，為子女的丁點小事便大驚小怪。但母親卻恰好相反，她認為這樣的父母只會把孩子寵壞。

母親在福州上過很好的學校，精通中國的"儒教"——孔孟之道。因此，我們便在母親的傳統中式家教薰陶下成長。儒家教導人生在世的正確行為。母親軟硬兼施地將基本價值觀灌輸給她的三個孩子，包括守誠信、不欺騙、不撒謊、不偷竊、不嫉妒他人的物質財富或外貌。

母親通過她的一言一行、以身作則，在我們的腦海和心靈上奠下了牢固的基礎。她教會我們如何生活，如何分辨善惡，成長後如何處世行事。她還教導我們要常懷謙卑之心、保持低調，反對高調地追逐鎂光燈。母親本人正是身體力行，以身作則地樹立完美的榜樣，讓我們分分秒秒、時時刻刻均能感受到她那份人格的美善。毫無疑問，母親這股偉大的力量對我的影響是十分深刻而恆久的。

母親和我們也有歡樂的時光，雖然她的煩惱和憂慮也多。

我曾提及父親經常對我們漠不關心，甚至沒有留下足夠的錢給母親為家人購買新鮮食物。很多時候，父親連給他兩個店裏工人的飯錢也不足夠。店裏的大多數工人都是苦力，只穿着及膝短褲。一車大米拉來，工人們需要把 220 磅（100 公斤）重的米袋扛到肩上，經過一個跳板走進店裏，然後把米堆到十二至十四袋那麼高。這些工作需要消耗很大的體力。店舖經理時常打電話來說："店裏沒錢買菜買肉，雖然有廚師，但巧婦難為無米炊呀！"於是，母親就會四處搜刮，找些錢來先給他們。因為她知道，這些只拿微薄工錢的體力勞動工人更需要食物。

母親只要手頭上有一點餘錢，便會買食物給我們。她總是叮囑我們："要吃掉碗裏的每一粒飯。別忘了每一粒米飯就等於農夫的一滴心血。"她還會親自監督我們把米飯吃得一乾二淨。

即使父母親吵得最厲害的時候，母親也會提醒我們，她與父親的爭吵是夫妻之間的事，不應該影響到我們對父親的孝心。換句話說，我們和父親之間的是父子情，孝道就是孝道。母親就是如此睿智和關顧他人。所以，就連父親直律街的店員一旦遇到工作或個人問題時也會跑來找她。她於 1995 年辭世前，一直展現出偉大的領導特質。

母親要我們做很多家務，她總是說："你們以為自己活像少爺嗎？像富家公子嗎？即使你們的父親很有錢，我也絕不允許你們這樣。不要指望家務都靠傭人來做！"我們每週都要仔細擦拭紅木桌椅，有些上面還有些雕刻。那個時候沒有空調，街上的灰塵會直接湧進屋子裏，幾乎把傢具都弄得灰濛濛的。我們拿着舊毛巾，提着水桶，一擦就是兩三個小時。偶爾還會累得在擦拭時睡着了。

母親為人嚴格，她反覆教導我們要勤儉，要謙卑。長大後，我們逐漸意識到，母親所做的一切就是要讓我們變得更加堅強。當我回首，與我今天如何溺愛子女相比下，我只能感到難過。我做人做事只求順其自然，也不會假裝貧困。母親當時身處困境，這才迫使她以這種方式對待我們，當然她亦明白到這樣做的好處。貧窮教曉我節儉，而通過刻苦的節儉，讓你快速練就出超乎常人的適應力。

母親每天從日常家用中給我們兄弟每人五分錢。三兄弟當中，二哥鶴齡對錢最不在乎，他為人慷慨，會把錢花在自己身上，或是任何需要的人身上。大哥鶴舉則介乎我和二哥之間。而我則花一分，存下四分。因此，在兄弟三人中，我總是最富有的那個，但卻一直都很瘦、也吃不飽。

母親讓我們用螺絲刀在煙罐蓋子上面戳個洞，把硬幣都存進去。幾星期下來，我的罐子就已經填得滿滿，這時我會再弄一個罐子。有時，我發現兩個哥哥會試圖偷我的錢。他們用一個很薄的小刀或叉子，嘗試將硬幣從罐子裏鈎出來。我們常常為此吵架。當我存滿了一罐零錢時，他們經常會來找我，用乞求的口吻來跟我借錢。當然，哥哥借去的錢，你休想要回來。

母親對我們的管教嚴厲到近乎苛刻的地步。她會用小鞭子抽打我們。如果我們調皮搗蛋，母親更會要我們脫掉褲子，拿着一根細細的藤條打我們，打得屁股上都留下累累傷痕。我們上學穿着卡其布短褲，她還會故意拿藤條打我們的小腿，故意讓我們丟臉，提醒我們不要再犯。

記憶中，我這輩子大概被打過 50 至 70 次，時重時輕。二哥和大哥則被打得多些。我從中找到了一個取巧的方法。母親在打哥哥時，我便先馬上大哭起來，這事實也是源於害怕和驚慌。兩個哥哥總是咬牙忍着，一聲不吭。所以輪到我時，母親只會使出一半或者三分之一的力度，如果她打了二哥鶴齡七八下，輪到我時則只會打那麼兩三下。

我們痛恨體罰，但是後來我們漸漸明白到母親這樣做的用心。體罰雖然帶來痛楚，但當中卻蘊含着智慧。

生活中的貧困和種種約束鞭策着我。但對我影響至深的必定是母親對我的嚴厲家教。慶幸，她一直陪伴在我身邊。

如果只能用一句話來形容母親，我會說，在我的一生中，從來沒有遇到過比她更有原則的人。母親總是用非常柔和、平靜的語氣來勸告我：“永遠不要貪婪，永遠不要。想一想中國的貧苦百姓。”她總是提醒我，要公平正當地行事，遠離自私，並教導我在生活中要常懷感恩之心。

我有時會問母親：“你為甚麼總要反覆提醒我？”

母親回答說：“我發現你有過河拆橋的傾向，我希望你無論在生意上或任何情況下，也千萬不要這樣對待朋友。”

母親心中從來沒有任何歪念。她一生過着道德高尚、品行端正的生活，但又從不缺乏幽默感。她不願意向任何形式的邪惡或不公正妥協。而且，母親十分關心貧苦大眾，每天都為他們祈禱誦經。

　　在整個營商生涯中，我總覺得母親以她純潔的一生、她的美善和對佛教的虔誠來守護着我。在很多次生意交易和與人交往中，除了有些運氣外，冥冥之中好像有一隻無形之手輔助着我。我將這一切，全歸功於母親的相伴和虔誠的祈福護佑。

第二章　武漢合唱團

　　我的出生地馬來亞，除了名稱外，徹頭徹尾就是一個英國殖民地。英國人只是用溫和的措辭將殖民地美化為"馬來保護地"。英國人來到這裏，就是為了保護可憐的馬來人。柔佛是馬來亞的一個"非聯邦"州，由英國人以顧問身份來給予"有益指導"，而非以總督的身份來統治。撇開這些花言巧語，新加坡、馬六甲和檳城就是百分之百的英國殖民地。

　　1923 至 1928 年間，我估計家鄉新山的人口應該有 3 至 4 萬人。這個鎮約有 2.5 到 3 英里（4-5 公里）半徑大，如果斗膽走出這個範圍，你可能會遇到野生老虎、豹子或黑豹。新山的人口當中大概 60% 是馬來人，35% 是中國人，剩下的那一小部分則是印度人、歐亞人和其他人種。英國人一般都是公務員、教師、軍官、種植園主和管理人員。

　　英國人善於分而治之。而馬來人、中國人和印度人則只會着眼於自己的社區，從來沒有想過團結起來。如果他們能團結一致，英國人將會很難管治。但必須承認，在我孩童時期，甚少當地人懂得裝備好自己，來迎接一個結合現代工程、商貿，經濟和充斥狡猾政治的外來新世代。

　　父親認為所有土地和資源理應屬於馬來人，不過他認為英國的殖民統治亦有值得推崇之處。他們為當地帶來法律、秩序，以及在市內興建基礎設施，如電力、輸水管和公用水龍頭。父親喜歡英國人為柔佛州帶來了一個廉潔、誠信和井然有序的政府。

而新山更幸運，因為我們擁有一位非常嚴格但慈愛的蘇丹‧易卜拉欣（Sultan Ibrahim），亦即是今天在位蘇丹的曾祖父。蘇丹‧易卜拉欣有個軍事助手，名叫艾哈邁德少校（Major Ahmad），他的子女經常來我們家玩，有時又會邀請我們到他家的平房裏玩。

英國管治者中不乏一些正派和優秀的人士。但總體而言，英國人是種族主義者，常擺出一副傲慢和高人一等的嘴臉，自以為優等民族，表情和肢體語言透露着對當地人的輕視，甚至乎極端的蔑視。大多數英國人十分厭惡此等管治工作，認為就像馴養樹上可憐的猴子，還得訓練他們如何在地上走路一樣。如果英國人在走廊上與你擦肩而過，大多數會對你視而不見的。

由於白人的殖民主義和種族主義——而種族主義成份又比殖民主義多些，從我出生開始，馬來亞和新加坡就已經沒有人權，甚至還算不上是一個有公義的社會。但英國人卻為自己開設只接待白人的社交和運動俱樂部；而柔佛公務員俱樂部（Civil Service Club of Johor）實際上也就是一個白人俱樂部（多麼名不副實！）。

白人一般都住在專屬區域內，都是建在那些風景極佳的小山丘上。他們家中設施先進，配備了現代管道系統。而新山的其他地方則經常爆發傷寒，公共衛生條件極差。

我們的英文老師大都來自英格蘭，他們都很優雅和正派。在上課時，我們全然感覺不到有甚麼種族主義。但是放學後，他們便鑽進自己打造的銷金窩裏吃喝玩樂，與本地人完全隔絕。他們打完網球口渴，本地人就給他們送飲料，還為他們洗淨汗透的衣服。沒有一個英國人能夠反抗這種體制。曾經有一兩個年輕英國人，在剛來時會質疑這種做法，但是過了一年之後，你再難在他們臉上看到當初的神態。我對自己說，他們已經掉進了殖民主義的大染缸，紛紛染上了相同的顏色。

英文學校裏的大多數印度老師都非常優秀和親切。而中國老師大體上是可以的，但也偶有一兩個被我稱之為殖民主義走狗的。

回顧我的一生，影響至深的要算是日本公然向中國和中國人民發動侵略戰爭。日本當時已佔領了中國東北的大部分土地。後來更憑空捏造事端，在 1937 年 7 月 7 日發動了臭名昭彰的盧溝橋事變，集中全部軍力公然向中國宣戰。這一天被所有的中國人稱之為"七七事變"。那年，我還未滿 14 歲。

日本的侵略激發了新加坡和馬來亞海外華人心中的怒火。在殖民統治下，這裏的華人都缺乏歸屬感，他們的心仍然緊緊着祖國。由於沒有國家的觀念，這裏的華人就是華人，馬來人就是馬來人，印度人就是印度人。

當時，新加坡的華人社區領袖是陳嘉庚。中日戰爭爆發時，他年約 63 歲。他號召華人社區，組織成立了南洋華僑籌賑祖國難民總會（簡稱"南僑總會"）。他取得了英治下馬來亞和新加坡當局的認可。目標是幫助戰亂下在中國的受害者 —— 那些遭受日本侵略或轟炸而淪為孤兒、寡婦和致傷殘的人。

總會成立數月後，陳嘉庚就從中國請來了一個大型合唱團，叫做"武漢合唱團"。合唱團於 1938 年下半年來到新加坡，演出後一炮而紅，人們蜂擁趕來觀看他們表演。武漢合唱團就這樣一待就是一年多。

團員超過 100 人，當中包括舞台道具主管、樂隊和七八十位歌手。團員基本上是高中生和大學低年級學生，都是一輩十分愛國的青年男女。日本侵略後，他們離開沿海城市，遷至內陸地區，並匯聚於武漢，生活條件很差。

武漢合唱團擅長合唱，團中有優秀的女高音、男高音和男中音，男女混聲非常和諧。他們會在學校禮堂、教堂，以及一切能即興演出的地方表演。他們有時也作日場演出，以便學校的孩子也能來觀看。我看過多次演出，並與樂隊隊長夏之秋成為了好朋友，他是一位詞曲作家。

合唱團演奏的歌曲內容扣人心弦。很多曲子都能激發起大家對日本人的憤慨。其中一首叫《同胞們》特別觸動人心，內容講述日本人如披着羊皮的狼，如何偷偷訓練軍隊來征服整個東南亞。

每場演出觀眾都會一再要求加演，因此一般都長達兩三個小時。由於羣情激昂，那些熱血愛國的合唱團成員常常不願謝幕離台。樂隊指揮會勸說："你們都累了。"但他們就是不願意離開，並說道："不累，我們還要唱下去。"

武漢合唱團激勵了新加坡與馬來半島的華僑。新加坡與馬來亞無疑成為海外華僑的抗日中心。也正因如此，1941 年 12 月日軍侵略東南亞時，將目標對準了馬來亞華人。日軍在馬來亞屠殺了大約 5 萬華人，在新加坡也屠殺了約兩三萬人。

來看武漢合唱團演出的華僑都慷慨解囊，無私捐助。我印象中大概籌集了 1,000 萬馬幣,在當時來說是一筆大錢了。南僑總會在馬來半島的所有鎮和大村都設有分會,由於母親在總會非常活躍,因此被推選為新山分會婦女部的主席。

陳嘉庚先生是一位偉人,他後來被毛澤東譽為最偉大的海外華僑。時至今日,陳先生在中國仍然備受尊敬,他為中國做了很多事情。但母親一直說,最愛國的人應該是那些引車賣漿之人,我認同母親的說法。因為他們將自己一天辛勞賺來的血汗錢全數捐給南僑總會。

這些勞動階層,很多都入不敷支,食不果腹。小商販會在演出時在台下大叫:"我會炒貴刁,我會把接下來兩週所賺的錢全部捐給南僑總會!"人力車夫則捐出一週的收入。

當時,英國殖民統治者嚴厲壓制反日情緒,而那些勇於表達憤怒、發表文章的大多是左派人士。他們受到華民護衛司所嚴密監視。

華民護衛司根本是名不副實。所謂的護衛司實際上就是一個在身體和精神上監控華人的機構。他們與警方和特別部門關係密切,主要負責監視華人社區的左派活動,但對右派的活動則從不過問。

因此,為了抗日運動的存亡,左派分子都儘量保持低調,類似越南胡志明在法國人統治下的做法。儘管正派的英國人認為日本的行徑令人髮指,理應受到譴責,但是英國及其海外殖民政府對日本卻一直採取合作態度。

日本侵華後,越來越多人對蔣介石的國民黨政府表示反感,他們壓制百姓，不抗日卻反過來與日本人合作。母親最蔑視國民黨、蔣介石以及他的同僚。在她看來，只有共產黨才是中國真正的英雄，只有共產黨願意站起來抗擊日軍的侵略。

母親對中國深懷濃厚感情，她非常理解自己的祖國和人民。在孩童時代就曾經跟隨外祖父到山東和其他省市去收租，遊遍中國。

由於年幼時，我的兩個哥哥比較排擠我，因此我與母親較為親近，並且耳濡目染了她的中國傳統價值觀。我以身為中國人而感到驕傲。後來聽過武漢合唱團的演出，並且結識了他們，這段經歷更激化了我愛國反日的情緒。

日軍在中國的暴行和可怕的屠殺消息不斷傳來，新加坡和馬來亞華人的心中充滿着憤怒和激情。我們堅信沒有克服不了的困難，即使是日軍這個最醜陋的惡魔，也終有被打敗的一天。很多新加坡和馬來亞華人紛紛前往中國參加抗日。而當中有很多人犧牲了。他們有些在臨行前都沒有徵得父母的同意，那些年輕人只帶了極少量的隨身衣物，一如當年他們的父母從中國南來時一樣。

泰國人開戰之初便和日軍講和了。我們聽聞在泰國居住的日本人突然人數激增，他們都穿得像歐洲人，穿着緊身褲、鞋子和戴上軟木頭盔。

可怕的消息接踵而來，日本人突然對馬來亞北部邊界區域產生興趣。他們在那裏拍照，支起畫架繪畫。新山同樣如此。柔佛海峽中間有一條長堤貫穿而過，如果你面對新加坡島，長堤左邊就是實里達（Seletar）。日本人就在那裏支起畫架，將實里達描畫下來。

這些日本人都是間諜。

他們不像 1920 年代來到新山的那些日本人。那時，有一位非常和善的日本人，在我們家的隔壁開了一家專業攝影器材店。他的名字叫渡邊（Watanabe）。在許多個晚上，我們聽到渡邊的妻子彈奏着日本三弦琴，唱着動聽的歌。後來，我們得知她唱的都是經典的日文歌曲。

離我家六七家店舖之距，有一位日本牙醫。在另外一條街上，有一家日本人開的理髮店。而在直律街的大街上，我父親的店舖和華人學校之間有兩三家店，日本妓女都在那裏拉客。店中亮着小燈籠，透過米紙拉門便能看到她們的影子。有時，那些女人還會走出來，端坐在門簾前。

1937 年"七七事變"發生後不久，這些店舖紛紛消失了。

即使在學校，我們也能嗅到火藥味。我記得有位英國的歷史老師，畢業於牛津大學，40 多歲。1939 年，他在高考班的課堂上對大家說，戰爭的烏雲已籠罩着太平洋上空，日本人已經佔領了中國，他們有可能會覬覦東亞的其他地方。有情報說，日本人已將大和號的主要骨幹打造好，這是人類迄今建造最強大的戰艦。但他叫我們不用擔心，因為大和號一旦開啟發炮便會馬上翻船。英國情報處所提供的情報是錯誤的，他們報稱這批戰艦建造品質很差，而且上重下輕。

日本人的獸性和不人道行徑促使我有意參軍，或做任何能夠抗擊日本侵略的事情。1939 年畢業那年，我剛滿 16 歲，內心被這種情緒完全佔據了，渴望能前往中國參加抗日，即使第一天就戰死沙場，也義無反顧。當你年輕的時候，真的一點也不在乎，反正那時我在家過得並不開心。

在修女女校完成了一年級（Standard One）後，便入讀政府辦的英文學校武吉扎哈拉（Bukit Zaharah）。從 1932 到 1934 年，我在那裏上了三年學後，便自動升上英文書院。我的英語修讀至高中程度（O-level），並於 1939 年在新山英文書院畢業。

若你在英文書院取得優良的高考成績，你甚至可以入讀英國最好的大學，如牛津和劍橋。而新加坡兩所最優質的高等教育學府分別是英皇愛德華七世醫學院和教授文理科的萊佛士學院。在英文書院時，就算我和鶴齡經常與那些有殖民主義傾向的老師針鋒相對，我的成績也一直名列前十名。

對於英文書院，我並沒有甚麼愉快的回憶。在那裏，學生只能坐着聽講。在老師看來，提問就是不服從的表現。現在回頭想想，那些老師可能沒有接受過正統訓練，只在盡力掩飾自己的不足。但在我來説，這種不准提問，不求甚解的教育方式讓我感到十分氣憤。

武漢合唱團於 1938 年來到新加坡，進一步激發了我的憤懣、殖民教育者對我的羞辱，以及柔佛歐亞人的那些刻薄行徑，使我越來越討厭所有與英語相關的事和物。

因此，我決定入讀新山一所華文學校學習中文。這 17 個月的校園生活，是我學習生涯中最美好的時光。我第一次感受到快樂。在那裏沒有殖民主義氣息，也沒有卑躬屈膝的感覺。

老師們薪水微薄，學校的硬體設施更是少得可憐，衛生條件亦十分之差。這些華文學校沒有政府資助，主要靠華人社區出資創辦。當時正值經濟大蕭條期，華商都瀕臨破產、自身難保，他們又能給學校提供甚麼呢？

老師上課時都是穿着幾乎沒有洗熨過的棉布衣服。與我曾就讀的殖民學校比較，簡直截然不同，那裏的校長穿着精紡羊毛套裝、打着領帶。而華文學校的副校長卻十分貧窮，身穿一件泛黃的白色斜紋外套，但他卻是一個十分親切和善的人。從那時開始，我開始懂得辨別形式和實質。我深深意識到，人的真正價值與金錢幾乎是毫不相干的。

從 1940 年 1 月開始，我在華文學校學習。說起來有些丟臉，我當時 16 歲，已經完成了高中英文教育。但在那裏，我只能從小學 3 年級開始讀起。每張桌子配上兩張連接的椅子，能坐兩個學生，而我的同桌同學大概只有 9 歲。

1940 年上半年，我不斷埋頭苦讀，再苦讀。我一生中從來沒有這麼用功過。那時老師會對全班說：回家背書，明天上課就要當眾背誦。在我剛入學時，我的普通話和中文閱讀能力只屬初學階段。我日常在家與母親以福州方言交談，跟傭人說粵語。在與武漢合唱團的交往中，我學了一些普通話。但來到學校，由於程度較深，我感到異常吃力。而學校裏的一些老師又十分嚴厲，我曾見過他們體罰學生。

入讀華文學校才數月，我已能掌握小學程度的中文，這時我瘋狂愛上中國電影。到 1941 年 5 月畢業時，我已經在學校裏名列前茅。我的校長祖籍福州，他在一次的致辭中，還特別提到了我。

那時，馬來亞的上空已開始戰雲密佈。而父親亦罕有地關注起我們。有一天，他對母親說："跟你的蠢兒子說，別想到中國去！如果他去了，可能就死在那裏。何不安排他入讀萊佛士學院？"於是母親便來嘗試說服我。我在英文書院的一些高中同學已經上了萊佛士學院，他們沒有像我那樣轉讀華文學校。因此，當母親跟我談時，我認為她的話很有道理。

1941 年 5 月，我入讀了新加坡的萊佛士學院。這是我生命中一段非常愉快的小插曲，這段經歷對我有很大影響嗎？也許吧！有 6 個月時間，我全情投入經濟學和英文詩歌中。在萊佛士學院這段短暫的日子裏，我結識了很多馬來西亞和新加坡的領袖。我遇到了後來成為馬來西亞第二任總理的敦·阿卜杜勒·拉扎克（Tun Abdul Razak），結識了日後成為新加坡總理的李光耀（Lee Kuan Yew）。光耀比我高一年級，那時大家都叫他"哈利·李"（Harry Lee）。光耀是一個很上進的人，至今我都沒遇過比他更發奮上進的人。他希望自己能見多識廣，擁有使人信服的觀點，並且能佔主導地位。在萊佛士學院的時候，光耀就廣受信賴，這是一種與生俱來的特質。

在萊佛士學院時，我傾向選修法律或政治，反而對從商並不感興趣。由於日本對東亞發動侵略，以及我對殖民主義的深惡痛絕，我認為政治是唯一的解決途徑。所以，我選擇先修法律，以此作為進入政界的途徑。

不過，一場戰爭卻改變了一切。

第三章　日軍鐵蹄下

　　1941 年 12 月初，我們在萊佛士學院正準備第二個學期考試。首日考試安排在 12 月 8 日，我記得那天是週一。考試前的週日晚上，大家都擠在細小的宿舍裏，在走廊裏來回踱步，為明天的歷史考試進行溫習。一直至凌晨 2 時，我才上牀，但卻無法入睡。大約在凌晨 4 時，忽然傳來一聲從未聽過的巨響，那是炸彈的爆炸聲。我們急滾下牀。那時新加坡的上空，炸彈已密集得仿如雨下。我們知道戰爭終於爆發了。事後得知，離萊佛士學院不遠的一些守衛，在行人路上被炸死了。

　　大家收到消息，公告欄上張貼了一則由校長戴爾先生（Mr. Dyer）親筆簽署的重要通告，通知大家學院要關閉了。除了被列為防空隊員和聖約翰救護隊輔助員外，其餘所有學生必須立刻收拾行李回家。否則，恐怕會被正要入侵的日軍所阻截。幾小時內，日軍的戰艦已結集於馬來半島。萊佛士學院距離我在新山的家大約 15 英里（24 公里）。我於上午 11 時前便已回到家中。

　　12 月 8 日下午，日軍在哥打巴魯登陸，並穿越了吉打邊界。吉打位於馬來半島北部與泰國南部接壤的邊界，日軍從 11 月底開始便在那裏集結。他們經陸路越過邊境，乘小船來到了馬來半島東北部的吉蘭丹。

　　直到 1942 年 2 月中，日軍已進駐新加坡。但是其實在 12 月底時，日軍的先遣部隊已經滲透了新山，有些甚至穿着紗麗喬裝成馬來人。英國人起初在距離泰國邊界幾英里處設立了防線。他們有規律地後撤 30 到 70 英里（50-110 公里）。英軍嚴重低估了敵人，日軍在中國作戰多年，早已身經百戰。英國人一開始時自恃種族優越，但後來突然發現身型比自己矮一半的日本人，卻反過來把他們打得落花流水。

日本人揮軍南下馬來半島，如同現代版的成吉思汗軍隊。他們每到一個鎮，就將砍下的人頭高高掛在燈柱上。消息傳到了毗鄰的鎮子，嚇得那裏的人已作好投降的準備。英軍亦被嚇怕。日軍四處姦淫搶掠。

我在家中，經常前往父親的店裏打聽消息。父親命令我們到當時最富有的華人李光前的菠蘿種植園中暫避。李光前是南益橡膠集團的創始人，當時堂兄郭鶴堯就在那裏工作。一直到 1941 年 12 月底，我們才離開了新山。

李氏菠蘿種植園位於新山東北面，往哥打丁宜方向。我們開車駛到第 18 個路標時轉入小路，不久便到達這個佔地一萬英畝的菠蘿種植園。我們一行約 100 人，其中大約 60 多人是我們郭家的人，其他是四五個廣東家庭，與我們一起坐着開篷貨車到來。

郭家的家庭成員約有 40 人，多是孩子，另外還有備人、廚子和其他幫工。每個成年人所帶的一家約有 5 至 7 人，因此 40 人中不全是成年人。當時，只有一個伯父和父親留在馬來亞，其他三個伯父都在中國，但他們的孩子全都來了馬來亞。例如，四伯父回到中國後，母親便將他的兒子鶴璟和鶴醒，與我們兄弟 3

人一起撫養。其他堂兄弟也是離開了父親來到馬來亞。

父親說，他與幾位較年長的堂兄留守店舖。當日軍接近新山時，父親便帶同他的第二個家庭搬到一個距離我們不遠的營地。從那時起，父親便就一直與他們住在一起。

我們住進一個新建的工人宿舍。為了防潮，宿舍都建於離地四英尺（1.2米）之上。雖然如此，你仍然可以聞到木頭那種酸酸的清新氣味。我們在木頭上鋪草蓆、牀單和毯子，掛起蚊帳，當時大家都同住一室。

雖然我曾患上菠蘿瘡，但我在此度過了一段美好的時光。每當你走過菠蘿叢時，樹上落下那些毛茸狀帶刺的花粉隨風飄揚，還會刺進你的毛孔裏弄得皮膚發炎痕癢。幸好，我們隨身帶了些藥物，其中有一種藥膏叫烏青膏。除此之外，我記得還會用類似滴露的消毒劑來浸泡雙腿，然後再塗抹藥膏。

我們在菠蘿種植園裏待了約十週。我們耕地種菜，慢慢已習慣了鄉村的簡樸生活。幸好我帶了一些自己喜歡的書，當中有我最喜歡的帕爾格拉夫（Palgrave）的《英詩金庫》（Golden Treasury of Poems）。我和二哥把這些選集從頭到尾、從尾到頭地讀了無數遍，有時，我們倆還會比賽背誦曾讀過的詩。

有兩三次，日本士兵分隊騎着自行車來到我們這裏巡視，每隊約有3至5人。母親被大家推舉為營地負責人。她當時坐在地上，抹平地上的沙子，在上面寫上漢字。日本人也以這方式回話。

母親非常聰明。她命令銷毀所有的化妝品，並讓女士們，當中還有些是年輕女子，換上最破爛的衣服。那裏有一兩條小河，也是我們的飲用水源。由於河流是彎彎曲曲的，因此母親會安排那些年輕的女孩走到離我們住處兩三個河彎位外。這樣，即使日本人試圖越過一兩個彎道查看，也不會輕易發現她們。那些女孩不用躲藏，只要裝着洗東西。但必須待在一起，絕不能單獨行動。她們從來沒有被發現過，更未被騷擾過。

有一天，形勢十分緊張。日本士兵說他們晚上會再來。我們預感這將不會是甚麼好事。我們的廣東朋友來種植園時帶來了三支槍，他們遵照母親的指示把槍埋在地下。但那天下午開會後，母親同意把三支槍挖出來並裝上子彈。男人們站在種植園裏的小山丘上放哨，以防止日本人靠近。一直等到凌晨一點還沒有人出現，他們才返回營地休息。第二天晚上如是。

我們算是幸運的。因為後來我們得知，日軍被召集去進攻新加坡。當日軍發動襲擊時，我們會聽到很多槍炮聲。英國人從新加坡炮擊柔佛，而日本人則空襲新加坡，並使用那座在柔佛的大炮來轟炸。

六堂兄是一個硬漢，亦是郭家體型最魁梧的一個。有一天，他說要穿過叢林返回新山。他一到鎮上，便看到很多燈柱上都掛着剛割下來的人頭，有些還在淌着鮮血。一個日本人騎着自行車在六堂兄身邊經過。騎至 100 碼（91 米）外，他把自行車停下來靠在牆上，然後進了屋裏。六堂兄立刻跑過去把自行車騎走了，並穿越叢林回到我們那兒。如果六堂兄當時被日本人抓住，肯定也會人頭落地。

我的兩個哥哥也很想去打聽消息。經再三懇求後，他們終於獲得母親的批准，跟隨六堂兄返回鎮上。他們走後音訊全無。母親憂心忡忡，生怕失去他們其中一個、甚或兩個。後來再過兩三天，終於傳來了鶴齡染上了瘧疾的消息。

日本人在牆上貼出告示，命令所有新山居民返回鎮上，並到日本當局進行登記。收到消息後 36 小時內，我們便開始撤離營地。1942 年 3 月中旬的一天清晨，我們所有人或騎自行車、或徒步返回新山。我用自行車載着母親，為了讓她坐得舒適些，我用一件毛衣包裹着自行車的橫軸。她側身坐着，手握車把中央。我們沿路經過日本哨站。每當被要求下車時，我們都必須畢恭畢敬地彎腰鞠躬，彎得頭也幾乎磕到地上。

回鎮途中，我們路經一個叫烏魯地南 (Ulu Tiram) 的小村莊，看到一些神情恍惚的人坐在行人路上。他們因為親眼目睹日本人的恐怖屠殺行徑而變得瘋了。

我聽過一個故事，雖然是輾轉聽回來的，但事情的來龍去脈卻很清楚。那時英軍被迫從馬來半島退守新加坡，馬來亞南部的歐亞人決定聚集在一起，他們選擇了一個位於烏魯地南的小天主教堂作為避難所。這些人來自柔佛州的各個鎮子，男、女和小孩合共 80 人左右，隨身攜帶了所有日用品。當時激烈的戰爭就發生在約一天路程之外。但他們認為這一切與他們無關，甚至乎對馬來亞所遭遇的巨大災難和暴行毫不知情。

為了打發時間，這些歐亞人家庭會舉行晚間聚會，開啟留聲機播放唱片，跳舞，有時還會喝點酒 —— 這些行為在和平時期再正常不過了。然而他們的喧囂聲卻引來了日本士兵的注意。日本人走去問他們要些飲品，其中一個日本兵不知摸了還是企圖去摸一個女孩。頓時，尖叫聲、扭打聲混成一片。雙方分開呈對立之勢、劍拔弩張，陷入僵持局面。最終由於日本人寡不敵眾，唯有陪笑道歉，先行撤走。歐亞人這才舒一口氣。

但過了一兩個晚上，一輛滿載着日本士兵的卡車回到了那裏，他們封鎖了該區，開始了一場血腥屠殺。

聽到這個故事，我才意識到母親和其他社區領袖所做的每一個決定，對於我們的生死是多麼的關鍵。李光前是橡膠大王，但是我們沒有躲進他的橡膠種植園裏，而是去了他的菠蘿種植園。橡膠種植園像一片茂密的森林，而菠蘿種植園內的植物高度只及腰，能一眼望透。在日本兵看來，我們較像小農工人，而非逃難者。我們把所有武器都藏起來，母親更命令我們丟棄所有酒類飲品，但她心知當日兵來時，我們還得招待他們。於是我們為他們準備了茶和廉價香煙。母親讓女孩子們躲到河流上游，並裝着洗衣服，讓她們看起來不像刻意躲藏。每一項決定都像在天秤上，那一邊失衡都會影響性命安危。

回到新山後，發現家裏的屋頂和整個中心部分都給炸毀了。所有裝衣服的箱子統統被洗劫一空。家譜也扔到房子一角，被雨水浸透。

李氏的商業王國還包括一家製冰廠，位於新山外，離我們家約 300 碼（275 米）。哥哥跑到那兒和工人住在一起，在地板上鋪上毯子睡覺。我們很多人也到那裏與他們匯合。父親則繼續和他的二太太及孩子同住。

鶴齡當時身體非常虛弱，有時甚至因為瘧疾而變得神智混亂。母親主力照顧他。我也有幫忙，我會穿過橡膠園，抄小路去找一個養了數頭奶牛的印度人。在新山時，我們常常從印度人那裏買牛奶，他們的奶牛都是瘦骨嶙峋的。有時，他們就在你家門口擠牛奶。我會買數瓶，然後帶回製冰廠去。

鶴齡終於康復。可是一週之後，我也染上瘧疾。瘧疾是一種可怕的疾病。精神恍惚時，我覺得自己彷彿失去了理智。家人讓我靠在高高的枕頭上，可是我還是覺得頭重腳輕。我發冷哆嗦時，蓋上四張毯子還是覺得很冷。患病時，我喝了很多奎寧水，導致雙耳幾近失聰。整整花了五六週時間，我才將瘧疾從身體裏完全消滅殆盡。康復後，瘦得只剩下皮包着骨頭。

從 1942 年中期至戰爭結束，母親帶着我們兄弟三人入住租來的小房子裏。房子在沿斜坡而建的一條狹窄教堂街上，對面是一座羅馬天主教堂。我們所住的房子面積不超過 600 平方英尺（56 平方米），地層有一個通天的中庭和有兩間臥室，入門處還有一個飯廳。晚上，我們會把摺疊的帆布牀打開，兄弟三人中總有兩個得睡在廳裏。

由於空間狹小，我們自然變得更為親近。那時沒有甚麼娛樂活動，外出太多又怕危險。日本人將全鎮封鎖起來，居民都不能自由出入。

日本人自來到新山那天起，便實施嚴格宵禁。我們一直在日軍的鐵蹄下生活，直到“被解放”的那一天。我必須說，印象中日本士兵都很愚笨。他們很多行為都是無法理喻的。如同希特勒的納粹黨一樣。那些日本士兵真的自以為優越，認為自己是來拯救這些可憐和被殖民的亞洲人，解放他們是一項神聖的責任！

到 1942 年，我就認為日本人不用兩年便要撤走、消失。我並不認為他們可以打贏這場戰爭。他們可以用瘋狂的行為打勝很多仗，但我堅信他們不會取得最終勝利。當時，我頭頂就像聚滿不散的烏雲。雖然天朗氣清，但我的心情就好像今生今世也不會再看見曙光一樣。前路盡是一片漆黑！我經常會凌晨一兩點醒來，將哀愁化作詩詞。當時的我完全陷入低潮之中。

只有非常聰明的人才能在大戰中取得勝利，並且統治半個世界，但日本人的舉動並不像聰明人。在征服城鎮的頭幾個星期，他們會列隊操練，用以嚇唬當地居民。他們以 6 人、8 人、12 人分行列隊步操，唱着日本軍歌，用極度誇張的動作踏地而行。

日本人對受害者施以各種極端酷刑，如憲兵隊實施的"水刑"，將一根管子硬塞到犯人的喉嚨裏，灌水直到那可憐人的胃部被撐得像足球般大，再猛踢他的肚子。日本人還將新山的一些地方改成了酷刑室。憲兵隊的總部位於火車站旁邊的大樓裏（在 1990 年代中期，郭氏集團湊巧在該處興建了一個大型的綜合建築）。

日本人對待華人至為兇殘。在他們眼裏，除了那些完全投靠日本的告密者和間諜外，其他所有華人都是可疑的。日本人在中國已經打了四年多的仗，他們非常清楚中國人的能力。往後在 1944 年、1945 年，我曾見過"慰安婦"，她們都是從中國南方和台灣帶來的年輕女子。

這些告密的漢奸都戴着頭套，只留下兩條縫隙露出雙眼。在新山和新加坡，為了肅清餘黨，整條街都被封鎖，所有 18-50 歲的男性均被指令到街角報到。那些戴着頭套的告密者坐在醜陋的日本士兵和審問者旁邊。當地人則排成一行走過去。告密者指向其中一人，這個人便會被拖出帶走。而這批被拖走的人最終會送到遠處遭即時處決。

1940 年我在華文學校裏，有幾個同學均來自一個友善的潮州家庭。他們家中有三四個姐妹，父親為人友善、慷慨。華人同學告訴我，這個家庭慘遭圍捕，全家人被帶到新山城外的農田裏，女的被姦殺，男的被殺害，然後草率埋葬。當時有很多華人家庭都有類似的慘痛遭遇。

日本人會到馬來亞人聚居的鎮上，把街道封鎖起來。在某個時間，把街上所有的馬來人圍捕起來，帶回兵營，剃光他們的頭，然後強迫他們在兵營當清潔工做粗活。曾有此經歷的一個年輕馬來人，正好在戰後被我僱用了。他説如果這些勞工聽話，並且表現良好，日本人會發給他們一把木製軍刀，讓他們當所謂的本地官員。

還有一種身穿綠色制服的憲兵，他們騎着自行車四處巡邏。相比下，他們較守紀律，主要職責就是警誡那些行為不檢的日本士兵。憲兵在街上看到喝醉的日本士兵，他們會從自行車上跳下來，跑過去，大聲訓斥他們。喝得醉醺醺的士兵常常被嚇得面如土色。很明顯，憲兵擁有極大權力，行為不檢的士兵會被扇耳光，一巴左、一巴右的打得很響。憲兵如果只扇二十個耳光已算是手下留情了。

某日，突然有人來敲門，會是誰呢？打開門一看，赫然看到門外站着一個穿着日本軍裝的人，帶着日本軍帽，手握軍刀，二話不說闖進了我們屋裏。可是等他轉過身來，卻用福建南部的閩南方言與母親說起話來。他還請我們把門關上。

他告訴母親："我是台灣人，在日本軍隊裏任職，幾近軍官級別。手中的那把刀也是真的。在台灣，日本人只會給他們木製的刀。"他好像很想念家鄉，想借此機會和我們交朋友。從那以後，他偶爾會來探訪我們，並留下來吃午飯或晚飯。

有一天，他說："你三個兒子都是年輕力壯的小伙子。如果他們不跑去為日本人服務，可能會被懷疑為反日，而被抓去審問。"他續說，"我在三菱貿易（Mitsubishi Trading）有個朋友，三菱貿易是新加坡最大的日本公司。我聽說，他們要在新山開設一個小辦事處，將派一個日本經理來管理。你應該從三個兒子中選一個去報名當他的助手。"

我環顧左右，兩位哥哥都默不作聲，於是我便自告奮勇。

沒幾天，這個台灣人約了日本人與我見面。我們乘公車前往新加坡，來到了萊佛士廣場的邁耶事務所（Meyer's Chambers）。三菱公司佔據了整座大樓。他帶我上樓，讓我在辦公室外等。半小時到 40 分鐘後，台灣士兵帶我進去見一個日本人。這個戴着一副厚框眼鏡，近乎禿頭的日本人把我上下打量一番之後，他又把我介紹給一個稍微年輕的日本人，並介紹說，"這位是上村五郎先生（Uemura Goro），他正在新山開設辦事處。你將會成為他第一個僱員。"

次日，上村來到新山和我見面。我們便一起籌設辦事處，那時是 1942 年 7 月。從那時開始，我一直在三菱公司工作，直到 1945 年 9 月中旬，日本宣佈投降為止。

我很容易就說服自己為三菱公司工作。我雖厭惡日本人，但我別無選擇。你若不到日本公司當個小職員，就要待在家中被懷疑為反日份子。當然還有一個選擇，那就是走進叢林與日本人戰鬥。

但我們不能把母親也帶到叢林中去。我們兄弟三人都知道，必須把母親的安危放在首位。我們已經目睹母親一輩子受了太多的苦，我們必須保護她。鶴齡後來坦言，如果不是為了考慮母親的安危，他早就走進叢林加入共產黨去抗日了。但是我們都明白，只要我們其中一個這樣做，全家人都會身陷險境，我們很可能熬不到戰爭結束的那天。

日本軍事管理局給予三菱公司為馬來亞供應進口大米和煙草的特許權。而三井公司則獲得食糖和鹽的特許權。我們從中便可以看到等級次序，知道誰是日本侵略背後最大的支持者和投資者：這當然是三菱為大，三井為次。

幾乎所有的大米都是從泰國進口的。馬來亞的大米產量最多只能滿足自身需求總量的三到四成。我是負責大米的店員，後來也負責煙草。那邊的出口商將大米託運至新加坡交給三菱，三菱將大米卸下，裝上非機動駁船，然後再用拖船將三艘駁船拖行，繞過新加坡南端，駛入馬六甲海峽，再進入柔佛海峽，最終抵達柔佛新山。

我每天騎自行車上班，路程約有 1 英里（1.6 公里）。每週有四五班駁船將大米運至新加坡。我早上起得特別早，一路騎車到碼頭，確保駁船到位，華人勞工也準備好卸下大米。負責監工的是一個我非常相熟的馬來人。

我必須確保收妥所有大米，而不會遭偷竊。每一艘駁船上有兩三個印度工人。他們有時會用尖頭的空心金屬管戳破米袋，掏出一些米來。我會仔細查看米袋的所有邊縫。有時，我會問："怎麼回事，為甚麼會這樣？"我會讓助手去搜查印度人的牀鋪，通常會在那裏找到兩三袋大米。

大米運抵柔佛後便送到鎮中的倉庫，批發商和零售商會來這裏購買大米。父親成為了其中一位大米批發商。他有一個很好的朋友 —— 拿督翁惹化（Dato Onn Bin Jaafar）被日本軍事管理局任命為柔佛的食品監控官。多年後，拿督翁領導了一場馬來亞聯邦（Malayan Union）運動，並且由他創辦了馬來民族統一機構（United Malays National Organization-UMNO），至今仍是馬來西亞的執政黨。

拿督翁對父親說："現在你也沒有其他生意可做。不如我給你發一個大米經營許可證。如果你是個米商，至少也能給一家溫飽。拿去吧，鑒。"父親聽從了他的建議，於 1942 年拿了一張大米批發和零售經營許可證。

諷刺的是，我成為三菱公司大米部的負責人時，父親需從我這裏買米。但話雖如此，我在日本佔領期間幾乎沒有見過他。他一直和二太太一家生活在一起。每當我開出發貨單，父親便會派他的姪子，我的五堂兄郭鶴青來。他會帶同柔佛食品監控官或其助理所簽署的配給單來我這裏買米。因此，我對每天不同等級的大米價格瞭如指掌。

我開始在三菱公司工作時只有 17 歲。我發現工作能有效地舒緩我的情緒。你總不能整天坐在家裏看書，不管是莎士比亞還是狄更斯，你一天能閱讀的時間其實是有限的。

最終，合共有八名日本人在三菱公司辦事處工作。他們基本上都是因戰爭而被迫輟學的大學生或大學畢業生。他們都是真正的平民，沒有任何軍事背景。我們當中唯一與軍方拉上關連的就是我的直屬上司上村。

作為部門負責人，我有自己的桌子，兩邊是我的助手。上村經常插手來管我的馬來助手，甚至扇他們耳光。後來，我發現他其實是一個心地善良的人，只是脾氣暴躁而已。有一天，他喉頭發出低沉的聲音，以文法不通的英語跟我說：“去找六個年輕的馬來人幫你管理大米部。”於是，我僱用了六個老同學。在這工作的三年裏，六人中有五個曾被上村揍過。

上村跟我的關係非常密切。我們之間有着既愛又恨的感覺。每次他打我的馬來同事時，我都會跟他發脾氣。接下來兩三天，我都不跟他說話。

他會跑來問我：“為甚麼，發生甚麼事呢？”

我說：“因為你的所作所為。你怎能這樣做呢？”我總是勇敢地與他對抗。

在這裏工作，我看到日本人的長處。我欣賞他們的紀律。這是日本人能夠取得今日成就的原因：紀律 —— 不是聰明，只是紀律。無條件地服從命令，即使命令是錯誤的。

我的工作允許我賺點外快，當然你也可以說，這有點像黑市交易。有個大米貿易商來找我說：“喂，你負責大米。如果你讓我買下船艙裏掃出來的剩米，我就把我的利潤分點給你。”我覺得這個提議不錯，於是我便開始賺點錢。

此外，駁船底部的一些大米無可避免地會被海水浸濕。按照規定，這些損壞的大米要拿出來拍賣。米商有時會來找我說：“我們何不組成一個小財團去投標，你佔股 25% 或 30%，怎麼樣？”我當時工資已算不錯，加上我沒花甚麼錢，手上算是儲了點積蓄。於是，我就把一些現金交給他們。成功中標時，由於我是合夥人，於是也能按比例分些利潤。

盟軍於 1944 年末開始轟炸，而且轟炸一個月比一個月頻繁。到了 1945 年春天，幾乎每天都有轟炸。盟軍 B-29 轟炸機從錫蘭基地起飛，將炸彈投向三巴旺。三巴旺是英國位於新加坡的前海軍基地，與新山直線距離約 4 英里（6.5 公里）。

有一天，我親眼看到一架 B-29 轟炸機被日軍戰鬥機擊落。我們在辦公室前方近海的草坪挖了一個防空洞。每當警報響起，我們全都跑進防空洞裏。由於我是高級職員，很多事務纏身，有時我不會去防空洞，而是站在樹下，看着那些 B-29 轟炸機列隊從上空掠過。還有那些小小的，如蚊子似的日本“零”式戰鬥機不停地來回穿梭。

突然，我看到一架飛機被擊中，爆炸起火。飛行員開了白色的降落傘從空中飄下。那天晚上，我去取自行車的時候，有一輛卡車經過，裏面有個眼睛被蒙上的白種人。他坐在卡車頭部，緊緊抓住扶手，周圍有三四個日本士兵。他們把他帶到憲兵隊進行嚴刑拷問。

抬頭所見的曙光越來越黯淡。我們在想，在盟軍試圖奪回馬來亞的過程中，我們會否在雙方交戰、轟炸或日本人的屠殺中死去？幸好，感謝上帝，當你年輕時，你很容易就能擺脫焦慮，相信命運是掌握在自己手裏。我為何要自尋煩惱，為何要以自我為中心呢？一個人只要能這麼想，你自然就會充滿勇氣和膽量。

有些諷刺的是，當馬來亞正遭受苦難的時候，我卻相對地富裕起來——如果在日本人的鐵蹄下能真正致富的話。通過私下交易，我已經賺了幾十萬元了，甚至有一兩百萬"香蕉幣"（由於紙幣上印有香蕉樹，因而得名）。但是，從 1944 年末到 1945 年 9 月戰爭結束，日本人發行的貨幣急速貶值。1944 年 11 月開始，物價每三四週就暴漲一倍。1945 年 1 月至 8 月，物價飛漲至完全失控，經濟正瀕臨崩潰。

1944 年，三菱公司將他們位於新山北部的麻坡（Muar）辦事處的負責人調來新山，負責整個柔佛的業務。他名叫長岡浩一（Nagaoka Koichi），是一個平民，年約 40 歲出頭。他如同父輩般慈愛。我們辦公室裏沒有隔牆。因此，長岡會在辦公室內四處走動。儘管所有日本人都抱有一種"我優你劣"的態度，但是長岡卻十分民主，腦子裏沒有任何階級觀念。

有一天，長岡在辦公室裏來回踱步，並不時向我這個方向瞥看。最終還是忍不住朝我這方走來。

1942 年 7 月，我第一次來到三菱公司時，他們混淆了我和大哥鶴舉的中文名字。於是，鶴舉就把名字改為本怡 —— 在三菱辦公室裏，他被稱為郭本怡，而我則被稱為郭鶴舉。

長岡走到我面前說："你是鶴舉先生嗎？"

我回答說："是的，先生，"鑒於他是大老闆，我便站起來回答。

他說："我是這裏的總經理。我的名字叫長岡。我可以坐下來嗎？"他坐下來和我閑聊，這讓我慢慢放鬆下來。他用流利的英語說："順便說一下，辦公室裏的咖啡不太可口。我聽說新山有很多不錯的中國咖啡館。你能帶我出去喝點好咖啡嗎？"

我回他："隨時都可以。"

他又問："你現在忙嗎？我們現在就去，好嗎？"

於是，我把他帶到一家中國咖啡館，那裏只有我們兩個人。那時候，咖啡一杯大概是 50 香蕉幣。

當時，日軍已在進攻緬甸和印度邊界的恩帕爾和科希馬。每一天都有日軍勝利的宣傳，還說印度快將淪陷。但就在那天，長岡對我說了一番讓我異常震驚的話。

他說："我們將要輸掉在恩帕爾和科希馬的戰役，甚或這場戰爭。我們的部隊正在潰敗，四處逃竄，潰不成軍。你不要相信從日本宣傳機器所聽到的。他們灌輸給你、甚至給我的都是一派謊言。"

在日軍佔領馬來亞將近四年期間，我們的資訊被封鎖了。很多人偷偷收聽英國廣播公司或美國之音，但是一旦被抓到，就會被憲兵隊殘酷折磨，近半人甚至遭處決。那時還可以收聽昭南之音（日本當時稱新加坡為"昭南"），不過全都是赤裸裸的政治宣傳。

長岡續說："你可知道，日本人其實也是一個善良的民族，只是被貪婪蒙蔽了。我們沒有捲入第一次世界大戰，只為交戰雙方提供物資。我們也因此富裕起來。日本軍力的擴張可能是從 1905 年打敗俄國海軍開始。從那時起，軍事機器不斷擴張，並且開始主導社會。所有擁有自由思想的日本人都被暗殺或遭恐嚇。"他補充說："邪惡的根源就像我所在的公司。日本商人都是貪婪的。他們想變得更加富有，但是日本沒有原材料，於是他們便向對海的中國虎視眈眈。當他們變得越富有，就越貪婪。貪婪變得無法停止，今天還發動了這場可怕的戰爭，更殺害了成千上萬的無辜百姓。"

"我在軍中服過兵役。我們所有人都得服兵役。我被派到滿洲。我告訴我的部隊，世界的未來是光明的，戰爭卻是瘋狂的。我給他們下達的命令就是要'活下來！不管怎樣，不要去送死。'對我的部隊而言，我的任務就是要拯救他們。"

上述對話是將多次喝咖啡時的對談內容濃縮而成的。1944年到 1945 年期間，我們約談了四五次，每一次他都像如釋重負似的向我傾訴。第一次時，我害怕這是一個圈套誘我吐出甚麼，所以我只是聽着，不發一言。逐漸，我發覺他非常信任我，還跟我說了很多實話，這讓我慢慢開始信任他。每次到咖啡館，就只有我陪伴着他。

有一次，他譴責愚蠢的日軍、日本政府，甚至自己公司的經理。"馬來人都是極好的人，但是他們卻得不到溫飽。泰國南部的大米都霉爛了，難道是因為沒有運輸工具將大米運到馬來亞嗎？三菱公司就有 50 到 60 輛卡車。可是我們安排這些卡車來做甚麼？我們在履行軍事合同，把卡車開進叢林為軍隊運送木頭。因為軍隊需要在每個村莊周邊築起圍欄，以防止那些叢林老鼠，也就是馬來亞共產黨員，跑出來襲擊日本人。"

"這些卡車本應可以用來到泰國南部運送大米供人民食用。為甚麼我們不能在撤離時做一些好事，讓當地人知道我們並不是完全邪惡呢？"

長岡是一個很好的人，我覺得我們倆人之間好像被連結起來。1945 年 8 月，大哥鶴舉與謝碧蓮結婚時，母親在我們位於葛惹嘉路的小屋子裏辦了一頓喜宴。我們邀請了兩位日本客人：我的直屬上司上村，另一位就是長岡。

戰爭結束後，我送別了我的日本同事。他們必須到戰後平民拘留所去報到。

數週後的一個晚上，我帶着緬懷的心情騎着自行車沿海濱回去三菱的辦事處。當時我正騎着車，看到一車接一車的日本犯人被送到碼頭，然後坐船遣送到新加坡。他們都擠作一團，站在敞篷的卡車上神情萎靡地垂着頭。初時我沒有為意。但就在我抬頭的一剎那，剛巧讓我看到長岡站在卡車前部，頭抬得高高的，手緊緊抓住柵欄。而與他同車的同胞則羞愧地蜷縮一團。他以身為日本人而感到自豪。這一幕、這一秒間所發生的一切，我將永遠不會忘記。

　　這場歷時多年的戰爭帶給我最美好的事情就是我與長岡之間的友誼。戰後，我和他仍繼續保持着聯繫。1958 年，我第一次去日本，長岡就在橫濱碼頭迎接我。以後每一次去日本公幹，我都會跟他聯繫。他的身體狀況不是很好，生活也不甚寬裕，我會悄悄塞給他一小包日元。當我收到他去世的消息時，我感到異常難過。在我眼裏，長岡比任何一個同胞、我所認識的馬來人、華人和印度人都更富有人性。

第四章　鶴齡

　　每天清晨，我都會點一炷清香敬祖、拜佛。祭壇左側是先祖的牌位，是我向祖先敬拜和向已故愛人祈福的地方。我會先鞠躬敬我母親，再鞠躬敬我二哥鶴齡，然後再鞠躬敬我已故的前妻碧蓉。

　　我認為鶴齡是一位十分出類拔萃的人，擁有他所屬時代的偉大素質。他一生只關心社會的草根階層，希望社會能得以改革，讓天秤不至完全向當權者傾斜。

　　鶴齡對我的影響跟母親一樣重要，並且十分根深蒂固。如果母親對我一生的影響佔 70% 到 90%，那鶴齡則佔 10% 到 30%。除了母親和鶴齡外，無人能有此影響力：父親、鶴舉、任何一個朋友或老師都不能相比。

　　鶴齡博覽羣書。13 歲時已深入閱讀過各大哲學家的英文著作，包括希臘、德國、法國、俄國和英國的哲學巨著。他不但醉心於語文和哲學，後來更對政治產生了興趣。

　　鶴齡展現出夢想家的氣質，我所指的是高尚的"夢想家"。他對美好、烏托邦式的大同世界充滿着憧憬。相反，我卻從小至今都是腳踏實地的現實派。

　　他從小已展現出非凡的勇氣和體能。他和友儕在海邊玩摔跤遊戲，輸掉的人會被推到水中。鶴齡常常是贏家，還能把比他重很多的人推進海裏。

鶴齡一直主張公平和正義，絕不容忍任何不公義。這是他與生俱來的品質，並由於耳聞目睹父親對母親的行徑而加以強化。他是一個大孝子，我認為他也愛父親，但卻無法認同父親那黑暗的一面。

午飯過後，父親會躺到牀上小睡。他會喚我們其中一個去幫他捶腿。我們會緊握雙拳在他大腿和小腿間來回捶打。他認為鶴齡按摩得最舒服，因此可憐的鶴齡成為了最常被傳喚的一個，而鶴舉和我則時有被喚去。這通常一捶就一個小時或更久，佔用了我們溫習功課或外出玩耍的時間。

鶴齡比鶴舉和我更同情父親。他明白到老頭子的問題所在 —— 由於父親只接受過最初級的中式教育，因此受到很大的局限。相比我，鶴齡更願意站在父親的角度來看事情。但是我能看出，他陷入了極度矛盾中。一方面，他自覺不應批判父親的行為，但另一方面，他卻目睹母親身心所受到的磨難，為持家過着捉襟見肘的生活。

在學校，鶴齡總是喜歡與那些比較內斂而非浮誇的同學交往。他在那些青年人身上發掘到一些我們沒有察覺的特質。他們的相處甚至愉快得讓人感到驚訝。

鶴齡的朋友不多。其中一個是詹姆斯·普都遮里（James Puthucheary）。後來，又與亞奇科（Jacko Thumboo）成為好友，他是鶴舉在農業大學的同窗，他的父親是在新加坡行醫的印度籍醫生。

從 1936 年起，鶴齡開始不斷寫信給新加坡《海峽時報》的編輯。他使用了不同的化名，如民主黨人、宇宙人、理性主義者。他是個徹頭徹尾的反法西斯主義者。儘管當時我們仍被英國高壓統治着，他卻在信中大膽指出希特勒、墨索里尼和裕仁的法西斯專政，實際上與英、法、荷、意及其他殖民壓迫者的所作所為如出一轍。

1939 年初，一個公眾假日的早上，鶴齡、詹姆斯·普都遮里和我騎着破舊不堪的自行車去我們學校的網球場打網球。我們只玩了一會，一輛轎車突然駛近，坐在裏面的歐亞教師問道："你們來玩有得到批准嗎？"

因為我們是高年級生，又是學校尖子，所有老師都認識我們。我們説："沒有，先生，我們找不到老師給批准。"

鶴齡是一個直率的人，他問："如果我現在向你請示，你能給我們批准嗎？"

這位老師答道："不行。總之，你們已經違反規定了。"

鶴齡説："這不是很不合理嗎？你又不用球場，為甚麼不准許我們玩呢？"

老師認為這是一種不服從的表現，並嚴厲指斥道："我會向校長告發你。"説罷便開車揚長而去。當時，玩興已被破壞，我們趕快收拾東西回家去了。

第二天早會前，校長召了鶴齡去見他，那位老師告發鶴齡帶頭滋事。校長説："鶴齡，你是被當場抓住的。你承認未經准許去玩嗎？"

鶴齡答道：“是的。”

校長説：“這樣的話，我要用藤條在你背上打六下作為懲罰。”鶴齡答道：“我不介意被打六下，先生。但我不承認我做錯了事。”

鶴齡拒絕妥協，校長越發生氣。他説：“你要麼接受處罰，要麼就會被立即開除。”

鶴齡説：“先生，你想怎樣處置我都可以。我已經説了，我拒絕接受指控，因為這明顯就是不公平，不公正和不合理。”於是，鶴齡被當場開除出校。

校長來到大禮堂時，仍怒氣沖沖的説：“我有一件事要宣佈。高年級優等生郭鶴齡因嚴重不服從校規，已被開除。”他接着點了我和詹姆斯·普都遮里的名字説：“我在此警告你們兩個，如果你們再有類似行為，也會被開除。”

鶴齡被無故開除出校，讓我感到氣憤難平。我認為這再一次引證了帝國主義和殖民主義的粗暴行徑。

冷靜數週之後，鶴齡進了一家教育水準相對低的私立學校。他以插班生身份報考並獲得取錄。畢業後，他加入了《新加坡自由報》當記者，第二年就晉升為副編輯。

鶴齡希望世界能夠變得更為美好，人民受到尊重。這些基因一定是從母親身上傳承的。父親在很多方面也是一個正派的人，但我必須承認，郭氏的基因是商人和營商賺錢的基因。母親家人則從來不計較金錢。我的外祖父也不在乎錢，他看重的是人的價值。

母親常説，對我們三兄弟的愛無分彼此。但在我心裏，我總覺得她愛鶴齡深一些。在她眼裏，鶴齡擁有完美的人格，他痛恨任何形式的欺壓。母親在他身上看到了鶴舉和我不具備的品格：鶴齡是一個無私的人，他不但關心同學，他還關顧同鄉，甚至新加坡和柔佛毗鄰城市人民的福祉。

他特別關心弱勢社羣，這是他與生俱來的基因。我在三菱工作的幾年中（他也在那裏工作過），他曾經因為我對下屬員工的嚴厲管理方法，而跟我發生過幾次激烈的爭執。他認為這樣待人是不人道的。但是，這就是我的處事方式，在我建立郭氏兄弟集團的整個過程中，我也一直如此。相反，鶴齡則將他的一生都獻給了窮苦大眾和弱勢社羣。

我相信鶴齡是在 1945 年末或 1946 年加入馬來亞共產黨的。他從未向我們透露過。我想他是不想因此而牽連全家，因為當時英國人正四處搜捕和迫害共產黨員，還迫得他們都遁入深山叢林躲藏。

由於共產黨在抗日運動中發揮了重要作用，盟軍司令無法在戰後馬上抵制抗日運動，所以他們只能偽裝着，但內心深處恨不得將共產黨斬草除根。我相信胡志明和共產國際的越南支部也有參予馬來亞共產黨的活動。

1946 年，鶴齡搬了去吉隆坡，與兩三個助手一起辦了一份小報，充當左派喉舌。其中一個助手就是他的朋友亞奇科。在英國人看來，左派就是共產黨，必須斬盡殺絕。

鶴齡辦報的地點就在吉靈街，與馬來亞人民抗日軍吉隆坡辦事處在同一座大樓內。1946 年初我去吉隆坡，看到那裏的華人士兵身穿如在深山叢林中一樣的訓練裝束。

馬來亞共產黨內主要是華人，大多是福建人、客家人和海南人。馬來西亞抵抗運動的始創成員大多接受華文教育。而鶴齡卻是接受英式教育，屬於稀有少數。

1946 年，英國人捏造一個藉口，關閉了鶴齡所辦的報紙。鶴齡於是重返家中，但我們常常幾週也見不到他。他開始活躍於激進的新加坡港務局工會，並擔任顧問。由於他寫得一手好文章，因此他便為工會撰寫宣傳冊子。夜以繼日的工作，睏了就睡在辦公桌上，身穿的衣服幾天也不換不洗，對自己的身體狀況更是從不關注。

1947 年 10 月 4 日，我與謝碧蓉成婚，她是鶴舉之妻謝碧蓮最年幼的妹妹。無論在婚禮和婚宴上，鶴齡對我和碧蓉都特別愛護有加。碧蓉尤其喜歡鶴齡。諷刺的是，我們小時在學校裏，鶴齡就對碧蓮很有好感，但當他發現鶴舉愛上碧蓮時，便馬上退出了。我與鶴齡的關係不如鶴舉跟他那麼親近，鶴齡其實是鶴舉的精神支柱，幫助他度過了人生中各種艱難困境。

鶴齡認為碧蓉品格高尚、為人誠實，並深受兄弟姐妹的敬重。他羨慕我能與碧蓉結婚，並衷心祝願我們幸福美滿。我覺得他好像看到我有偏離婚姻的傾向。所以在我結婚那天，他把我叫到一邊，跟我說了一席很嚴肅，讓我獲益良多的話。他叮囑我一定要信守婚姻，永遠不要辜負碧蓉對我的信任。

我從未嘲笑過鶴齡幫助貧苦大眾或支持工會的行為，但我認為商業和政治不應混為一談。相反，鶴齡認為我只顧賺錢。1948年的一天，他與我促膝談心，他認為我的想法是錯的，總有一天我會了解到他忠告內的深意，明白到政治與經濟、政治與商業之間根本是相互交織、密不可分的。

鶴齡說："年，我知道你不會聽我的，因為你有自己的人生觀，並正努力朝成功資本家這一條路進發。這是無可厚非的。我雖與你的想法不同，但你也應該關心政治。當你的生意做得越大，政治就會緊纏着你，因此你越早開始關心政治就越好。"

鶴齡對我的忠告當然是正確的。政治與經濟是緊密相連的，政治與生活更是密不可分。

鶴齡後來升至馬來亞共產黨的宣傳負責人，是黨內前十名的領袖。由於他是一個受過英式教育的華人，對於共產黨來說他是很重要的。但對英國來說，所有共產黨員都是恐怖分子。

當英國開始圍捕共產黨員時，鶴齡與亞奇科逃進了深山叢林。我相信共產黨總部已發佈消息，命令黨員撤退到叢林基地以逃避英國天羅地網式的追捕。

我記得鶴齡決定離開前，我問他："鶴齡，為甚麼非走不可呢？讓他們逮捕你好了，然後驅逐到中國。到有一天，我們可以請求未來的馬來亞政府把你送回來，讓你重回你的出生地（我那時已認為馬來亞獨立是指日可待的事）。

"鶴齡，你知道英國人會怎樣對待你們嗎？如果他們在戰場上節節敗退，他們最終可能會用原子彈轟炸彭亨州的森林，把你們全部炸死。他們才不在乎炸死幾千個無辜土著或珍稀的野生虎，他們只有一個目的就是要把你們全部剷除消滅。你能活下來的機會實在太渺茫了。"

1948 年 7 月，當鶴齡撤入深山叢林時，我意識到人生不僅僅是為了賺錢。我的親哥哥，我所認識的人中，擁有最完美人格的人，可以為幫助被欺壓的人而置自身安危於不顧。母親得知鶴齡走後，雖然沒說過一句話，但我覺得鶴齡是她的親生骨肉，對她來說是一個莫大的犧牲。

鶴齡遁入深山後，我對他的思念就仿如失去戀人般強烈。我深深地愛着鶴齡。

碧蓉和我婚後住在新山一幢不錯的房子裏。我們的臥室有穿堂風，所以，大多數的晚上，我們都打開窗戶，睡在蚊帳裏。有的夜晚，熱帶的馬來亞會遭遇暴雨侵襲，大雨宛如巨大的瀑布從天而降。這時，我總會擔心鶴齡在森林的情況，就算再茂密的森林也擋不住如此滂沱大雨。由於受到英軍追捕，我懷疑共產黨員都不可能安營紮寨。可想而知，他們的生活是何等的艱苦。

我記得自己因為擔憂鶴齡在森林中的生活，常常躺在牀上痛苦地啜泣。碧蓉會安慰我說："他會沒事的。他是一個堅強的人。"

我感慨地說："可憐的哥哥，你的一生是何等的不幸。"

我記得鶴齡曾從深山叢林裏寫過信回來，信總是寄給鶴舉，然後鶴舉會給我看。如果他寫了七至十封信，鶴舉也只會給我看四五封。我覺得有些信，對於鶴舉一定是很私密的。無論在意志和心智上，鶴舉應該是我們三兄弟中最薄弱的一個，所以他最需要鶴齡。

鶴齡走後，一個在新山的英國特務部官員，來過我剛成立的郭氏兄弟有限公司的辦公室幾次，他叫梁康柏（Leon Comber）。我在雞尾酒會上和新山皇家國際俱樂部曾見過他。郭氏兄弟公司在一樓有一間小辦公室。

梁康柏會突然出現，說："嗨，羅伯特。我能坐下嗎？"

我答道："當然，請。這兒有椅子。請坐。"

然後他說："你不打算請我喝杯咖啡嗎？"

於是我差人為他泡一杯咖啡，但他卻只顧四周張望，嘗試尋找一些蛛絲馬跡。你知道他們是如何行事的。他從來沒問過我有關鶴齡的任何問題。他會說："最近怎麼樣？生意好嗎？你家裏都好嗎？"他們處理得很巧妙，不得不令人佩服。

梁康柏後來跟著名歐亞人作家韓素音（Han Suyin）結婚。她的《餐風沐雨》（*And the Rain My Drink*）內的角色，很明顯是依據鶴齡、我和其他一些人而撰寫的。她的丈夫可能提供了內幕資料給她。她在書中講述了一個相當富裕的中產家庭，兄弟中一人逃入深山叢林，另一人則成為大資本家。

1953 年 8 月，英軍伏擊了鶴齡和他的兩名保鏢，三人在森美蘭和彭亨州交界的叢林中全部遇害。一天，詹姆斯·普都遮里跑來找我，給我看了一張鶴齡的照片。照片中，鶴齡躺着，身上覆蓋着樹葉。

我感到悲痛欲絕，但我的第一個念頭是如何把這個消息告訴母親。她如此深愛鶴齡。她雖然知道他在野外很苦，但也只敢隔幾個月才問一下他的消息。我決定立刻就跟詹姆斯一起去母親房間，告訴她這個噩耗。

我請詹姆斯在門外等着。我決定收起照片不讓母親看，因為這個打擊實在太殘酷了。我進門說：“媽，我有一個壞消息。”我當下便感覺到她已知道發生了甚麼事。她是有心靈感應的。她的臉突然變得像紙般白。我本該就此打住，但我又能編甚麼說呢？

我說：“鶴齡被殺了。”我的話像插入她心臟的刀子。母親暈倒了，身體往後跌，“砰”的一下倒在木地板上。幸好她骨架很輕，沒受大傷。我們好不容易才把她弄醒。但過了多月，家中仍然被一片哀痛深深籠罩着。

從那以後，母親就不斷勸誡我們不要從政。她說：“我已經失去了一個兒子。這個損失已經太大了。你們千萬不要從政。”鶴齡慘死後，母親對佛教的虔誠十倍於從前。

鶴齡為公義獻出了生命。他眼見英國殖民主義可怕和醜陋的一面，人們對它的盲從附和。他因為不公平的對待才被開除出校。他更親眼目睹日本侵略者的愚昧行徑。但最讓他不能忍受的，是 1945 年英國和印度軍隊以佔領軍的身份回歸執政。

一個如此優秀的人，在三十歲之盛年，白白犧牲了寶貴的生命。這着實是一個偉大而沉重的悲劇。

第五章　為父親工作

　　1945 年 8 月 15 日，日本投降。但一直到 9 月中旬，英國人才擺出一副軟弱無能的樣子回來馬來亞。由於他們收到情報，説日本人不會投降，在馬來半島和新加坡的日軍將領仍會負隅頑抗，拼至最後一刻才剖腹自盡。所以英國人一直遲遲不敢回來。

　　大約到日本投降約四個星期後，英國人才從印度南部和斯里蘭卡派了一支海軍艦隊駛至馬六甲海峽。軍艦在巴生港外放下了水陸兩用的登陸艇。可是他們竟然沒有派情報人員去了解當地情況，附近全是沼澤和泥地，結果全軍陷入進退失據的局面。如果日軍真的還在那裏作戰，他們肯定已被徹底殲滅。整件事就像一場荒謬的鬧劇。

　　盟軍從來沒有回來反擊過，日本人便乖乖放下了武器。當時還舉辦了一個繳刀儀式，純粹在形式上以勝利者自居。盟軍像凱旋歸來，開着坦克和卡車，全副武裝，穿城過鎮，卻把那些被無辜屠殺的華人完全拋之腦後。

　　長期遭受日軍佔領的壓迫，馬來亞人民，無論男女、貧富都祈盼着英軍或盟軍來解放他們。但他們等到的卻只不過是另一支佔領軍。不幸的是，正派的英國人不是死於泰國或緬甸的死亡鐵路上，就是住進了戰俘營或平民拘留營中，瘦骨嶙峋地活着，他們一概被軍船送返英國或其他地方的醫院和療養院。沒有他們的參謀，英國人這次回來只會用更不人道的方式去管治。

夏爾·戴高樂（Charles de Gaulle）凱旋回歸法國時，由於那是他的祖國，參與盟軍的士兵將領被國民熱情地擁抱和親吻。大家沉醉於一片歡樂和幸福之中。但在馬來亞的英國和印度軍隊則毫無感覺。他們對當地民眾只有不屑，甚至蔑視。他們的心底內根本沒有想過如何安撫在日軍鐵蹄下，悲慘生活了三年半的馬來亞人民。他們完全沒有想過！英國只不過是回來收復殖民地而已。他們的表現確是如此，可恥之極！佔領軍眼中沒有一絲喜悅。對他們而言，這只不過另一場苦役。他們無非想借機從中撈一把而已。

1945 年 8 月英國人回來之前，他們宣佈，日元不再是合法貨幣。香蕉幣頃刻間分文不值。由於日本人 1942 年入侵時，曾頒佈過一項法律，規定任何人若被發覺使用其他貨幣將被嚴懲處決。這樣一來，人們手中已沒有任何其他貨幣。因此，初時只能靠以物易物，然後才慢慢恢復了貿易，但一切都得從零開始。

我在三菱工作至 1945 年 10 月初。8 月底時，三菱的主管們對員工說：“工作結束了，你們都回家去吧。”

我馬上去找我的部門主管上村說：“我打算繼續做下去。你不需要付我工資。我只是想完成手頭上的工作而已。”因為，我知道還有庫存的大米和香煙需要處理。我是個有責任心的人，這是我的一貫作風。何況，我也不願賦閑在家。

我還記得當時上班，就只有我是非日籍員工，其他中國人都離開了，辦公室幾近荒廢。平時 50 多人的辦公室，現在最多只剩下約 15 人。我只是如常上班，心裏並沒有任何企圖。但日本人卻在我毫無心理準備的情況下來報答我。

有一天，上村來問我：「你和你的父親總共有多少錢？」

我問：「怎麼了？」

他答道：「我們還有二三百捆日本運來的捲煙紙。你把那些沒用的香蕉幣給我，我把捲煙紙賣給你。你去準備一張收款單給我簽。你留着發票，這些貨就歸你了。」

我就這樣買了大批捲煙紙，並交了給父親。他後來通過合法競投，將這批貨以 40 萬元售出了。那時，根本沒有人手頭上有資金。

接着，我的十二堂兄鶴醒也得到了類似的禮物。他一直在 Kumiai 一家日本合作社工作，那是紡織品的獨家經銷商。戰爭結束時，這家合作社手上還有一大批廉價的日本花布存貨。經理一直很喜歡我堂兄，於是便用類似的方法給了他。那經理對鶴醒說：「只要給我一點錢，我就把所有剩餘的大捆布匹存貨賣給你。」於是鶴醒拿沒用的貨幣買了幾卡車織布，也交了給我的父親。結果，一直做大米交易的父親一夜間就擁有約 70 萬現金。

在我為日本人工作的最後一週，父親在新山最年長的姪兒、我的五堂兄鶴青騎自行車來辦公室找我。他說：「你父親想你回去幫他，回來加入家族公司吧。」

父親想我去，於是我便加入了他的東昇公司，但我只把自己當作他的僱員。我那時反正也沒其他事可做。萊佛士學院要到 1946 年 10 月才重開。我一生堅信，忙碌是一種治療。人必須工作，工作能將身體和心靈結合起來，一併治療。一個有工作的人會比別人早起，晚上又因為需要恢復體力而比別人早睡，這樣便不會浪費生命。感謝上帝，慶幸我們那時沒有電視、沒有愚蠢的電子遊戲、沒有現在報攤上那些琳瑯滿目的惡俗雜誌，那都只是為了迎合人類低下和庸俗的本質。

1945 年 10 月，我才加入父親公司沒幾天，父親就與英國軍事管理局簽了一份合同，由我們每天從鄉間採購新鮮蔬果來供應日本戰俘。這些日本戰俘從馬來半島各地被集中送到一個營地裏，該營地位於柔佛新山以北約 40 英里，在令金（Renggam）附近的一家橡膠園裏。我記得最高峰時，該營地收容了大約 8 萬日本戰犯。

我被指派負責供應新鮮食品的合同。那時，東昇公司沒有卡車，所以英軍給我配備了六名印度士兵和六輛軍用卡車。就這樣，我便離家到昔加末（Segamat）去建立採購基地，此城鎮位於新山以北約 160 公里。每天早上，我和護衛要開車到森林邊緣開墾出來的耕地裏，去收購便宜的蔬菜和水果，如香蕉、菠蘿等。然後再將這些食物送到令金的日軍戰俘營。

我記得當時曾住過一些很糟糕的旅店和小賓館，都是由華人經營的。樓下是咖啡店，那裏聚集了很多人，包括一些乞丐。樓上有兩三間客房出租，就像美國的牛仔鎮一樣。我租住的房間常常有蟑螂和老鼠出沒。

英國軍官都臉露傲慢神情，但因為我說得一口流利的英語，有些軍官對我還挺不錯。我為父親工作四五個月後，有一天，父親説："把這些禮品送去新加坡的英國軍官俱樂部。"記得那次我去，遇見了兩位二師上尉，一位是保羅（Captain Paul），另一位是萊格特（Captain Leggett）。他們都比我大三四歲，吸着煙斗，表現得很優越。顯然，他們是公立學院派的，屬於英國的統治階層。

他們説："羅伯特，我們很喜歡你。你可以來我們的俱樂部。"

那天早上，他們説："我們要去令金的日本戰俘營，你就跟我們一起去吧。"他們跳上一輛敞篷吉普車，然後讓我鑽進後斗車廂，從新加坡高速駛去令金，一路上都是缺乏維修的道路和無數的活動便橋。由於座位椅墊很硬，我只好緊緊抓住吉普車扶手，全程活像受罪。

抵達後，保羅和萊格特隨即走進戰俘營開始洗掠。一早知會日本人交出所有值錢的東西，有空軍頭盔、皮大衣、長刀、手錶、靴子等，堆積成小山，放在一個像馬戲團似的帳篷裏。兩個上尉隨心所欲，喜歡甚麼就拿甚麼，還對我説："羅伯特，自己來吧！"但我一件東西都沒有碰過。

1946 年 9 月，日本戰俘營的合同快要到期時，父親再次受到幸運之神眷顧。英國軍事管理局駐吉隆坡的糧食監控員休·比德爾斯中校（Lt.-Colonel Hugh Beadles）指定父親為南柔佛主要食糧米、糖、麵粉經銷商。而我亦因此成為了食品倉庫經理。

1946 年 9 月的一天，兩位軍官，卡特少校（Major Carter）和普里查德上尉（Captain Pritchard）來巡察店舖。普里查德是那種公立學院派，長相活像電影演員雷克斯・哈里森（Rex Harrison）。而卡特則稍胖，是個友善的澳大利亞人。他們最終來到了父親的店。

他們很滿意店內的情況。當時父親和鶴青也在場，他們都比這兩位軍官年長很多。兩人便問父親是否願意做英國政府在南柔佛州指定的米、糖、麵粉代理商和經銷商。僅此而已。

戰後，英國軍事管理局在吉隆坡設立了自己的糧食必需品經銷管道。由於三菱和三井的專營權已經被廢止，因此英國公司取而代之壟斷了吉隆坡、新加坡等大城市的市場。寶德（Boustead）負責大米，牙得利（Guthrie）管糖，森那美（Sime Darby）則專營麵粉。但柔佛沒有英國人開的店。我們於是被指定為政府於新山和附近地區的米、糖、麵粉代理商和經銷商。

在批出此合同前，英國軍事管理局一直用自己的政府機構來經銷大米。我受命接管政府的供應倉儲，合共三四個大倉庫，建於離新山不遠的小村莊啖杯（Tampoi）。

父親讓我去管理這些倉庫。倉庫當時的主管是諾曼・卡倫上尉（Captain Norman Callan）。普里查德上尉為我寫了一封介紹信，並安排我去啖杯見卡倫。那年我 23 歲，我記得他比我還小一兩歲。那時，英國軍事管理局任命了一批相當年輕的青年擔任很高軍階。卡倫一開始有點欺負我，但經過三四天的工作交接後，我們很快便能融洽相處。到後期，我需要簽收幾千袋大米、糖和麵粉的清單。卡倫上尉向我敬了一個禮，然後將整個倉庫移交給我。從那天開始，我這輩子便一直與倉庫結下了不解之緣！

卡倫上尉離開前對我說："我想給你介紹一個非常好的馬來小伙子，我一直用他做勤雜工。我認為他應該有更好的發展。他叫奧斯曼・賓・薩馬德（Othman bin Samad），暱稱卡迪爾（Kadir）。"卡迪爾很討人喜歡，而且十分精明。他擁有爪哇血統，但生於啖杯。在我開始經商初期最關鍵的幾年裏，他成為公司最核心的一員。

　　卡迪爾那時十七八歲。他告訴了我一件嚇人的親身經歷。在1945年上半年，他是被日軍圍捕的眾多馬來人之一。日軍來時，他正在村內。日軍封鎖了街道兩端，抓捕馬來男丁並帶到一個軍營裏當苦役。他們一到即被剃光頭髮，而且不許離開軍營半步。

　　卡迪爾後來一直在郭氏兄弟公司與我共事。他於12年間已被提拔為經理，後來還加入了董事局，直到退休。

　　由於父親有許多大米買家，貨物供不應求，他決定派一名高級職員坐兩天火車去吉打州買更多大米。吉打州位於泰國南部，是馬來亞的主要大米種植區，出產的稻米足以供應本地市場。我有時也會出差去當地買米。

　　人們除大米外，也需要補充蛋白質。柔佛在1947年初嚴重缺乏肉食供應。戰爭爆發前，父親在新山的生肉市場經營過兩個肉攤，賣新鮮的牛、羊、豬肉。鎮上幾乎所有人都在他那裏買肉。

　　父親手下經常去吉打州收購大米的職員回來說："嗨！那裏很多人用多出的水牛來作買賣。"

　　父親說："好，就買三四頭水牛回來吧！"

　　那些可憐的職員就帶着活水牛一起坐貨運火車回來。有時，他們會被趕下車。他們只能搭便車或順路的敞篷卡車到下一個火車站，然後賄賂站長讓他們搭乘下一班貨車。整個行程需要一週甚至更長時間。到達後，他們把水牛拉到最近的屠宰場宰殺。

戰後三年間，父親賺了四百萬馬幣。但由於他不善投資，未能加以發展，只懂得乾守着那堆錢。

我加入父親公司後，才發現公司的經營狀況是多麼的糟糕。父親做事沒有條理、優柔寡斷，缺乏領導能力。他不懂賞罰分明，總是擔心晉升一個姪兒會惹惱其他人。而他又缺乏行動力，這加劇了公司內部的不團結。他生性就是如此。最糟的是，我的二堂兄和五堂兄還染上了鴉片煙癮，而且經常嫉妒他人。而十堂兄則不太精通生意。因此，公司當時真的是一團糟。

目睹這些，讓我深明如果要開辦一間公司，絕不能容許任何裙帶關係，並且不能軟弱。我們是親戚，沒錯，但公司裏該有規矩。誰能為公司帶來利潤，誰就理應得到獎勵，道理就是這麼簡單。所以後來，我對所有堂兄都十分嚴格，即使他們都比我年長。

我非常努力地為父親工作。父親新積累的財富中，我個人至少貢獻了 30%。我負責打理店舖，但父親並沒有給我應得的報酬。我每月工資只有 600 元。鶴舉幫他管理運輸也是收相同工資。但當時，鶴舉已經有一個孩子，而第二個孩子還快要出生了。

父親經商的最大優勢是精明，他對於形勢和對人的判斷十分準確。在這方面，父親比母親聰明。母親的原則性很強、並且固執己見。而父親則願意聆聽，較為務實，是天生的商人。

1945 年到 1948 年間，我成為父親身邊不可或缺的人。我全心全意投入工作，付出了一切，但我們當中不含一點愛。父親在我來說，猶如火箭燃料一樣驅動着我向前。但在我們三兄弟眼中，他並不是一個好父親。我亦明確對這種待遇表示不滿。

1947 年，隨着我婚期臨近，母親說：" 年，我很久前就計劃回中國，已經不能再推遲了。我心中實在有太多痛楚，我認為我必須要回去。我希望你和碧蓉幸福美滿。但是，兒子，我將不能參加你的婚禮了。" 她其實已下定決心不再回來了。她想與父親一刀了斷，不是通過離婚，而是從此永不相見。1947 年 6 月，她與我們三兄弟話別後，便隻身返回福州。

1947 年 10 月，碧蓉和我從新加坡乘一艘荷蘭客船去香港度蜜月。在香港，我們與碧蓉的表姐艾里斯·普魯（Iris Prew）同住。艾里斯是個寡婦，她的歐亞籍丈夫是個教師，在戰爭中遭日軍殺害。

儘管父親懇求我早些回去，我還是要去香港度蜜月，而且一待就是十週。我是借此發泄我在東昇公司負擔過量工作的怨氣。

1948 年 11 月底或 12 月初，鶴舉收到了母親的來信。信是用中文寫的。由於我能閱讀中文，所以鶴舉把信拿來給我看。信中，母親抱怨父親的自私。她在中國走訪了一些親戚，他們都很窮困潦倒。親戚都知道父親的生意做得不錯，母親因此感受到很大壓力，覺得有需要幫助他們。她向父親要一些錢，父親卻遲遲不給。信的本意不是想挑起事端。母親只是感到無助而已。鶴舉登時怒不可遏，說要馬上去跟父親理論。那時，我比大哥見父親見得多，因為我較深入參與東昇公司的業務，父親每晚都會來跟我了解一下當天的業務情況。

我說："鶴舉，你現在火氣太大了，還是由我去開口讓父親寄錢吧。"

當時的情景至今仍然歷歷在目。午飯後，我內心有點激動，因為母親的信確實也觸動了我。那天真倒楣，碰巧父親心情也很差。我泊了車，走入店內，看見父親一張難看的嘴臉。我略帶粗魯地說："哎，看看母親的來信。"我記得當時甚至並沒有叫他。他只掃了一眼，用同樣粗魯的方式把信攔在一邊。

頃刻間，我像火山爆發一樣，對着父親吼叫，差點沒揍他一頓。我當時 25 歲，年少氣盛。我說："去你的！你一直沒有善待母親，你現在還這樣對她！你這個人渣！"他瞪着我，試圖用眼神阻止我說下去。店裏的兩三個堂兄走過來嘗試穩定我的情緒。我不管一切，奪門離去。

一週後，父親心臟病發進了醫院，之後便再也沒有出院。三週後，他再度心臟病發，於 1948 年 12 月 26 日死於冠狀動脈血栓。

當時，我並不知道父親的健康已出現問題。但顯然，我跟他大吵之後，他的情況便急劇惡化。有時我會想，我是否加速了他的離世。

第二部分

・創　業・

第六章　首次貸款

父親沒有留下遺囑便走了。

日本投降後，他將東昇公司重新註冊為獨資企業。我們去法院申請，讓我們擔任公司管理層繼續經營下去。但法官最後裁定，公司必須清盤，遺產將由兩位遺孀承繼。法官引用新加坡於1908年一個很有名的"六位遺孀"案例。

法官說，由於父親過世時未有立下遺囑，因此法律程序很簡單。在交付遺產稅後，將父親淨財產的三分之一平分予兩位遺孀，即母親和二房各分六分之一。剩下的三分之二淨財產則平均分給子女。母親有三個兒子，父親的二房有三兒二女，所以八個孩子平分，每人獲分十二分之一。

父親舉殯後不久，母親便從中國回來。由於鶴齡已逃入深山叢林約五個月，因此他那一份需要交給法定代理人。當他得悉父親過世的消息時，為了不想連累鶴舉，來信中只能暗喻，對聽聞一位認識的老商人去世感到難過。

我記得，我約繼承了 13 萬馬幣遺產。戰後，父親白手興家，約賺了 400 萬馬幣。我相信，其中四分之三用於償還債務。扣除稅務、葬禮開支和律師費後，只餘下約 150 萬元。

接着，我們開始籌組成立郭氏兄弟有限公司。1949 年 1 月中旬，我們一共五人在新山家中圍坐一張小桌。除了我以外，還有母親、鶴舉、五堂兄鶴青、十二堂兄鶴醒。鶴醒是在我們家長大的。母親待我們坐下，説："年，由你開場好嗎？"

我説："首先，我想向大家保證，我已經下定決心，全力以赴投入工作。我有信心能帶領我們的新公司 —— 郭氏兄弟邁向更高層次。在座每一位都會變得更加富有，財富要比我父親在世時還要多很多。"他們當時可能認為我是在自吹自擂。

我接着説，"現在讓我們來談談股權。我們剛開始以 10 萬元作為實繳資本（當時美元兑馬幣的匯率為 1:3.06）。"我不會要超過 25% 的股份。我不是謙讓，也不是自大。我只是説出事實，25% 的股權已足夠我和我的家庭了。

鶴青自小已跟隨父親，學習協助父親打理業務，父親去世時，他已是總經理。如果父親是公司的行政總裁，那鶴青便是副總裁。而且，鶴青有七個成年子女（我那時還沒有孩子。碧蓉還要兩個月才生下我們的第一個孩子），所以我提議也給鶴青 25% 股份。

我所尊敬並視如親兄弟一樣的鶴醒，頓時繃緊起來，不大接受我的建議。他打斷了我的話説："年，我不贊成。我同意你拿 25% 股份，因為這是你應得的。但鶴青的，我反對！"我試圖説服他。

這時母親明智地中斷了我們的爭論，她説："我們可否把鶴青股份一事先擱下？"

鶴青坐在那兒，一言不發。鶴舉附和母親，並説稍後再找鶴醒續談。

我繼續説道：“鶴醒，你佔 15%，鶴舉佔 15%，而母親則佔 10%。”這樣下來，還剩下 10% 的股份。三伯父有兩個兒子，一個是我的十一堂兄鶴堯。我認為鶴堯一直輕蔑我們的家族企業，他比較喜歡為李氏橡膠的李光前工作，所以我建議不留股份給他。而他的弟弟鶴鳴則可獲分 5% 股份。鶴鳴是我的二十一堂弟。最後，我建議將餘下的 5% 股份預留備用。

　　這時，母親説：“年，我可以説幾句嗎？可否將餘下的 5% 分給二房？”這個建議，我們一致贊成，於是便派人去跟她談。她以 5,000 元來換取這 5% 股權（數年後，她因嗜賭成性，玩麻將輸了錢，於是便將股份都賣掉）。

　　接下來，我們開始談職位任命。我説：“我提議由大哥鶴舉擔任董事長。鶴青曾任父親手下的總經理，建議擔任董事總經理。鶴醒任執行董事。我也是執行董事，並兼任公司秘書。”這是因為我一直在進修《公司法》。我們就這樣開始經營起來。郭氏兄弟有限公司於 1949 年 2 月 23 日註冊成立，然後於 4 月 1 日正式開始營業。

　　我由公司開業起便一直帶領着公司。我不是要貶低他人，我只是説出事實。鶴舉不如我務實，但最終是由他去説服鶴醒接受將 25% 股權分給鶴青。

　　鶴青比我大 17 歲，心地善良，但由於已吸毒成癮 20 多年，因此力不從心。鶴醒是個好人，但他生性靦腆，不好交往，而且身體也不太好。在艱難的開業初期，他一直是公司裏最堅強、最可靠的支柱。他個性寡言，但頭腦清晰，能一語中的，可惜英年早逝。

因此，經營公司的重擔便落在我的肩上。我知道自己具備營商的天賦，在商場上可說是如魚得水。我也是一個很專注的人，一心一意的只想把事情做好。但我必須強調，母親才是公司和家族的象徵，是至為重要的棟樑。

父親過世前是柔佛州南部的大米代理商和經銷商，覆蓋當地三分之一的市場。他去世數週後，我和鶴青去了趟吉隆坡，拜見英國軍事管理局貿易及工業部的物資供應主管休·比德爾斯中校（Lt.-Colonel Hugh Beadles）。

比德爾斯人很好，長得高大，略胖，戴着一副無框眼鏡。他對鶴青和我都很友善。他說從報章上已得知父親離世的消息，亦理解為何東昇公司需要解散。他說："我信任你倆。你們一直在做大米經銷生意，所以我準備把代理權轉給你們的新公司。"但由於這是新公司，他要求我們提供由銀行出具的 10 萬元信用擔保。

那時，我已經打了兩三年高爾夫球，還加入了一個頗為尊貴的高爾夫球會 —— 皇家柔佛國際俱樂部（Royal Johor International Club）成為會員。在那裏，我與匯豐銀行當地的分行經理福賽特先生（Mr. Fawcett）見過面，還曾一起打過一兩次球。福賽特是一位友善、率直、認真的英籍銀行經理。於是，我親自去匯豐銀行找他。這事發生在父親去世後一兩個月。

我將事情的來龍去脈跟福賽特說明 —— 包括父親過世、他如何獲得特許經銷權，以及政府的物資供應主管要求我們為新公司提供銀行擔保等。福賽特說："我明白了，但我們不能將公司和友誼混為一談。如果你能存 10 萬元入匯豐作為定期而不提取，我就可以為你簽發 10 萬元擔保。"

我聽了當然很不開心。傻子都明白，這等於是我自己在擔保自己。那他給我擔保了甚麼？款項存進銀行多年，也沒有分毫利息。那是 1949 年，10 萬元是很大的一筆錢。

那時，英資銀行家公然搞種族歧視。他們寧願貸款給拾荒的白種人，也不考慮貸款給正當的本地商人。膚色決定一切。

我不時遭到類似的殖民主義白眼。1952 年，我開始買賣日本玩具，供貨商是在新加坡的里克伍德有限公司（Rickwood & Co.,Ltd.）。該公司的獨資持有人是里克伍德（Rickwood），他不是澳大利亞人，就是英國人。我當時 28 歲，他比我年長約 6 到 10 歲。

有一天，里克伍德試圖遊說我買他公司的部分股份，成為資深合夥人。他給我看了一套他說是已審計過的賬目，但後來我發現這都是假賬。我從賬目中看到他欠匯豐銀行新加坡分行大約三十萬元。里克伍德曾在澳大利亞或英國軍隊任中士，退伍後本來一無所有，但卻能拿到貸款開展生意。為了過得像個所謂的成功英國商人，他在皇家新加坡高爾夫球會（Royal Singapore Golf Club）附近的安德魯街（Andrew Road）買了一幢漂亮的房子。這件事赤裸裸地顯示出，殖民主義縱容銀行明目張膽地搞種族歧視。

里克伍德想我購買他公司的 70% 股份。我心想，這也好，我正需要在新加坡開一間自己的公司，類似郭氏兄弟新加坡分公司。假如有朝一日，新加坡和馬來亞分而自立（後來確實分開了），則兩地將會採用不同的法律和稅制。不過，當我付了一大筆定金後，我開始察覺有些不對勁。做過盡職調查後，才發現他的公司不過是一個爛攤子。他只是想騙我入股，幫助他清還壞賬。

當我表示要中止交易時，里克伍德提議我們一起吃午飯。他說：“一切都可以商量。我會把事情處理好，你還是可以投資進來的。”我與他當面對質，他頓時臉色都變了，但就是不讓我離開，他說：“你跟我回公司一趟。來，來我的辦公室再說。”

我們上樓去他辦公室。牆上有個保險箱。里克伍德說：“我給你看些東西。”我心裏滿腹狐疑，為甚麼要跟他一起去看保險箱呢？他示意我過去，然後在我臉前打開保險箱，內裏正中放了一把左輪手槍。

我問：“你給我看甚麼呢？”

他答道：“哦，沒甚麼，沒甚麼。別介意。”他關上保險箱。我知道他是要恐嚇我。但我卻表現從容，不發一言。

我在創業中遇到最大的挑戰就是獲取銀行信貸。自匯豐銀行那次精神上的打擊後，我痛恨與任何銀行打交道。我努力工作，但不知道怎樣向銀行表現自己。我的脾氣、性格和敏感的特性使我難以向銀行卑躬屈膝。直至今天，依舊如此。

但是，我們需要銀行貸款。由於我們不是生於新加坡，而是來自柔佛，我們就如從支流游入大河的小魚，可新加坡只認自家河裏的魚。誰會理會這條可笑的小魚呢？

在這進退維谷的情況下，盤谷銀行向我施以援手。大多數銀行都不願意理睬我們，直到陳弼臣（Chin Sophonpanich）所創立的盤谷銀行出現後，情況才得以逆轉。因為有了盤谷銀行的信任，我們才可以去找其他銀行洽談。

一天下午，我在新加坡，一位潮州大米經銷商跟我說："你今晚會去機場嗎？"那時，我每天開車往返新山和郭氏兄弟（新加坡）有限公司。

我問："為甚麼要去機場？"

他說："盤谷銀行的創始人和大老闆今晚會到。飛機從曼谷起飛，預計晚上七點半到達。

我問："誰會去？"

他答道："新加坡所有米商都會去。"我想我也是米商，我怎能不去呢？

我提前 45 分鐘到達機場。陳弼臣所乘的飛機降落時，所有米商共約 50 人列隊迎接。我在隊中被擠擁推撞成"之"字形站立，但我一點也不介意。所有米商中，我是個新手。當中 60% 來自潮州（陳弼臣也是潮州人），40% 來自福建南部。而我則來自福州。福州人在那裏算是勢孤力弱的。

陳弼臣順着隊伍走過來，逐一握手。有人在旁給他一一介紹。我是最後一個跟他握手的，他很好奇想知道我是誰。我們交換了名片。他的助理說："大老闆，這是 Kuek Hock Nee（這是我中文名的潮州發音）。他的公司叫郭氏兄弟。"陳弼臣十分客氣，是個友善的紳士，但看起來卻很嚴肅。他比我矮一些，但身形比我結實些。

陳弼臣說：“有空我會安排去你公司看看。”

我當時認為這只不過是客套話。但三四天後，我的新加坡辦公室確實接到盤谷銀行來電說陳董事長想見我。我回覆說：“可以，我有空。”然後我就在公司等着他。陳弼臣與兩個助理同來，我們坐下攀談起來。

我後來才意識到陳弼臣此舉的目的。他不是坐在豪華辦公室裏等人上門拜訪，而是親臨每間店舖巡查視察，從而親自觀察和感受每家店的經營狀況，細微至店內桌子的擺放，感受辦公室的幹勁和氣氛。因此，他必須親身前來。

看店舖，不光看它的規模大小。當你走進一間辦公室或店舖時，你就會有一種直覺，一種感應，知道那家公司是如何經營、前景怎樣。這種感覺很抽象。你能到空氣中感覺到甚麼嗎？這家公司是充滿能量呢，還是呆板、頹廢甚至垂死待亡？

陳弼臣看來對我們的店內一切都很滿意。他隨即當場問我：“你們在做甚麼生意？”

他聽了我回答後說：“你聽着啊，我會給你提供 1,000 萬元信用擔保，還會再給你一半擔保額份的銀行承兌信用證，也就是 500 萬元。有了這些信用證，你就可以預先提貨，待把貨賣掉後再把錢還我。”

對、對、對！他做事就這麼乾脆俐落。我永遠也不會忘記當時的情景。一位傑出的銀行家對我表示充分的信任。對於一個初出茅廬的年輕商人來說，能獲得這樣出手相助着實重要。我亦因此增添了不少信心，相信自己將來會獲得更多信貸、更多融資，使生意不斷壯大。這是一位我能與之交往的銀行家。

陳弼臣猶如一股清新的空氣。在殖民主義統治下的英屬馬來亞，英資銀行對於貸款給華人採取極度謹慎的態度。而同樣苛刻、老派的海外中資銀行也懶得花功夫在華商身上。如果一個人無法借到分文，又如何創業開展人生呢？大多數新加坡和馬來西亞華商都曾受過盤谷銀行和陳弼臣的恩惠。

銀行家只奉行簡單信條：把錢借給不需要借錢的人。當你身無分文時，銀行視你如麻瘋病人，避而遠之。這真是世間一大諷刺。我不完全責怪銀行家。我只是認為銀行業是一個無情的行業。我常說："銀行家不是我的朋友。只是在我的朋友當中，碰巧有一些銀行家。"

在我創業時，驅使我努力賺錢的首要原動力，就是銀行家對我的羞辱。除非你能奮力爬到岩礁頂部，否則便有被淹沒的危險。我心想，該死！難道這就是商界？這就是資本主義？如果這還不能激勵我們進取，努力賺錢，向那些銀行家還以顏色，還有甚麼更能鞭策你向前呢？

第七章　日落大英帝國

有幸能生於馬來西亞劇變的年代。父母從中國移居到被殖民統治的馬來亞，我就在這樣的環境下出生、成長。後來，日本入侵，將馬來亞和和當地的英國人蹂躪一番。不過反過來看，日本所作的這一切，其實只在自取其辱。

戰爭過後，大英帝國江河日下。從印度開始，前英國殖民地紛紛獨立。存在了四個世紀甚至更久的歐洲帝國開始解體。一個嶄新的時代將要來臨。

我當時擁有着無限的朝氣和活力，雖然年輕，但也足以理解身邊所發生的一切。隨着殖民主義瀕臨滅亡，我決心好好利用各種契機。我為父親工作那三年零三個月，為我奠下了良好的商業基礎。父親離世後，我創辦了新公司。八年後，馬來西亞獨立。這八年就是我蓄勢待發的關鍵階段。

周圍充斥着很多頹廢墮落的華人和歐洲人。我下定決心：決不會自甘墮落，我要努力工作，利用逐漸寬鬆的政治環境取得成功。

1949 年 4 月 1 日，郭氏兄弟成立之初，我們對現實情況準備不足。殖民主義依然盛行，而且佔盡優勢。英國人、跟他們混熟了的亞洲買辦、親信、隨從、阿諛奉承者處處獲得優待。

其他商業領域，多由閩南人和更南方的潮州、客家人所主導。他們操濃烈口音的方言，擁有自己的文化和習俗，業務遍佈馬來亞和新加坡每一個城鄉、市鎮。我父母來自福州，是福建省的行政中心，也是一個文化之地，許多官員和小商販都聚居於此。但若比較起來，說到冷酷無情，我們一半也沒有；說到不擇手段，我們也是未及一半；說要比速度和果斷，我們更是連一半也說不上。

現今世界的許多問題，追根溯源都是殖民主義的後遺症。統治階級在所有殖民地均享有特權。眼見殖民主義正步向滅亡，我意識到兩點：第一，讓我振臂展翅的機會終於來了，我將不用再受殖民統治者的束縛限制。第二，面對牙得利、寶德和森那美這些英國公司時，我再不用坐以待斃。獨立後的馬來西亞需要有主見的商人，那些老牌企業必須做好充分的思想準備，在公平競爭的情況下迎接我們的挑戰——這是我們在殖民統治時代所不曾擁有的。

當時的我充滿自信、熱血沸騰。我鄙視殖民統治者在馬來亞和新加坡的種族主義行為。我記得一家叫夏巴‧義利（Harper, Gilfillan）的洋行在其收款單上赫然印着："歐洲職員簽署後，收據方為有效"。我想，如果他們能這樣毫無廉恥，公然侮辱其餘的 95% 員工，他們不是瘋了，就是要自取滅亡。如果我是他們其中一個本地員工，我一定會在公司內部搞亂。試想，公司不是鼓勵員工"努力工作，換取回報"，而是鼓吹白人永遠高人一等，所憑藉的就只單單那生而有之的膚色！

從一開始，我就專注現貨商品市場：如主食糧——米、糖和麵粉。在郭氏兄弟公司的首十年裏，所經營的業務就是圍繞着這三種商品進行簡單的交易。

一開始我專營大米，因為每一個亞洲人都吃飯。我們聯繫新加坡的貿易公司，從那裏買入大米。由於我們信譽良好，他們都很信任我們。這一點十分重要，因為這一行鮮有以現金提貨。我們一般是貨到後二週才付款。偶爾，我們也會要求再寬限兩三天。而行規一般容許把二週付款期延長到四至六週。因此，我們在業界建立了很好的商譽，有時遇到好賣家，還會悄悄多給我們折扣，就連其他行家也不知道。因為他們認為跟你交易，貨、款都有保障。這就是生意經。我們亦因此賺了些錢。

我們從森那美公司獲得了柔佛市場的麵粉配額。我從他們那裏進貨100噸到300噸不等，然後把麵粉運到新山，分銷給向我們購買米、糖的顧客。他們都是經銷商或零售商，然後將貨品再轉銷到他們的村莊。

一天，我在新加坡打高爾夫時，遇到了鶴舉在沙登農業學院（Serdang Agricultural College）的同學。此人的父親做很大的橡膠生意。我問他：“福順（Hock Soon），你知道哪裏有辦公室出租嗎？我想把生意擴展到新加坡。我現在的業務範圍如水盆一樣，實在太小了，我需要游向更大的湖泊。”

福順說：“正好，我有閑置的地方，可以租600平方呎給你。”他收了我一大筆錢，我記得是6,000元。但後來，我才發現該處只有約250平方呎。當我受騙時，我不會大發雷霆，我只會記在心裏。我自己犯錯，失足踩入洞中，扭傷腳踝，甚或骨折，那又可怎樣！我只能等待傷痛自癒，繼續前行。

我們在新加坡站穩陣腳後，就開始四處尋找商機。1952 年底的一天，我在《海峽時報》看到一則招標廣告，政府的大米經銷權合約即將屆滿待續。馬來亞聯邦政府需指定一家經銷商在新加坡港接收海外貨船運來的大米，存放在馬來亞政府在新加坡租賃或建造的倉庫裏，然後再運至馬來半島南部。

我四處打聽，得知一家丹麥的寶隆洋行（East Asiatic Company）已做了這個經銷商四五年。自英軍重返馬來亞、新加坡後，這個經銷權一直由白人公司經營。所有人都提醒我，沒有中標的希望。由於當地公司認為機會渺茫，因此一直以來沒有一家非白人公司遞交過標書。但我不相信這一套。於是，我以低價入標。這可不得了，我們真的中了標。我們還從寶隆洋行那邊招了一些員工來經營。

所以，自 1953 年初起，我們就成為了馬來西亞政府在新加坡的大米經銷商。所有米船都來自泰國，郭氏（新加坡）有限公司便成為了收貨方。作為一條小魚，新加坡對我來說是一個大湖。不過，這份政府的大米經銷商合約僅夠糊口和應付日常的營運開支。所以，我要繼續四處尋找商機。穩定下來後，我馬上搬到絲絲街（Cecil Street）44 號一家橡膠倉庫。我把倉庫改建成辦公室，門前還開了個店。就這樣，我們在那裏經營起來。

有時，我會北上去吉隆坡，應大學同學的邀請去赴晚宴。聚會上，我遇到一些政府要員，大部分是本地官員，有的是受聘公務員，有的更一步步晉升至高位。吉隆坡一直是馬來亞的中心。

英國人把派駐馬來半島的所有高級專員都安置於此。當時海峽殖民地，包括新加坡、馬六甲、檳城的官方委任總督與這些專員是平起平坐的。

去吉隆坡的途中，我注意到當地的一些華商開始加緊其"公關"工作。我有意把"公關"這個詞加上引號，因為要界定"公關"和"腐敗行為"只是一線之差，有時甚至完全看不見界線。商界人士輕鬆遊走於在兩者之間。當其時的公關手段還是很原始的。

那時，吉隆坡湧現了幾所軍人食堂。食堂曾是英國人的常用詞。在軍中，一般每個團、部、連、營都有食堂。軍裝官員會按軍階到相應的食堂聚會。這可算是他們的社交場所。當有舞會時，他們都穿上禮服，帶着穿着飄曳長裙的妻子來參加。

但這幾所新型食堂則完全不同。它們是由吉隆坡華人及一些馬來朋友所興建的，類似私人俱樂部。如果食堂完全由華人所擁有和經營，未免有點招搖和明目張膽。因此，多由兩至四個華人，加上兩三個馬來人來共同管理。最有名的是可可食堂（Koko's Mess），名字來自其中一位馬來會員，他是著名的整型外科醫生。

人們經常說，許多真正的生意並非在政府辦公室做成的，而是在這些俱樂部或雞尾酒會上得來的。商人抓住對方的衣領，硬拉着耳語，不停遊說。就這樣便能辦成一些小事。在吉隆坡，很多白人種植場主人和公務員都愛到火車站酒吧聚會。

到達俱樂部泊好車後，便會快步穿過類似牛仔酒館內的雙開式彈簧門。公務員多聚集在一邊，俱樂部或食堂的經營者會努力結交當中一兩個比較重要的官員。而大多數俱樂部裏，都聚集着大量漂亮的年輕女子。

我也曾被帶去過這些俱樂部。那裏有麻將牌局，酒吧區擺放着許多椅子和沙發。男人四處遊走，年輕女子圍坐身邊。表面上充滿玩樂，但內裏卻有很多不為人知的事在發生。

吉隆坡有很多華商每晚都光顧這些場所，形成一種腐敗的文化。他們會以灌下一整瓶白蘭地來炫耀，這真是再愚蠢不過。

我想這真是天助我也。當他們沉迷玩樂時，我卻專注於構思生意大計。而且，隨着英國殖民體系的瓦解，給予英國人或其他白人公司的優惠正逐漸減少。

年輕時，除了努力工作，我一直心無旁騖。我會花盡心思去構想一個既富誠信、又能賺錢的商業大計，然後不遺餘力地去實踐和推進。為此，我每天工作不少於 12 個小時。除了 1947 年與碧蓉去香港度蜜月和 1951 年跟母親一起去歐洲 6 個月之外，我從來沒有休息過一天。我每一天都在工作，包括星期天在內。那時，我的體重大約只有 100 磅（45 公斤），骨瘦如柴，但我一心只顧工作、無時無刻鞭策着自己向前。

戰後的英屬殖民地輸入了很多不堪的人 —— 無能的行政官員，一些還極其腐敗。縱使如此，當中也不乏正直之士。我遇到過一位十分可親、如聖人般的理查德·凱利（Richard Kelly）。英國作家薩默塞特·毛姆（Somerset Maugham）有一本不朽著作，內裏細膩描述出殖民統治者的醜陋行為。但若要我挑一個有違他書中所描述的英國人，那一個肯定是凱利。凱利擁有十分高尚的道德情操，從不徇私舞弊。身為英國貿易部駐吉隆坡貿易和工業分部主管，行事公正、處事正確，而且管理有方。

　　凱利是劍橋大學畢業生，知識淵博，甚有學者風範。他飽覽古典著作，擁有一雙詩人般的眼睛，說話時溫文爾雅，心地十分善良。總而言之，各方面都才智過人。他從不會因膚色或身份輕視任何人。我從未見過凱利發脾氣，他是一個真正的英國紳士。如果我一定要在一生所認識的人中，選兩個最可愛的人，我會立刻想起長岡浩一和理查德·凱利。

　　凱利被周遭的許多事情所困擾着。他就像佛祖般，為人類社會的不公義而憂心忡忡。他也如佛祖那樣，開始嘗試和實踐不同形式的信念。

　　殖民地官員每兩年約有三個月的假期。有幾個假期，凱利都在緬甸的一家寺廟修行三四週。他在一個沒有間牆、滿是蚊子的修行室裏打坐，每天只少量進食一次，如此冥思整整三個星期。他就是這樣的人，對人類的美善深信不疑。

　　我請他講述一下他的經歷，這對我來說着實啟發良多。跟凱利在一起，你不會覺得他高高在上、傲慢或自負。他與你完全平等。他是我見過最有學識的英國人。

　　我還要提及另一個人，但會隱去他的姓名。這個人總是喋喋不休，巧舌如簧。他經常出入吉隆坡官員的食堂聚會，常與上司對酌交談。此人是凱利的上司。有一天我因生意的事，被引薦去見他。那時，眾所周知此人已有兩三個華裔親信，傳聞還與一些商人和拉生意的人過從甚密。

　　我去了他的辦公室，他表現得很熱情，屬於那種拍着你背跟你稱兄道弟的人，但你完全摸不透他的真實意圖。我剛想跟他討論我遇到的問題時，他的電話響起。電話那端顯然是他的上司，因為他表現得很恭敬似的。

我從來都是一個專心聆聽的人，這是我與生俱來的特性。我走進一間屋子，不消一刻，在別人看清我之前便能眼觀六路、耳聽八方，包括其他人或會遺漏的蛛絲馬跡。玩牌時，很多時我都會裝作漫不經心，只憑直覺行事。

此人低估了我，因為他講電話時並沒有要求我迴避。從他的言談中，我判斷他的上司正在詢問他對凱利的看法。我聽到他說："他和我們不是一夥的，他是個危險人物。"大意就是要除掉凱利，因為凱利不認同公務員那一套價值觀，認定他有可能成為叛徒。我聽到這些對話時，真的很震驚。

不出所料，凱利的合約屆滿後不獲續約。此事讓我清楚明白戰後殖民地官員的運作模式和脈絡關係。

我一直認為，殖民主義是人類最大的禍根之一，對加害者和被殖民者皆如是。

可以說，英國公務員十個當中九個都是好人，是人類的典範。無論是在學校教書或在路上遇見他們時，他們均表現如常，十分友善。但當他們走進到專屬的俱樂部或談生意時，卻彷彿變成了另一個人。

在我成長時，英國的產品均享有關稅優惠。馬來亞和其他英屬殖民地所生產的原材料被運往英國加工，增值後才能創造真正的財富。英國人把這些加工後的製成品運回馬來亞，通過關稅優惠，成功擊敗其他競爭對手。

馬來亞和新加坡公路上往來的汽車基本上都是奧斯汀（Austin）、莫里斯（Morris）、希爾曼（Hillman）和辛格（Singer）。這十多家英國汽車製造商都是憑着關稅優惠而打進本地市場的。大英帝國瓦解後，這些備受呵護的製造商便一一倒閉。

1960 年代，我受邀去倫敦會見幾家英國公司的主席和行政總裁。在那些公司的會議室午餐時，我想這裏聚集了來自前殖民地的財富，但我嗅到的卻是沒落的氣息。

殖民主義遺留給殖民地的禍害至深且遠，這是毋容置疑的。當今世界仍然殘留着殖民主義的禍害。中東、亞洲、非洲的許多問題都是源於殖民時代。

殖民主義者總喜歡說，他們為當地居民帶來了文明。他們總是重複相同的論調：“如果不是我們，你們都還是光着腳到處跑的愚民。”這些論點十分幼稚。如果西方沒來干涉中國，難道時間會停頓嗎？再說，即使能做些好事，也沒有權利衝進別人的家中說：“你不懂得如何持家。”然後便將人趕走、擅自進行“改革”。

事實上，殖民主義阻礙了那些國家的發展。這些殖民地的經濟從來沒有依循過正途來發展，而人民的真正能力也從未被殖民者所善用發揮。這只是一場單向的發展，就如所羅門王的金礦一樣，只是用皮鞭抽打努比亞奴隸而成就的。

漢人很了解被統治的滋味，因為他們曾經被蒙古人和滿族人所統治過。這些人都是不請自來，並且自封為皇！只有受過殖民統治的人才能真正明白對殖民者的憤恨。如果你認為我是一派胡言，那麼我只能希望你有朝一日也被殖民統治，那時你便會明白被殖民所遭受的屈辱。生命中最糟糕的不是沒有食物，而是沒有做人的尊嚴。

大米貿易並不是特別有利可圖，但交易量很大。每當市場一有混亂時，價格便會飛漲。如果你不是晚上到夜總會豪飲至被酒精沖昏頭腦，又能一早爬起牀的話，你便能在米價飛漲前打電話到曼谷趕緊入貨。

那時還沒有大米期貨，只有實貨交易。那麼，如何獲得內幕消息呢？你必須去曼谷，與那些出口商建立緊密的人際關係，他們對市場有很強的觸角。一旦獲得可靠消息，我們便懇求泰國交易商："拜託，給我 500 噸米吧。"

他們會説："噢！不行，郭先生。你知道價格在漲。"他們總會找到藉口："我所有存貨都被訂了。你必須以今天的價格進貨，每噸米已漲了 3 英鎊了。如果你要，我可以給你 100 或 200 噸，但你前面還排着 8 個人呢。"

於是，你只能不斷跟他講價。通常，他一開始願意給你 400 噸的，但想一想後只能給你 200 噸。來回談判之後，如果你能從他手中再擠出 100 噸，你認為贏了，他也認為自己贏了，因為他用 300 噸便能打發了你。

在 1953 年至 1958 年間，我多次往曼谷與米商見面，並直接向華商取經。我不斷擴闊視野，就如磨礪自己的武器。我每天清晨七點半到八點便開始工作，一直到晚上十點到十二點才收工。我不斷從旁觀摩他們的辦事方式，觀察他們哪些地方犯錯，並發誓不要讓自己犯同樣的錯。

那時，我從泰國進口大米到馬來半島和新加坡。我在馬六甲開設分行。之後，又在吉隆坡買了一家公司。終於，各大城市都有我們的蹤跡，這包括吉隆坡、馬六甲、新山和新加坡。

1953 年我首次往曼谷前，與當地一家主要大米出口商洪敦樹交流了一番。洪敦樹之前在離新山 35 英里的小鎮小笨珍（Pontian Kechil）居住，曾經向我父親進米。他很喜歡我父親，很懷念這位老朋友。1948 年父親過世後，洪去了泰國，發展得很好。到 1953 年，他已經成為泰國數一數二的大米出口商。他得悉我將去曼谷，專程到曼谷機場來接我。

洪敦樹是我認識的最優秀的華商之一。他好像生於 1913 年，年紀很小時便從福建南部的廈門移民到新加坡，在親戚的幫助下，最終在柔佛南部落腳。當他還是個孩子時，他便以割橡膠為生，那時柔佛的野生老虎還會四周出沒，威脅人類。從事大米貿易前，他曾做過貨車司機。洪敦樹最終能成為泰國最大的單一大米出口商，這實在是很了不起。

我早期去曼谷，每天的流程十分簡單：清晨七點半，大多數米商已開門做生意。由於我是東南亞地區一個相當重要的大米進口商，因此他們都會來見我，輪流邀約，安排明天早上誰與我共進早餐。他們一般會帶我去吃潮州粥，我們當然是邊吃邊談生意。上午九點，我便會到洪敦樹的店。我會坐在一旁，觀察他如何入貨。人們帶着大米樣品來，洪會從中抓一把，然後開始討價還價。有時，當議價過程太激烈時，他會暫時中斷，喝杯茶先放鬆一下，然後再繼續談。

由於泰國的磨坊主人和米農只在假日才會來曼谷，因此所有交易都是通過中間商完成，每賣出一袋米，中間商抽取 1.09 泰銖作為佣金。當時 10 袋米就等於 1 公噸。

曼谷之行讓我對人的行為和韌性有了更多認識。當地人的詞典裏根本沒有"疲累"這個詞。洪的店有兩層。他在一樓做生意，卻不在樓上睡覺，而是在宋窪德路的唐人街租了一個租金便宜的房子，距離工作地點約半公里。他想按摩時，便可隨時找按摩師來給他按摩。

洪從不炫耀財富，我從他身上學到了謙虛。他工作十分勤奮，工作強度倒不是很大，但每天工作時間很長。下班後，他會好好享用一頓晚餐。當然，每一晚我都很期待能與他共進晚餐。我想從中了解他的成功之處。

如果説有誰是我學做生意的導師，那一定就是洪敦樹了。從父親那裏，除了觀察到他如何精明、有風度地與顧客打交道外，我並沒有學到更多。

在商界，我只是一個初出茅廬的小伙子，一切都得從頭學起。沒有人教過我，但我人生中所做的每一件事情，每一個舉動，都是一次學習的過程。如果我不是忙於做這些事，我那活躍的大腦和精力充沛的身體也會把我推向其他方面。

我總覺得智慧就在我們的身邊，俯拾皆是。能有系統地學習固然是好，但其實只要你願意學習，你便能如呼吸一樣，萃取到智慧。不過，要做到這點，你必須先提升自己的感官，聽得更細心、嗅得更深入、看得更敏銳，然後便可以如呼吸空氣般地從周遭汲取到智慧。

　　一天的時間是有限的。每天醒來，你必須專注在自己的人生目標上。很多年輕人浪費時間追逐最酷的跑車和其他物慾。但我很早就意識到，這些只是奢侈與享樂的象徵，只會引誘你偏離重要的事情，忘記了生活的真諦。於我而言，我專注於賺錢，但渴望追求的並不是錢本身，而是希望從匯聚造王者和決策者的商業世界中崛起，並且登上雲端。

　　泰國物產富足，土地肥沃，人民勤勞。田裏工作的農民都是泰國人，但經營和管理者都是華人。曼谷是泰國的政治和經濟中樞，潮州商人主導了曼谷從金融到大米的所有行業。潮州是廣東省中一個沿海小城市，與福建省南部接鄰。即使今天，潮州人依然是中國最棒的商人。他們有商業節奏，精於計算，在必要時能抓住要害。

　　那時候，大米貿易均以中文作書面通訊，言語溝通則用中國方言，而最常用的方言就是潮州話和閩南話。柬埔寨、越南和緬甸這些主要大米出口國也一樣。我在泰國的歷練，為我的潮州和閩南話奠下了良好的基礎，到後期我可說是精通這兩種方言。

　　泰國之後，我的下一站是緬甸仰光。1955 年，我與六七個中國米商進行了一次非正式的大米考察。隨後，洪只邀請我與他一起去柬埔寨和越南。我們從曼谷飛往金邊，待兩三天，那裏主要是潮州人的天下。接着，我們從金邊飛往西貢，住進堤岸的唐人街。我們大部分時間與米商聚餐。西貢的商人有些是潮州人，其他都是廣東人，只有少數是福建人。

我去西貢時，正值吳廷琰（吳庭艷）總統和其弟弟吳廷瑈當政。吳廷琰的弟媳是個眾所周知的女霸王。吳廷琰統治越南就像當年日軍統治馬來亞一樣。我無法忘懷在那裏所見到的一幕。

有一天我和洪在街上，突然看見許多載着軍人的卡車出現。軍人沿路從車上跳下來，每 30 米就有一個士兵。當吳廷琰的車隊經過時，所有商舖必須關門，所有行人必須轉過身背對着街。這種事，只有以前日本佔領馬來亞時遇見過。我想："天啊！這個殘酷的獨裁者怎能這樣對待自己的人民。"他並不是統治西貢的日本人，他是越南人，這些都是他的國民。我不禁從心底為胡志明打氣。

在最高峰時，我在馬來亞米商中排名首六七位。因為這個行業的邊際利潤很低，所以扣除成本後，一年能賺八到十萬馬幣已算走運了。那時，從交易量來看，新加坡是最大的市場。但我們的貿易則從新山、馬六甲到吉隆坡，貫穿整個馬來半島。我們還派銷售人員前往怡保、檳城，更遠至東部的一些沿海小鎮。

當郭氏兄弟公司透過公開競標，贏得馬六甲政府的大米供應商許可證時，我們在當地籌建的辦事處卻遇到了極大的阻力。我的十二堂兄鶴醒是先頭部隊，承受很大壓力。儘管受盡流言蜚言、惡言中傷，但他仍然保持鎮定，冷靜解決各種困難。經過約七年的努力，在他要回新山時，他已獲得馬六甲當地絕大多數商人的尊敬和友誼。

在 1950 年代，我們的生意不斷壯大，當時我與鶴醒走得最近，他是郭氏集團五個創始人之一。他很喜歡我。他這個人很莊重嚴肅，但又非常可愛。我的同輩親人中，他和鶴齡是我最親近的兩位。

鶴齡於 1948 年 8 月遁入叢林後，我便從此失去了他。遺憾的是，鶴醒也走得很早，他於 1964 年離世。可憐的他天生蹼趾，在潮濕的氣候裏，他的雙腳根本無法保持乾爽，因此腳癬病經常反覆發作，後來病毒還感染到腎。他生前一直要洗腎，直至後期腎衰竭，痛苦離世。

鶴醒的一些往事，回想起來還是歷歷在目。有一次，他去我新加坡的辦公室找我，那時我們已經從絲絲街搬到了嘉賓打街。我一看到他，被他當時的樣子嚇呆了。他不但白髮蒼蒼，膚色黯淡，體型比從前還縮小了三分之一。為了不傷害他，我竭力掩飾自己的驚詫。我們坐下來聊天。他由始至終，臉上都掛着淡淡的微笑。我目送他下電梯，然後上車。我心裏明白，鶴醒這次來是要向我道別。他返回新山後不到幾天，便與世長辭了。

在 1950 年代，有一家規模較大向吉隆坡供米的公司叫中泰公司（Sino-Thai Corporation），其主要投資者是我在檳城的朋友陳錦耀。那時，吉隆坡競爭激烈，起碼有六七家強勁對手。有一天，陳錦耀託人跟我説："我們何不聯手呢？"於是，我與老友、也是從前的合作夥伴兼競爭對手洪敦樹一起去吉隆坡見他。

我説："我們之間不要競爭了。我們來合組陳、洪、郭聯盟。"

我這輩子總是在尋找合作夥伴，因為我知道社會永遠需要團隊合作。鷸蚌相爭，只讓後來者得利。我知道，陳和洪都是值得尊敬的合作夥伴，因為他們都是君子，正派得體，特別是洪敦樹，為人非常正直。我們就此達成協議。於是，我安排早前在新山成立的民天公司接管了中泰公司。

在 1950 年中期，我已洞悉大米生意只能賺取微利。一個十四五歲的孩子都可以開店買賣大米，競爭已經很白熱化了。我認為大米貿易是最不需要特殊技巧的行業，因此亦無法作大規模發展。每個農民都只管自己的一小塊土地，如果他們有合作意識，成立一個合作體，共同擁有磨坊，這還可以。不過投資磨坊其實只需要很少資金，因此也不會有甚麼經濟規模。總的來說，進入這個行業的門檻是很低的。

大米價格一般波動不大。試想如果大米是一個不穩定的商品，那麼大範圍的饑荒就會不時出現。你甚麼時候見過米價一年內翻倍的？米價可否由每噸 40 英磅漲至 80 英磅？或由每噸 40 英磅跌至 20 英磅？這種可能性真的不大。

因此，我同時也經營食糖，我發現食糖比大米的價格波動得多。糖價如搖搖一樣大上大落。作為貿易商，只有價格變動大的商品才能讓你從中賺取巨利。

由於糖不是主食，因此價格可以由一磅 3 分錢漲到 60 分錢。不過，在許多產品中，糖又是不可或缺的原料。因此，我把糖稱之為 "最廉價的必需奢侈品"。糖也是一種安慰劑。若你把糖放到一個哭泣的孩子嘴裏，他便會破涕為笑。當糖短缺時，價格甚至可以漲至如黃金或鑽石般貴重。

直至約 1956 年，馬來亞嚴格控制食糖貿易，只有新加坡的歐洲商行才能進口。英國殖民地的精糖來自香港的太古糖業（Taikoo Sugar（Swire））、英格蘭的泰萊（Tate & Lyle）和日本在殖民台灣時期建立的台灣糖業（Taiwan Sugar）。台灣糖業當時受台北的國民黨政府所控制，他們認為與白人做交易更好，因此傾向將糖賣給牙得利、森那美或鹿特丹貿易（Rotterdam Trading）。華資公司如果發電報給台灣糖業，一般都是石沉大海，最多也只獲得簡短回覆："抱歉，無法供貨。"

唯一能獲得台灣糖業供貨的一家偽白人公司，叫建源（Kian Gwan）。公司的創始人黃仲涵（Oei Tiong Ham）在荷蘭殖民統治印尼時成為了亞洲糖王。1930到1940年代初有一個說法，如果你坐火車從爪哇島的一端到另一端，你一定能看見建源的糖種植園。黃仲涵後來把他的兒子都送去荷蘭大學接受教育，同時起用在英國或荷蘭受培訓的印尼華人，所以建源公司經營得頗像一家白人公司。

在1953、1954年間，我開始認真做糖的買賣。開始時我從新加坡的英國洋行買糖。我認識了牙得利公司的一兩個英籍經理，我會親自上門洽商。他們承諾說："好，我們就讓你做太古食糖在新山的分銷商，每月可獲分80噸配額。"於是，我們每月派卡車去新加坡河岸，到駁船碼頭的倉庫提貨。

食糖貿易不用多大成本。我們經營的倉庫成本很低，另外低薪僱用了三五個壯漢做搬運。即使我們每月只有80噸糖的配額，銷情好時，每月也能賺2,500到3,000元，有時一年能賺到3萬多元。在當時來說，這已經是非常可觀的了。我們很快便意識到糖比大米的利潤高出很多。麵粉的利潤則介乎大米和食糖之間，那時，麵粉的主要品牌有森那美的 Blue Key 和牙得利的 Blue Anchor。

約從 1955 年起，我將業務重心從大米轉移到食糖。那時埃及總統納賽爾（Nasser）藐視英、法兩國，將蘇伊士運河公司（Suez Canal Company）國有化。

接下來，1956 年秋天爆發了蘇伊士運河危機，食糖價格於一週內從每噸 23 英鎊飆升至 55 英鎊。牙得利緊急通知我們，將無法正常提供每月的配額。由於我們之間只是君子協定，並無合同約束，我們也拿他們沒辦法。我想牙得利也許還是有存貨的，但對他們來說，我們的生意實在是微不足道，簡單打發我們就算了。

這種行為讓我大吃一驚。整件事情的處理手法可說是十分卑劣。但這一切，只會進一步激發我的雄心壯志，促使我不斷去思考和計劃，希望能扭轉乾坤，並將此轉化成未來的優勢。

第八章　溶糖

　　我首次與三井公司交易就是麵粉買賣。三井聽聞我們是森那美的其中一個麵粉進貨商，所以便來找我們。我們向三井訂貨，並因此認識了三井新加坡辦事處的副總經理麥克・崛江（Mike Horie）。崛江於戰前在三井的倫敦辦事處接受過培訓，對我青睞有加。

　　1958 年，我在食糖貿易方面取得重大突破。三井想向印度銷售化肥 —— 尿素和硫酸銨。而印度則想賺取外匯，於是便想用多出的三萬噸白糖來換取。但由於日本只進口原糖，因此三井需要有人把這些白糖買走。三井在東京的糖業部，透過其新加坡辦事處聽聞有一個瘋狂的年輕人叫郭鶴年，他願意購入這些白糖。

　　1958 年的一天，崛江帶同三井東京總公司的糖業部副經理住井（S.Sumii）和一個化肥部員工來見我。促成這樁交易的其中一個關鍵因素是關稅。由於新加坡是自由港，沒有對糖產品提供任何稅項優惠。但馬來西亞就給予所有英聯邦國家，包括印度進口糖產品每磅 2 分馬幣的關稅優惠，折合每噸 44.09 馬幣。根據我最終支付的價格，我獲得了大約 20% 的優惠。

　　那個年代，三萬噸糖是一宗非常大的交易。在馬來西亞和新加坡的歷史上，從未有人做過。我們過往是透過英國代理進口印度糖，每次只是以 100 噸、500 噸少量買入。

那時，英格蘭的泰萊（Tate & Lyle）在亞洲仍然是最大的白糖供應商。但由英國運糖來亞洲的路途遙遠，當一袋袋糖由英格蘭的寒冷天氣轉存到濕熱悶焗的鋼鐵船艙內，就會變潮滲水，經銷商根本看不上眼。當食糖滲入黃麻袋後，變成糖漿似的，每袋重量增加至少十磅。誰願意買入這些發潮、糖漿樣的糖呢？

　　待我確認參與印度這椿易貨交易後，崛江說要跟我去一趟加爾各答。三井糖業部的高級主管住井從東京飛去加爾各答與我們匯合。三井駐新德里辦事處的經理本田先生也來匯合我們。我們下榻加爾各答當時最好的酒店 Grand Hotel。

　　我們與印度糖廠協會會長卡諾里亞（SS Kanoria）會面。我們走進他的辦公室，看到四周掛滿他與印度總理尼赫魯（Nehru）及其他印度領袖的合照——這無非是想給訪客留下深刻的印象。不過，在這筆交易中，我只是個旁觀者。交易雙方是印度和三井公司，而我只是交易終段買入白糖的受益者。

　　交易完成後，卻突然撞上中國出口白糖給馬來西亞。這完全是巧合，中國為了賺取外匯，突然決定從國內消費市場搾取食糖轉作出口。我與三井交易時，沒有想過在馬來西亞白糖市場會有競爭。殊不知，一個叫林楷（Lim Kai）的中國食糖經銷商已經與中國談妥了進攻馬來西亞市場的計劃。我們的貨船抵達港口時，另一艘滿載着 3,000 噸中國糖的貨船亦同時抵達。整個市場迅速供過於求。從我們公司進貨的批發商紛紛蒙受損失。我和林楷都措手不及。

　　於是，林楷火速請中國暫停進貨，而我則向三井尋求舒緩措施。我跟三井説我無法履行剩下的合同，因為銀行已關注我和林楷之間的激烈競爭，不願意再給我開具信用證。日本人起初試圖向我施壓，但我表示實在無能為力。最後，他們把糖價每噸降兩英鎊，這使我與林楷的競爭處於較有利的位置。

一天，我返回新加坡絲絲街店舖時，在路上巧遇從事食糖貿易的朋友何瑤焜（Ho Yeow Koon）和他的一位中國朋友。瑤焜對我説：“羅伯特，來見一見林楷先生。他也想見你。”我跟林楷握手時已知道他就是我的最大競爭對手。這個中國南方人長得出奇地魁梧，身高足有一米八，體型健碩。

數週後，我突然收到來自中國的電報，全是代碼。我的員工將電報解碼，上面寫道：“郭鶴年，請你來香港商量食糖生意。五豐行。”五豐行是中國糧油食品（集團）有限公司（簡稱“中糧”）全資擁有的子公司，亦即是中國對外貿易經濟合作部（簡稱“外經貿部”）旗下全資擁有的支公司。

我的飛機大約於下午兩點抵達香港。一過海關，我就看到林楷。林楷指向一個比他矮小的男人，他叫林中鳴，是五豐行一個初級主管，後來成為中糧的董事長兼行政總裁。

當天晚上，林楷和五豐行其他幾個經理帶我去吃晚飯。他們用四五種不同的中國白酒把我灌至爛醉為止。

我離開飯店時，另一個在場的福建籍商人 Ng Tai Ek 主動提出送我回九龍的酒店。他也是五豐行的大米代理商之一，他有一輛很大的帕卡德轎車。我最後記得的，就是乘坐他的帕卡德轎車開上渡海輪，之後便已不醒人事。第二天早上在酒店醒來時，發現自己穿戴整齊，就只差穿鞋子了。

1959 年這一趟往香港顯示出，中方意識到他們無法與我競爭，因為我從印度進口的食糖能享有關稅優惠。因此，他們建議林楷和我聯手。他們願意放棄現有合同，而與我們簽訂新合同。經過多番周旋後，最終促成合作。

那時，中國大陸的商人並不允許進出馬來西亞或新加坡。林楷的公司名義上仍是代理，而我從 1960 年起便成為真正的買家。中方與我洽談三萬噸，甚或五萬噸的批發合同，會正式交由林楷經辦，讓他從中賺取佣金。

林楷是我此生見過最有趣、最無私的人之一。他在中國出生、中國長大。他是一個充滿理想的年輕人，熱愛中國，堅信共產黨。他欣賞共產黨在蕭清蔣介石國民黨政府及其同僚時所做的一切。

林楷的部分家人已移居新加坡，他的祖父林路是當地有名的建築承包商，新加坡維多利亞紀念堂和舊國會大廈就是他所興建的。他的叔叔林謀盛少將，是新加坡的一位抗戰英雄。

這次食糖對換化肥的交易讓我能深入印度糖業的腹地。我發現直接從印度進口糖，不但能與牙得利和其他英國商行競爭，還可以在馬來西亞享有一噸 44 元的英聯邦進口關稅優惠。

印度要求每次大量入貨一到兩萬噸，而牙得利向香港的太古食糖每次只需入貨 1000 噸。因此，與印度交易投機性較大，英國商行一般沒有冒大風險的心理準備。我們試圖從這些巨頭的地盤撿些碎屑，因為現況已無利可圖，我們只能作好準備走進風險相對較大的領域。

一天，我接到一個從加爾各答的來電。電話是一個叫納倫德拉（Narendra Wadhwana）的年輕印度糖商打來的。他說："請立刻趕來。我父親和我想跟你談談。"那時候，電話的音質不像現在這麼清晰，線路很容易中斷，所以都學會簡短快速的說話。納倫德拉讓父親來接電話。他父親說："郭先生，如果可以的話，請你馬上趕下一班飛機過來。我們需要跟你面談。"

我放下電話，跟秘書說："幫我買一張最快能到加爾各答的機票。"接着，我便致電回家，請太太幫忙收拾幾件衣服，帶到機場給我。兩小時後，我已在前往加爾各答的航班上。

納倫德拉到機場接我，然後打了電話給他父親。我們三個人在酒店一直談至清晨。他們已安排我明天與印度糖廠協會主席會面。就這樣，我們終於不用再透過倫敦食糖代理商，便能與印度糖廠協會直接做成第一樁大生意。

這次經歷讓我深深明白果斷和信任的重要性。你必須以極速奔向目標，因為戰場上不獨是你一人，競爭對手是從四面八方洶湧而至的。我們必須練就靈活性，在遇到不可逆轉的情況時，能迅速調整並恢復過來。

加爾各答的閃電之旅，讓我發現其實我也可以直接向國營貿易公司進糖，這公司位於新德里，是政府全資機構，並由政府高層所管理。我經常打交道的一位正派高官就是國營貿易公司的董事長，他叫戈文德·納拉因（Govind Narain）。1960 到 1962 年間，我每年也會去印度兩三次，直到我的健康因舟車勞頓而受到影響時才停止。

夏天的新德里炎熱難耐。38°C 已算涼快了。我無法入住像阿育王（Ashoka）這類永遠爆滿的頂級酒店。1962 年那一次，納倫德拉（Narendra）安排我入住一間叫人民之路的酒店。這家酒店有五層。夏季，發電廠經常出現故障，酒店電梯因而停用。因為我是華人，不像印度人或白人能受到關照，所以被安排住在頂層。房間水管裏流出的自來水都是熱的，還有一個失靈的冰箱。

印度人做生意總喜歡把人弄得團團轉。在這酷暑中，我穿上西裝、打好領帶，去到辦公室。他們會讓我等上一兩個小時後說："請在晚上七點半再來吧。"他們的做事風格就是如此。要不他們就接二連三地搞競價投標，讓競爭者以高價競投，直至完全不能負荷，鎩羽而歸。

這次正值盛夏，我必須連續待上六個星期。每天回到人民之路酒店，我要爬好幾層樓梯回房間，飲用異常難喝的熱水，我感覺到自己的精力將要耗盡。房間既沒有書也沒有電視。有一天，我躺在牀上閉上眼睛只覺天旋地轉。這是我人生中病得最糟的一次。即使今天，只要提起當時的經歷，我依然感到頭暈目眩。我馬上打電話給納倫德拉，他火速趕至，並請酒店找來了醫生。

我永遠也不會忘記這位來自克什米爾的可愛印度醫生，他叫梅杰·查瓦拉（Major Chawla）。他幫我做了檢查，問了一些問題後說："年輕人，你的神經系統快要崩潰了，勞累過度，身體整個系統都在互相排斥。年輕人，聽我的意見盡快離開新德里，越快越好。"

我説："納倫德拉，你能去見戈文德‧納拉因嗎？跟他説我身體狀況不好。我準備再待一天，我已不可能再挺下去了。"

納拉因回覆説，印度國營貿易公司無法倉卒做決定，但他們可於三四天內以電報回覆我。因此，我便安排立即飛返新加坡。

他們最終接受了我的條件，並同意賣給我三萬噸印度食糖。你能想像嗎？為了這三萬噸糖，我差點送命！收到回覆後的兩天內，我和碧蓉隨即啟程去日本那須（Nasu）的皇家避暑山莊，這十分需要有個假期好好休息一下。

1963 年以前，我定期前往印度公幹。在這之後，我改為派經理前往。但每次派人去時，心裏滿是同情。我還編了一句嘲諷的話："下一次應派誰去西伯利亞？"對我而言，印度就是西伯利亞。

1958 年秋天，我們一家去檳城度假，住進海邊一家酒店。我們都換上了游泳衣到沙灘去，一個海南籍的酒店職員跑來説有長途電話找我。我當時渾身濕漉漉，於是便裹上浴巾跑上 3 樓平台接電話。

電話那端是我的堂兄鶴堯，他在我外出時替我打理新加坡辦公室。鶴堯説："年，你三井的朋友麥克崛江（Mike Horie）來找你。我跟他説你在檳城度假。他託我跟你説：'你是否有興趣在馬來西亞建煉糖廠？若有興趣，請馬上來新加坡洽談。'"我跑下樓，通知了家人，擦乾身子便打電話訂機票，當天晚上便已飛抵新加坡。

崛江把他三井新加坡分行的經理松本也帶來跟我開會。松本將我上下打量一番。這是一個大項目。那天，基本上都是他在説話。他按照三井東京糖業部的指令辦事。三井和日新生徒（Nissin Seito）〔日新製糖株式會社（Nissin Sugar Manufacutring Co.）〕在東京參加了一個經濟研討會，會上馬來西亞財政部部長陳修信（Tan Siew Sin）邀請日本人到剛獨立的馬來西亞建廠。一家日本公司詢問這煉糖廠是否受關稅保護，陳修信給予肯定的回答。日本人對此做了詳細記錄。

三井問我是否願意參予此項目成為合作夥伴。我覺得這簡直是天賜良機，馬上同意了。他們給東京發電報，兩週內，又有三名日本人來到新加坡，其中一位是三井的水野忠夫（Mizuno Tadao），另外兩人是日新的土屋（Tsuchiya）和濱（Hama）。我們午餐、晚餐都在一起吃，這五個日本人趁機打量我。

日本人說他們回東京後會草擬一封申請書，但我們三方必須先達成共識，即所謂的三方精神。三方是指郭氏兄弟、三井和日新。他們提議三井和日新各佔 20% 股份，而郭氏兄弟佔 26%，剩下的 34% 股份則分給其他投資者。

之後，三井送來了一份給馬來西亞政府的申請信，寫得非常糟糕，英文文法又不通順。我得到松本同意，用馬來西亞英國官員能明白理解的語文重寫一遍（當時，政府內負責經濟的主要官員仍然是英國人、澳洲人或新西蘭人）。我們一致同意將合資企業命名為馬來亞製糖有限公司（MSM）。我在信末加插了一段，特別指出糖業的生存發展必須得到政府提供全面的關稅保護。合資三方簽署了申請信，於 1959 年初提交經濟部（後改名為工商部）。

1959 年 7 月，我們收到由產業開發部的副主管簽署的官方批函。信中確認我們已獲批執照，可興建一家獲關稅保護的新煉糖廠。然而，我們還需得到關稅諮詢委員會正式的關稅保護批准。

日本人立即邀請我們前往東京。我記得我去跟母親說，我想帶鶴青一起去，因為他名義上是郭氏兄弟公司的董事總經理。但母親反對說：「鶴青並不適合去。你要知道，他每隔數個小時便得吸食毒品。」那時，鶴青吃的是鴉片丸。在開會中途，他眼睛會突然無法聚焦，然後要求離開片刻，似乎是去洗手間，但實際上是到外面吞食生鴉片。因此，母親建議我帶鶴舉去。

鶴舉和我在東京時入住帝國酒店一間很糟糕的房間。我記得很清楚，每次火車經過時，我們都會被吵醒，我們只有在凌晨一點到五點火車停運時才能獲得片刻安寧。

第一天早晨，我們去三井的辦公室開會。鶴舉和我坐在長桌的一邊，另一邊則坐了大約 10 個日本人，包括律師、會計師、日新的一位董事總經理、三井幾位代表等等。他們給我們看了一份不平等協議範本，內容訂明日新可收取銷售額的百分之一作為技術指導費，為期 10 年，還有權續約 10 年。另外，他們會從日本派 100 名員工，工資按日本水平支付；三井則為獨家原糖進貨商，收取進貨價的百分之一作為佣金；而他們將委任郭氏公司為馬來西亞精糖的獨家經銷商，可獲得百分之一作為佣金。

我想他們霸佔了最好的果子，將享有豐利的特許經營權據為己有，而我們則一無所獲。我本來就是馬來西亞糖業內其中一個最主要的經銷商。而現在，郭氏兄弟身為三方其中一個平等的合作夥伴，卻只不過仍是自己國家的一個經銷商！如果他們不把代理權給我們，馬來亞製糖有限公司也會給其他馬來西亞人。所以，他們只是把自己做不了的事交給我們而已。

按規矩，一直都是原糖賣家支付佣金的，但三井現在還想從買家那裏多收百分之一佣金。而日新也說：煉糖是一個非常複雜、精密的行業。我不禁失笑，我不用讀過化學也知道這全是一派胡言。

一開始，我就知道三井的水野忠夫和日新的土屋是正派的人。日新派來的生產經理濱也很老實。他是個好人，但就是因為太老實，所以只會盲從指示，只要他老闆說"這樣做"，他就不管對錯、不經思考地執行。

我只是形式上與日本人稍微理論了一下。但實際上，沒幾分鐘，我已定好了全盤策略。那晚我跟鶴舉說："舉，我們被擊倒了。這樁生意，如果我們說不，他們就會棄我們而去。若不跟他們合作，我們就不知道如何煉糖。"所以我說："就跟他們合作吧，盡量與他們周旋，希望不致讓步太多。我們先敷衍着他們。"

日本人典型的談判技巧就是用上三四天時間來折騰你。舉例說，某件事很明顯有錯，原本兩分鐘就可以更正，他們卻要花上大半天來跟你周旋才肯讓步。我可以預見箇中的艱辛，但我想：他們這樣能走多遠呢？他們是要來我的國家開展業務。

我對那些日本人說："你們來馬來西亞以後準備怎樣發展呢？坦白說，沒有我，你們注定會失敗的，因為最困難的部分是商業工程。"

他們問：“甚麼是商業工程？”

我答道：“在一個毫無關稅保護概念、而英國人仍然當道的新獨立國家，你們準備如何獲得關稅保護呢？”當他們問我如何能完成這項艱巨任務時，我說：“我有信心做到。一方面，馬來西亞的一些領導人是我的校友和朋友，我能聯繫到他們。而餘下的，就靠我的說服力了。”我已經拿到了東京的會議記錄，馬來西亞財政部部長陳修信承諾提供全面關稅保護，我相信他們會信守承諾。

在東京時，我提出的所有意見，他們都充耳不聞。他們只偏袒自己，並暗示我們只不過是被他們選中而已。我和鶴舉當然十分不滿，但我們認為現階段必須保持沉默。於是，我們簽署了協議後便回家去了。

鶴舉和我回來後，定下本地策略。我對鶴舉說：“舉，本地糖業市場非常分化，有一定實力的經銷商多達 50 到 70 家。我們需要找朋友來加入，從而抗衡他們。我現在就去。”

洪敦樹就是我說的其中一位朋友，一位在 50 年代於曼谷教曉我買賣大米的紳士。他在馬來西亞的公司叫乃成（Nai Seng）。另一位朋友，是在檳城華商公司（Wah Seong Ltd）的陳錦耀。他倆均同意入股，與我入股時的條件相同。他們各自購買了馬來亞製糖有限公司大約 10% 的股份。

馬來亞製糖有限公司的初始資金是 600 萬馬幣。我當時以 156 萬元買入 26% 股權，我的會計（十三堂兄）到我房間跟我說，我們沒有足夠資金，不應參與這項生意。我向他吼道：“別傻了！

現在我們要做的就是努力去找這筆錢！"

三方協議於 1959 年夏天簽署後，隨即便碰壁。馬來西亞自獨立後，卻仍然受英國及其他白人公務員所操控。這些官員十分明白，馬來西亞若要發展工業，新興行業就必須受到關稅保護。因此，政府成立了關稅諮詢委員會，由經濟部長奧斯卡·斯潘塞（Oscar Spencer）擔任主席。我們的關稅保護申請遞交了好幾個月，卻仍然音訊全無。關稅諮詢委員會根本不開會。我們亦因此一再受阻。

以和平的方式，英國於 1957 年 8 月 31 日宣佈馬來西亞獨立。獨立權仿如放在鑲金邊的精美托盤上，交給了由東古·阿卜杜勒·拉赫曼（Tunku Abdul Rahman）、敦·拉扎克（Tun Razak）和敦·伊斯邁（Tun Dr Ismail）所領導的政府手裏。但是，英國殖民主義的瓦解遠遠比馬來西亞贏得獨立耗時更長。英國人聰明地說服了東古·阿卜杜勒·拉赫曼及其幕僚，認為本地人（包括馬來人、華人和印度人）的能力不足以掌控經濟。

我渴望馬來西亞能擁有真正的經濟獨立。我有一個馬來亞好友伊斯邁·阿里（Ismail Ali），他在政府裏工作，我經常寫信給他或與他一起談論我的想法。我們一致認為，所有馬來西亞的最高政治領袖，包括東古在內都過於專注自由或獨立的包裝上，如穿甚麼制服、唱甚麼國歌等。但在專注如何擺脫英國，重獲真正經濟獨立的問題上，則仍有不足之處。

事實證明我的擔憂是正確的。英國人在 1957 年馬來西亞獨立後的 5 至 7 年，仍然牢牢地控制着當地的經濟命脈。英國公務員（還有些澳大利亞和新西蘭人）繼續把持政府的主要經濟部門，包括財政部、中央銀行、稅務部、工商部，甚至海關、鐵路和港口等擁有高度指揮權的機構。殖民主義的影響力是分階段地遞減，一直至 1962 年後才開始加速瓦解。

因此，1959 年我們在遞交關稅保護申請時，英國人和其他白人公務員阻撓了整整兩年多。甘蔗是農作物，深受自然環境影響。在受災年份，由於甘蔗產量不足，糖價波動甚大，有時甚至可輕易暴漲五倍。絕大多數產糖國所種植的甘蔗主要用於內需，遇有過剩就向國際市場傾銷。遇到供應過剩的時期，你所擁有的煉糖廠便有倒閉的危機，這種事情十有八九常會出現。這時，政府不得不給予關稅保護。英國公務員用簡單的拖延手法，試圖讓我們知難而退。

白人公務員一心只想維護香港太古和泰萊兩家英格蘭糖業大王的利益。泰萊在英國市場享受了 200 多年的關稅保護，卻竟然肆無忌憚地發電報給馬來西亞的關稅諮詢委員會，強烈反對向馬來亞製糖有限公司提供關稅保護。關稅諮詢委員會的一些成員是英國人，但其中一位印度籍員工告訴我們這些內幕。

於是，鶴舉和我從新山開車 386 公里去吉隆坡，為馬來亞製糖有限公司申請關稅保護一事要求會見工商部部長陳修信。起初，陳修信根本不接見我們，我們只好無功而回。我跟鶴舉說："別急，滴水也能穿石。"

英國的部門主管需要職員和秘書為他們處理日常雜務，這些大多是華人或印度人，心存正義感，十分同情我們的遭遇。眼見我們受欺負，遭人背後中傷誹謗，他們紛紛鼓勵我們堅持爭取下去，因為他們深信隧道的盡頭將會見到曙光。

1959 年 11 月，一位年輕有為的馬來西亞吉打州（Kedah Malay）人基爾・佐哈里（Khir Johari）被任命為工商部部長。我向他投訴英國人對我們的所作所為。他問：“這是真的嗎？”

基爾・佐哈里打破了僵局，解開了白人公務員對我的束縛。關稅諮詢委員會終於在 1962 年，同意舉行關稅保護聽證會。不久，馬來西亞便通過禁止精糖進口，並給予我們全面關稅保護，這項政策一直維持至今。

得知我們贏得這項申請，我便再次去見基爾・佐哈里。我跟他說：“日本人強迫我們簽署不公平協議。”

於是，他向我要了一份協議副本。他讓手下看過協議後，在給馬來亞製糖有限公司關稅保護的批函中加上了：“在糖廠興建前，所有與外國合夥人簽署的合約必須先遞交本部批准。”亦即是說，若協議過於偏袒一方利益時，工商部有權建議修改協議內容。

日方為此恐慌起來。他們知道這是我幹的，所以便派忠夫來新加坡見我。忠夫獨自一人來找我，我對他說：“忠夫先生，我的辦公室太細小簡陋了。這次交談非常重要，我們雖是朋友，但今次我們必須在商言商。到我家來吧。”

水野忠夫生於日本岐阜縣，當地傳統以鸕鶿捕魚聞名，家庭以務農為生。他後來入讀東京一流的一橋大學，畢業後加入三井，在糖業部工作，後被派到台灣糖業部（當時台灣是日本的殖民地）。日本征服東南亞以後，忠夫被調往爪哇。

那天，我單獨和忠夫在我家陽台交談。他雖然有點緊張，但表現友善，我們很快便切入了正題。他說：“郭先生，如果你不讓步，並堅持去說服你的政府改變對日方的立場，那麼日方將會退出合資項目。”

我回答道：“忠夫先生，如果這是日方最終的態度，我也無法阻止。但請聽我說，我和哥哥鶴舉經過兩年半努力不懈，如同愚公移山一樣，最終獲得了關稅保護。你應知道，我們有很多潛在的合作夥伴，比如泰萊，他們都等着你們退出。這對你們來說實在太可惜了。”

我這一席話動搖了他。他問道：“那，這個問題該怎樣解決？”

我說：“你應該知道原合同是多麼的不公平。合約的真義必須建立在公平的基礎上。”

他問：“那怎樣才算公平？”

我說：“忠夫先生，甚麼是煉糖？真的有那麼複雜嗎？日新最多只能收取五年 0.5% 佣金的技術指導費。如果煉糖技術真的很困難，我們自然會要求續約。”後來事實證明，我們三年便可以請所有日本技術人員回家了。

忠夫接着說，三井認為合約中原糖採購部分有問題。我說：“採購必須由三井和郭氏聯合操作。郭氏一直是貿易商，為何要讓你們成為單一買家？佣金也應該是 0.5%，而不是 1%。”忠夫回到日本後，合約最終能得以修改，但他們從此對我心存不滿。

郭氏兄弟與日新和三井簽訂興建煉糖廠合約的消息傳遍海外，英國人仍然不以為意。一些英國人還說：“這根本是不可能成功的。”他們還想設法摧毀仍在幼苗階段的馬來西亞製糖工業。那時，我經常造訪嘉利高（C. Czarnikow），總是被當面潑冷水。嘉利高是英國糖業貿易商中的貴族，它通過拓殖糖業煉製公司（Colonial Sugar Refining Company-CSR）成為澳大利亞昆士蘭唯一的食糖出口代理商，其後更成為馬來西亞最大的原糖供應商。

　　1962、1963 年的一天，我在倫敦，那時我剛開始做糖生意。嘉利高一名叫文森特・貝克特（Vincent Beckett）的董事高層請我去他辦公室見面。嘉利高那時已是三井的代理商，而我則剛剛擺脫三井的約束，取得馬來亞製糖有限公司的原糖購買權。我想，既然嘉利高是三井的代理商，若不應約，會顯得無禮。因此，那天午飯後便去了他的辦公室。

　　貝克特是個看起來很嚴肅的人。我們坐下，簡單寒暄後，他便開始教訓我，態度頗為粗魯。他說三井與他們的關係建於嘉利高創辦之時，意思是說：“你算老幾？我們兩間公司是老朋友。沒有人能破壞我們之間的友誼。”

　　我打斷他的話：“誰要破壞你們的友誼呢？”

　　貝克特說：“你為甚麼要在馬來西亞興建製糖廠呢？你們國家本已相安無事地從泰萊和香港太古進口白糖。你為甚麼還要建糖廠？”

　　我憤怒地回答：“這不關你事！”

　　他還試圖恫嚇我，我被氣得冒火，向他吼道：“你以為你是誰？你這個野蠻、粗魯無禮的人，休想我再來見你！"說罷，我便大步走出嘉利高在倫敦的辦公室。

這件事清楚表明英國殖民主義和壟斷思想在 1960 年代初期仍然陰魂不散。

相同的情節，我和三井再演一次。一天，我在倫敦酒店的房間內接到三井倫敦辦公室的來電。三井倫敦辦事處的總裁池田（Ikeda）邀請我共進午餐。

我們在倫敦市內的一間餐廳坐下。日本人比較客氣，池田客套了一番後，便跟上次一樣開始說教："郭先生，我想讓你知道三井最看重的，就是我們在倫敦最好的朋友嘉利高，三井絕不會通過世界上任何其他公司進口食糖。"

動機越見明顯。我說："當然，那是三井的權利。"

他不喜歡我的說法，於是便出言威嚇："我們會盡全力確保這個煉糖廠的所有原糖都要從嘉利高進口。"

我幾乎在向他怒吼："你以為你們贏了戰爭嗎？你以為馬來西亞是日本殖民地嗎？你請我來吃午餐就是為了要侮辱我嗎？"我把餐巾往桌上一扔便走了。

他們的惡夢將要來臨了：馬來西亞糖業的主角將會是馬來亞製糖有限公司。公司於 1964 年 8 月 8 日正式開始投產。早在1961 年，馬來西亞年產 25 萬噸精糖中已有 80% 由我經辦。到了1964 年，中國每年出口 5 至 8 萬噸糖到馬來西亞也是經我手的。1963 年，甚至連泰萊和太古也指定我為食糖代理商。他們心知在一兩年內，我便會結束與他們的所有業務，因為我這受關稅保護的製糖廠將可供應所有白糖。1960 年中期，馬來亞製糖有限公司已主導了整個馬來西亞市場，並將所有競爭對手淘汰出局。

我們在靠近檳城的布萊興建馬來亞製糖有限公司的煉糖廠。馬來西亞總理東古・阿卜杜勒・拉赫曼（Tunku Abdul Rahman）於 1964 年 12 月 12 日親臨為糖廠正式揭幕。那時，我已移居新加坡，並為食糖業務經常出差到倫敦。我成為馬來亞製糖有限公司的董事長，鶴舉任董事總經理兼行政總裁，而倪郁章（Geh Ik Cheong）則擔任執行董事。從 1962 年工廠開建時起，鶴舉和郁章便共同負責糖廠的營運，直至 1966 年底鶴舉赴歐洲出任大使為止。此後我便接替了鶴舉的職位，並搬進了他在布萊附近的房子。

馬來亞製糖有限公司是東南亞首家獨立的煉糖廠（泰國和印尼的糖廠只附設小型煉糖設備）。開初時，每天溶糖產量 400 噸，全年約 14 萬噸。之後，產量迅速擴大。歐美的糖廠一年 365 天內甚少開工超過 270 天。而我們則要求自己的糖廠每年開工約 330 天。馬來西亞對精糖的需求不斷增加，所以我們的產能也不斷擴大。相比之下，那時太古的年產量只有 8 萬噸。

今天，馬來亞製糖有限公司一天便能煉糖 3,000 噸。我把公司出售給馬來西亞國營企業時，我們在馬來西亞的糖價已比泰國的更為廉宜。這家糖廠，我們經營超過 45 年，獲利約 30 億馬幣，對於辛勤工作的我們來說，可算是一個非常令人滿意的回報。

第三部分

·瘋狂的歲月·

第九章　黃金 1963 年

1963 年 2 月，中國農曆新年剛過了數天，我一時衝動去了英格蘭。當時歐洲正遭遇 80 多年來最嚴寒的冬天。我感覺到食糖市場即將有異動。這只是一種預感，可能對，也可能完全是錯的。

我和好友陳錦耀一起坐波音 707 從新加坡起飛。倆人坐進經濟艙的三連座位。錦耀一向對我很好，他讓我靠窗坐，自己則坐在靠通道的座位上。他說："羅伯特，你是個精明的商人。我知道一到倫敦，你就會開始拚命工作了。"所以，他差不多全程讓我將腿伸展至中間的空座，還讓我把雙腳擱在他的腿上。錦耀就如母親般照顧着我。

那時，從新加坡飛倫敦需要停站。停孟買後還要再飛數小時，四處白雪紛飛。德黑蘭機場一片灰濛。飛經歐洲上空時，雪仍是未曾停過。到達倫敦希思羅機場時，停機坪已打掃得乾乾淨淨，但兩旁的堆雪卻足有十多英呎高。

錦耀是樂福門（Rothman）在北馬來西亞指定的煙草經銷商。他與樂福門公司的高層有相當的交情，他是一個愛爾蘭人，名叫帕特里克‧尼爾‧鄧恩（Patrick O'Neill-Dunn）。

我們到達倫敦後，一個身穿制服的司機開着一輛勞斯萊斯轎車到機場來接我們。他把我們送到鄧恩於劍橋的家。那時已是傍晚五點左右，夜幕早已低垂。我一踏出車外，所穿的便鞋便已陷入雪中。我們費力地走進屋內，受到鄧恩全家人的熱烈歡迎。鄧恩說："去梳洗一下，我們提早一點吃晚餐，好讓你們能早點上牀休息。"

樂福門的掌舵人是一位南非人，名叫安頓‧魯伯特（Anton Rupert）。樂福門公司在倫敦的格羅斯夫納屋酒店（Grosvenor House Hotel）長年租用了一間兩房公寓。該酒店約有 500 間客房，公寓就在旁邊。鄧恩讓錦耀入住樂福門租用的公寓，我們第二天便搬進去了。

從 1960 年起，我每年去倫敦一兩趟，有時從倫敦再飛紐約。如果我要經營糖廠，就需要知道如何管理原糖成本。我開始摸索和學習做期糖生意。由於沒有人從旁教導，所以我去倫敦時，便不斷觀察英國人如何做交易，並不時詢問一些有關運作機制的問題。為了試水，我有時會做 5 或 10 批貨的單（每批貨為 55 公噸）。若虧蝕了，也不會招致大損失；若賺了，也沒甚麼大不了。我就是透過這種方式去學習，並從中去開始感應市場的脈搏。

1963 年，我開始瘋狂地做起交易來。這一年，我一共去了倫敦四次，春夏秋冬各一次。每一次，我都留在入住的酒店簡單地進行交易，而且還賺了不少錢。春天那次，獲利豐厚；夏天則相對少些；秋天那次，經歷了四週惡戰後暴賺了一筆；冬天的盈利則與春天的差不多。但在最後結數時，有幾個交易商紛紛來向我哭訴，出於同情，我讓出了部分收益給他們。

一年下來，我的現金純利相當於 1,400 萬馬幣（接近 500 萬美元）。這是一筆巨款。之前，郭氏兄弟的全部資金最多也不過約 500 萬馬／坡幣。

市場經歷了數年停滯，糖價一直徘徊於每噸 22 到 28 英鎊之間。一直至 1963 年，市場開始復甦，但情況卻不是一面倒地向上。

那年夏天，我不斷入貨，而走勢也一直向好，這對我極為有利。我很快便賺到了 5 萬英鎊，然後是 10 萬英鎊。夏末時，我對市況更為樂觀，於是便通知新加坡的經紀："買，買，買！"。我在新加坡不斷入貨，持有實貨約 2 萬噸。當時，我還不斷買入期貨。合計每噸均價為 35 英鎊，而當時市價約為 40 英鎊。但後來，價格突然崩潰狂瀉至 33 英鎊，而且看來還要再跌。若價格持續下挫，我將會一敗塗地。當時，倫敦的所有交易商均被打得措手不及，大家都緊繃着臉，笑不出來。

又過了 10 到 12 天膽戰心驚的日子，當時市價一度跌至約 30 英鎊，然後開始橫向整固。直至 9 月，颶風弗洛拉開始橫掃加勒比海。這場有史以來最致命的風暴侵襲當時全球最大的糖出口國古巴，嚴重損壞甘蔗田。一時間，電話響個不停，電報橫飛，糖價馬上飆升。接下來的十多個交易日，糖價一路暴漲至每噸 60 多英鎊。當然，價格上漲到 48、49、50 英鎊時，我已全數出貨獲利了。這個秋季之旅，是我人生中以最短時間賺得最多的一次。

12 月的首兩星期，又因為一場颶風即將侵襲古巴，我在倫敦又賺了不少錢。一個週五，所有交易平倉後，便預訂了第二天中午回新加坡的機票。當日下午四點鐘，我突然接到來自德雷克公司一位資深交易員來電。他說："羅伯特，我遇到麻煩了。不知道你能否出手相助？"

我問：“甚麼事？”

他説：“我為一個客戶下了單，但現在他卻食言了。我只是一個員工，只能自掏腰包填補。你能否幫我接了這張單？”他們很會編故事來博取同情。本着郭氏家族寬宏大量之心，我同意接手幫他。

另外一次發生於週六清晨，我正要動身往機場，另一經紀致電求救。我一般不喜歡在離開倫敦前尚有未平倉的交易，但華人一般都較為感性，而且由於整年都做得不錯，於是我便答應了。

那時，我本應馬上結算了事，這樣損失不大。但是，我卻固執地繼續持有，最後招致兩三倍的損失。這兩筆交易讓我虧損了大約 15 萬英鎊。為了幫兩個朋友，我損失了 12 月份所賺的一大部分利潤。

我在 1963 年食糖交易上的成功，首要歸功於我對英語及其文化的掌握。在我開始經營那一刻開始，我就像一條變色龍似的隨着環境來改變自己，適應不同的狀況。我在英國殖民地長大，受英國老師的教導。父親於戰後獲得軍方合同後，我便認識許多英國、澳大利亞和新西蘭軍官，後來還成為友好。因此在英國時，除了我皮膚、眼睛和頭髮的顏色外，我很容易便能融入當地社會。

我遺傳了父親的公關技巧，這讓我在英國人的社會更加如魚得水。父親雖然只是一個來自中國的年輕移民，但他卻深受馬來人和柔佛官員的歡迎。良好的社交技巧是生活不可或缺的部分，但它必須發自內心的美善。我在英國交朋結友，正如戴爾・卡耐基（Dale Carnegie）所説，我能影響他人。我與市內所有主要食糖經紀交朋友、喝酒、吃飯，花錢如流水。只有中國人才懂得這種行之有效的公關技巧——自己省吃儉用，卻對朋友慷慨大方。

要成為成功商人，你每天都得像刷牙一樣，擦拭所有感官。我稱之為"磨礪商業感官"，這包括視覺、聽覺、嗅覺、觸覺和味覺。每一種感官都有其用武之地。每當我走進一間房子，可以在眨眼間便能看清一切。如果屋子裏有超過 20 個人，我可能需要多點時間來審視各人，但如果屋裏只有 6 個人，我一進門便能馬上知道發生的一切。我可以感受到當時的氣氛是緊張還是和諧。

期貨交易的成功取決於你對市場的觸覺，這是一種直覺和節奏。我會與不同經紀交談。每間公司都有一些年輕精明的英籍交易員，其中偶有一兩個狡猾的，但總體來說，英國人還是較為率直。每個人都有身處順風和逆境之時。因此，我會跟所有人都聊一下，以便了解更多。

我慣常會到德雷克公司逗留約 20 分鐘，說句再見後，又轉去戈洛傑茨（Golodetz），緊接到曼氏公司（E.D.&F. Man），然後再多去一兩家。我心想："今天是基斯‧塔爾博特（Keith Talbot），還是羅伊‧泰勒（Roy Taylor）的幸運日呢！"我會問選中的交易員一兩個問題，如"你今天準備怎樣交易？"如果羅伊‧泰勒說："我會買進。"我就跟風買進。這種方法四次有三次都奏效。我會在當日，選取我認為有良好直覺和最佳判斷力的人，然後支持他。

我從不看，也不相信圖表。圖表對我來說就像解剖學報告，只是事後孔明。沒有圖表能預測未來。這只不過是交易員用來引誘更多炮灰投入交易市場的眾多武器之一。

一切統計資料盡在腦中，並且不斷更新。當颱風弗洛拉襲擊古巴時，我運用智慧去推測市場反應。你不能在大家買入時跟着買，也不能待大家都拋售時才出貨。你必須比別人走快兩三步，快一步都還不夠。

我也得益於英國的階級制度：英籍交易員彼此間從不作溝通。他們都是資深交易員，是糖業終端協會（Sugar Terminal Association）的正式會員，而我只不過是個準會員。這五六家公司的頂級交易員能掌握市場上最新、最快的資訊，而我只能滯後兩個小時才得到。如果他們之間能有充分溝通，我就玩完了。幸好，他們鮮有交流。如果某人畢業於牛津某院系，而另一人來自牛津較次級的院系，或者來自劍橋或諾丁漢，那這他們之間便會互不理睬了。但由於我不從屬任何體系，反而能跟他們所有人交流。有一次我去戈洛傑茨公司，聽到他們說無法賣出波蘭的一批糖。我馬上乘電梯下樓，趕到馬路對面的德雷克公司，把糖賣給了他們，一噸賺了一英鎊。結果皆大歡喜。

只要做到謙虛、正直、不欺詐、不乘人之危，這世界上就有做不完的生意。我即使掌握了很多市場資訊，也從不胡來。我是一個堅信原則的商人，所以大家都挺喜歡我。如果錯算了利潤，我們會馬上退回，從不爭辯。

1963 年，倫敦也有其他亞洲地區來的商人，但我覺得沒有任何人像我這麼勤奮。日本的大型綜合商社都匯集於倫敦，但他們的交易員就如機輪上的小齒輪，就連他們在倫敦或東京總部的管理層也看輕他們。日本無疑是個貿易大國，但大公司裏的職員卻不精通商品交易。他們把生意都交給有關聯的日本公司，或帶他們外出享用美酒佳餚的人。這就是他們的交易方式。

在商品交易中，虧損的痛楚讓人痛入心腑。相反，大額盈利所帶來的狂喜就如香檳上頭般興奮。所以交易者必須投入自己的資金才會用心。而日本資金的擁有者是銀行，由一個極大的官僚架構來操控。當然，這是一個籠統的看法。我相信日本也有優秀的交易商，可是我從來沒有遇見過。

回到 1960 和 1970 年代，海洋裏都處是魚兒，鯊魚偶有一兩條。對我而言，在這樣的水域裏捕魚簡直是輕而易舉。至今，儘管市場變化不大，但鯊魚卻多了很多。有時，海裏小魚好像已所餘無幾，有的只是鯊魚。這一行僱用了大批理科、工科的榮譽畢業生。也有博士生不斷努力地優化規則系統，我對這些全然不懂。如果 1960 和 1970 年代有今天的科技和資訊傳播速度，我肯定自己就像一條離水之魚，難以生存。

我的成功並不是依靠科技。今天，依然有人賺錢、有人虧錢，但競技場的地面已變得越來越濕滑。人真的要生逢其時。

1963 年，我去了英國四次做食糖交易，1964 年又去了兩三次，之後每年我都會去英國。憑着我們的努力和一點精明，公司在 1958 至 1999 年期間在糖業上獲得了豐厚利潤。唯一一次瀕臨災難邊緣的就是 1963 年 9 月，幸得颶風弗洛拉來拯救了我。

我記得 1964 年 12 月的一天，倫敦某晚報稱我為"東方糖王"。這個稱號就是從那時起流傳開去。稱謂的來源，是由於我是全球少數幾個完全整合了糖業生產和貿易的工業家之一。我們的業務覆蓋了糖業的所有範疇。縱使如此，我總覺得"糖王"這個稱謂還是不太恰當。

每次離開倫敦飛回新加坡時，總有遠離壁爐 8,000 英里之感。因為在倫敦時，就仿如坐在燒得熊熊的爐火前，對要添加多少柴火瞭如指掌。若只遠觀遙距作業，我根本無辦法超越任何人。

我發現，只有一種方法能進行遙距貿易，就是"節奏交易"——這是我自創的一個詞。在學跳探戈或桑巴舞時，你就會知道跳得好全靠節奏。老師會告訴你，現在左腳往後、往後、往前、側步。可一旦節奏出錯，你就必須專注去聽音樂，再重新找回平衡。千萬不要讓任何人，包括坐在身邊的至愛對你說："羅伯特，伸出右腳。"旁觀者越介入，你就越糊塗。所以，即使你時間掌握不好出了錯，只要注意節奏，你是會重新跟上的。在交易中，如果我感覺節奏出了偏差，我就會減少交易量，以降低風險。在我的商業生涯中，節奏是一個至為關鍵的概念。

整體上，英國的糖交易商都是最聰敏和精明的。我遇到的第一個糖交易商是羅伊·費希爾（Roy Fisher），他於 1959 年來到馬來西亞。我記得曾帶他去光顧吉隆坡一家叫金雞酒店（Le Coq d'Or）的仿法國菜餐廳。我們後來還成為了密友。羅伊在 J.V. Drake Ltd. 工作，該公司不久便與一家咖啡、可可豆貿易公司合併，改名德雷克公司。J.V. Drake Ltd. 的董事長是湯姆·德雷克上校（Colonel Tom Drake），是弗朗西斯·德雷克爵士（Sir Francis Drake）的直系後裔。羅伊·費希爾是該公司白糖部的第二號人物，他的頂頭上司是艾倫‧亞瑟（Allan Arthur），是一位前英國殖民政府公務員，其妻子唐（Dawn）是德雷克家族的成員。

另一位很卓越的交易商，是來自曼氏公司的邁克爾‧斯通（Michael Stone），我們也成為了很親密的朋友。該公司從 18 世紀以來一直是行內的老牌經紀公司。我和邁克爾‧斯通 1961 年首次碰面，他像從天而降似的來到新加坡見我。羅伊和邁克爾是那個年代兩位最傑出的食糖交易商。

大約在 1958 年間，我聘用了葉紹義（Piet Yap）。他當時為一間荷蘭駐新加坡貿易公司 Internazio（前身為鹿特丹貿易公司）做食糖交易。紹義是蘇門答臘籍華人，會講荷蘭語、印尼語和英語。有一天我跟他通電話說："紹義，你何不離開這荷蘭殖民主義公司呢？你知道荷蘭已是夕陽西沉，而蘇加諾（Sukarno）將會把荷蘭人趕出印尼。不如來加盟我們吧！我們是一家年輕公司，正需要你。"

紹義生於印尼，他能爭取印尼的生意。而他與蘇達索（Sudarso）也有交情。蘇達索是爪哇貴族，是印度尼西亞國家糖業委員會（印尼國家後勤局成立之前的機構）的董事。當時印尼很窮，急需外匯，於是政府規定食糖必須由本地農作物如椰子和西米來加工生產。因此 1960 年初，印度尼西亞國家糖業委員可以出口一點以離心機分解出來的食糖。蘇達索有時也會給予我們一些生意。

我們與印尼的最初幾筆交易是與 J.V. Drake 聯手做成的。我清楚記得第一筆交易的經過。那是 1962 年的一個公眾假日。我和紹義在辦公室工作，他告訴我："我剛和印度尼西亞國家糖業委員會的 Bapak（意指父親，是印尼的尊稱）蘇達索通電話。他以固定價格給我留了三萬噸糖，為期一週。我現在給 J.V. Drake 發個電報，看看能否把糖賣給他們。你覺得我們一噸賺 5 先令怎麼樣？"紹義這時已經坐在電報機前，並把 J.V. Drake 的艾倫·亞瑟（Allan Arthur）召喚到倫敦那端的電報機前。紹義正要以電報發出報價時，我打斷他說："紹義、紹義，等等，等等！"

我想了一下，指示他寫道："我們手握印尼國家糖業委員會的三萬噸糖（我並沒有透露價格）。你們是否願意與我們聯手買賣，利潤五五分賬？若願意，我們將把整筆交易情況告知。"

艾倫·亞瑟回道："非常樂意。"

我們與 J.V. Drake 聯手做了幾筆交易（我們之間並沒有書面協議，靠的是合作夥伴關係）。當時，J.V. Drake 已是國際知名的交易商，而我們才在摸索學習。通過聯手而非單做代理，我們成為了交易的主角。我們承接了生意，由他們賣出，然後攤分利潤。一個是在東南亞冒起的新加坡華人公司，另一個是倫敦市首屈一指的食糖交易商，通過這合作模式，彼此之間的聯繫變得更加牢固。

這次聯手交易是從印尼出口至歐洲、中東或日本。我們負責接貨，而 J.V. Drake 則負責推銷，相互之間不收取任何費用，所以雙方均獲得不錯的盈利。如果我們只是做代理商，純粹把接到的生意轉手，那每噸就只能賺取 5 先令佣金，也就是說，一筆一萬噸的交易，我們只能賺 2,500 英鎊。但聯手後，假設我們以 20

英鎊一噸的價格買入，24 英鎊賣出，我們兩家就可以平分四萬英鎊的利潤。

1963 年的一天，印尼提出要修改食糖交易條款，修訂大致是要將每一萬噸爪哇原糖交易中的所得利潤，從 20,000 英鎊降到 15,000 英鎊。按法理來說，我們可以拒絕，合同就是合同。但在亞洲，做生意不能光按法律，還需要互相理解遷就，顧及友誼。

印尼獨立後的頭一二十年裏，新加坡華人、印尼政府的貿易機構或印尼當地商人之間大都依照這個原則來進行交易。獨立後最初幾年，大多數主管貿易機構的印尼政府官員都極其缺乏經驗，往往需要依靠新加坡的商人朋友來幫助制定貿易條款。我曾與艾倫談過，並曾向他解釋過事情的來龍去脈。可惜，在這些事情上，他非常頑固，寸步不讓。

我致電給在倫敦的艾倫，他一聽便立刻怒火中燒："我們不是這樣做生意的。交易就是交易。一言既出，駟馬難追。"

印度尼西亞國家糖業委員會因為很信任我們，才讓我們從他們那裏買糖。有時，他們給予我們的優惠，甚至超出了正常的商業條款。他們視我們為朋友，差不多視作為合作同伴看待。當他們內部遇到困難需要幫忙時，我們理應大方作出讓步，但艾倫卻說："嗨，絕對不行！"換句話說，我們賺錢是理所當然的，少賺一點也絕不妥協。

我試圖讓艾倫明白箇中原委："我們有相同的價值觀。但作為合作夥伴，蘇達索一直幫助我們，給予我們特殊優惠，我們就不能將就他一次嗎？只是一點小錢而已。"

艾倫不是天生的商人，他繼續滔滔不絕地教訓我，直至我失去耐性為止。我對他説："算了，艾倫！這是我跟你最後一次合作了！"我已無法在這基礎上繼續跟他合作。每當發生狀況，我要提出問題來討論時，都像犯了罪似的誠惶誠恐。因此，我做了一個慎重的決定，未來我將轉而與曼氏公司和邁克爾·斯通合作，他們簡直是張開雙臂興高采烈地歡迎我。我的做法也許有點不留情面，但我行事一向遵照公平競爭的原則。

艾倫是個很可愛的紳士，更是一個坦誠、直率，而又受人尊敬的前殖民地資深公務員。儘管我不再選用德雷克，但我跟艾倫和他的妻子唐依然保持着良好的友誼。艾倫是個近乎完美的紳士。

我於 1963 年正式成為國際食糖交易商，在倫敦各處酒店輾轉客居從事交易。從那時起，我和邁克爾·斯通漸漸成為了密友。這主要是因為大多數的食糖交易商都住在離倫敦市 30 到 60 英里之外，他們每天都要長途跋涉上下班，因此交易一完結，便火速完成所有文書工作，關上抽屜，趕地鐵回家去。

邁克爾當時仍是單身，父母住在薩里市，他入住帝國飯店（Empire House）的一個公寓裏，離哈羅德百貨公司不遠。每週兩三次，他下班後會來酒店跟我一起吃晚餐。我們之間無所不談，話題由食糖聊到英國政治，甚至中國文化。我們彼此的友誼就這樣迅速建立起來了。

唯一美中不足的是，他不能於週末與我作伴，因為他要回薩里市。我到倫敦每次平均留三星期，因此週末晚對我來説尤其難熬。我不是那種喜歡一個人去夜總會的獨行俠，因此只能去公園散散步、在酒店客房看看書或電視。幸好往後幾年，我經常去薩里市找邁克爾。我開車過去，他會帶我去美麗的英國鄉郊聖喬治山高爾夫俱樂部打球。

邁克爾真的有很多優點，而且學識十分豐富。他在食糖方面的交易技巧和看法，糅合我的長處，更加相得益彰。我們之間有很強的互動，相輔相成，雙方都很享受這種默契。我們各自研究和分析食糖生產和消費數據，然後再一起從不同範疇進行研究，分析線索，進而預測未來三個月的市場走向。

我認為我們的強項，是能精準地找出重點。你要知道，信息俯拾皆是，關鍵在於你能否在芸芸眾多資料中抓出亮點。倘他有所忽略時，我會補回；反之，他也會補充我所遺漏的。我會不時從新加坡或入住的倫敦酒店打電話給他：「邁克爾，你對這消息有甚麼看法？」他會闡釋他的觀點，然後再問我。而我們的看法經常是一致的。

我認為在商貿圈裏，如果你能遇到一個有交流的好拍檔，你便會從這種關係中激發出很神奇和極具創造力的意念，就像我遇到邁克爾一樣。邁克爾比他公司的任何人都要像我，他反應迅速，缺乏耐性，速度感和急迫感與我如出一轍。

邁克爾的個人風格、韌性和性情隨着年月建立起來，這也包括他的腰圍在內。不過，我倆之間唯一的重大差異，就是他沒有權力可以像我般果斷地進行快速和大額的交易。在曼氏，他只是團隊的一員，而我則是單人匹馬，獨自承擔更大的風險。

當然，我們之間不會打探對方的賬目。賬目指的是持倉合約，你的持賬是長倉多還是淡倉多？你也許在這邊持長倉，在那邊做淡倉，但一天總結下來，你必須知道你的淨賬是長倉還是淡倉。如果淨賬是長倉，而那天市價上漲，你當然笑逐顏開，因為市場的風正朝着你吹呢！但如果市價下跌，你便會變得鬱悶。若市價跌得太多，你更會被追繳保證金。如果你持有大額未平倉合約，並且被追繳大額保證金時，你甚至可能會破產。

在 1960 年代中期，我和邁克爾之間有一個默契。每次我乘機於早上一抵達倫敦，便直奔行李傳送區，找個公用電話，邊等行李邊給他打電話。有一次，他跟我説："羅伯特，今天會有很多交易。你把行李扔到酒店便馬上趕過來，好嗎？我們剛賣了66,000 噸糖給智利。如果你趕得及，也許能説服我們的合作夥伴泰萊讓你加入。"

我放下電話，抓着行李，便立即跳上出租車，説："請去都切斯特。"由於酒店的職員都認識我，我把行李往前枱一扔，便衝回剛乘坐的出租車趕去市中心，整個路程只用了一個半小時。我走進了曼氏公司的辦公室，邁克爾説："來，快來。我們馬上去會議室。艾倫（Alan Clatworthy）、蒂姆（Tim Dumas），這是羅伯特。你們認為可否分他三分之一？"

其中一人説："可以啊！可是我們必須事先徵得泰萊公司的戈登‧謝密爾特（Gordon Shemilt）或邁克‧阿特菲爾德（Mike Attfield）同意。"

於是他們馬上去打電話，得到的回覆是："如果是羅伯特，無問題，可以每人平分三分之一。"

我記得這筆 66,000 噸的交易，他們的成本價約為 30 英鎊，而售價大約是 60 英鎊，因此每噸利潤約為 30 英鎊。交貨期在好幾個月後。當市場上食糖緊缺時，人們便開始恐慌性買入，情況就如股市一樣，所以我們賺了好多錢。這筆交易，若以每噸 30 元英鎊利潤計算，我們總共賺了大約 200 萬英鎊，我一個人就分得超過 66 萬英鎊，折合超過 500 萬坡元。這一切就只因我趕得及時。

我和邁克爾之間從來不會問："你是否拿得太多？"我們之間有基本共識，不會在小處上找分歧，也不會收收藏藏說："我以為你這樣那樣。"

東南亞的郭氏公司和倫敦的曼氏公司，雙方合作的取捨之道，簡直讓人感到讚嘆。我們雙方性格相近，身為交易商，大家相互信任，從不背叛，不自私、不貪婪。事實上，這是一種堅實的夥伴關係。我們各自經營自己的公司，但當我們聯手交易時，卻達至共贏的局面。

這種方式能做到皆大歡喜。如果我們任何一方只顧私利、貪得無厭，甚或斤斤計較，試圖愚弄對方，大家都能感覺出來的。就像狗兒嗅到來者不善時，便會撲上去咬對方腳後跟一樣。

當然，我也是個大方的人。每當我做成一樁大交易時，我也會與大家分享成果。就像別人給你一盤美食，與其獨食，倒不如慷慨分享。而對方也會同樣地大方回報。在這良性基礎上，我們建立了真正的力量去抗衡市場競爭，不用再擔心流言蜚語、背後插刀。我們甚至可隨意互換電報地址的組合如：MANKUOK，

GOLOKUOK 和 KUOKDRAK（即曼氏與郭氏、戈洛杰茨與郭氏、郭氏與德雷克）。

除了英國合作夥伴外，我們與法國糖商中的佼佼者莫里斯·瓦爾薩（Maurice Varsano）走得也很近。我與莫里斯首次見面是60年代中在倫敦或巴黎。他是擁有保加利亞背景的猶太人，從摩洛哥轉道去的法國。我們一拍即合，從1960年代末起便與他的蘇克敦集團（Sucres & Denrees-Sucden）聯手合作，還夥拍了曼氏、泰萊及其他公司。

食糖貿易方面，我們的優勢在於東亞的實貨買賣，特別是馬來西亞市場。而我們的歐洲夥伴優勢在於西方市場。我最初開始做食糖貿易時，馬來西亞市場一年的需求量為40萬噸。及至2000年，馬來西亞的銷量已增長了三倍，達至每年120萬噸。

過往，我都是獨自去倫敦的。但約從1969年起，我幾乎每次都帶着我的同事柳代風。除了幫助我之外，我想是時候培育一個接班人了。哥哥鶴舉於1964年招攬他加入馬來亞糖業有限公司，那年他剛從馬來亞大學畢業出來，而我則剛接手糖業公司的日常事務，一起共事期間對他加深了解。他在精糖貿易方面比其他年輕人更具天份。我認為讓他呆在北賴這鄉郊地方做貿易實在浪費了他的才能。於是，我把他調到郭氏（新加坡）有限公司，他很快便開始涉足倫敦的交易。他像是我的翻版，並且得到倫敦交易商的接受。

1970年初，只要我願意，我大可搬到倫敦成為全職交易商。一天，我正好在曼氏公司，最資深的合夥人蒂姆·杜馬（Tim Dumas)、艾倫（Alan）、大衛·克拉特沃西（David Clatworthy）和邁克爾邀請我到會議室商談。他們看來很熱情，坦誠地對我說："羅伯特，我們要跟你談一件很嚴肅的事。我們非常希望你能加入我們成為合夥人。今天，我們願意給你曼氏的四分之一股權。"我記得大約作價 500 萬英鎊。

我覺得英國合夥人一般只想工作到 55 至 58 歲，而蒂姆·杜馬已接近退休年齡。以我所理解，每次合夥人想出售股份都是在股價上漲，或其他人不願意買入的時候。可能最終只有我一家買家，也可能不用多久，我便可以控制整個公司，那時我就必須搬到倫敦了。我回覆說："讓我考慮一下。非常感謝你們給我這個機會，但我需要回去與其他董事商議一下。"

我與一兩位董事提過此事，他們說："年，只要你認為是對的，你就去做好了。"於是我便去找邁克爾和艾倫，並對他們說："感謝你們的賞識。但你要知道，商人就像競賽中的老鼠。所以，如果我是一隻老鼠，我的競賽場應該在新加坡的溝渠。"這是我的原話。無論情況好壞，新加坡依然是我的家。

1970 年初，我接到一個香港來電，催我趕緊過去。當時市面盛傳說中國農作物收成很糟，中國需要進口大批食糖。文化大革命從 1966 年開始席捲全國。他們要求我一人赴約，暗示我連林楷也不能帶去。以往每一次到中國，林楷總陪伴我左右。

我與五豐行的兩名高層會面，較年長的是濮金心，年輕一點的是林中鳴，他後來成為五豐行的主席兼行政總裁。我和五豐行做生意已有十年了。我們在電話上聊了很久，他們說不能去我香港的辦公室，建議找一個較隱蔽的地方見面。於是，我建議他們來我居住的保華大廈見面。我於 1967 年買下這公寓，當時許多華人在動亂之後逃離了香港。

我們三人坐下來，他們倆先相互對視。後來我知道這是因為他們要開口請求我的幫助。他們開始時說了很多客套話，比如"我們合作十年了。我們很了解你，完全信任你，我們已不知道還可相信誰。"

接着，他們終於切入正題："中國急缺食糖，再過幾個月便耗盡了。你一定要幫我們購買食糖。我們已經排除所有障礙，委託你做獨家供應商。"但他們仍有一大問題未解決，由於當時正值文革期間，中國幾乎沒有外匯可以購買進口貨。

他們接着說："在我們過往的交易中，知道你活躍於期貨市場。我們對此毫無認識。你能協助我們為中國在期貨市場賺取外匯嗎？"

我答道："你們所說所求都很符合邏輯。不過你們必須知道，從你告知我中國缺糖那一刻起，我可以背叛你們，在市場上為自己賺很多錢。但是，既然你們信任我，向我說出實情。我必定以誠相報，我現在向你們保證，我將暫停交易三個月，凍結公司業務，全力策劃購買食糖的安排。"我補充道："全球也將步入缺糖階段。我認為今天唯一尚有豐裕食糖可出口的國家就是巴西，趁市場還沒完全察覺，我們必須趕緊下手。"我們又多聊了一個小時，吃過晚餐後，我便馬上飛回新加坡。

當晚，我便開始用我的賬戶替中國在倫敦和紐約市場積累期貨。所有交易都在晚間進行，從新加坡時間下午五點到午夜在倫敦市場進行交易，然後由晚上十點到大約凌晨三點則做紐約市場的交易。我不能一次下太大的單，因此三星期內我只能每天逐步積存貨量，還要通過不同經紀下單，因為我知道他們彼此之間幾乎沒有溝通交流。

每一天早上，我或我的助理會打電話去香港，用暗語向五豐行匯報進度，比方說一個價位 20，意思是前一晚的交易我們以某一個價位進貨的數量。這樣他們便有記錄了。我們之間並沒有任何書面通訊。我告訴他們，一定要絕對保密。

同時，我亦派人到倫敦，因為我們不想讓外間看到香港或新加坡那邊不斷有人入貨。我派去的人在倫敦與壟斷巴西食糖出口的糖酒協會 (Institute of Sugar & Alcohol) 聯絡。協會由沃森先生 (Senor Watson) 領導。我們在巴西有一個代理人，他是一位巴西和蘇格蘭的混血兒。我們託他問沃森先生是否願意跟我們直接交易，而不用再通過倫敦或紐約的代理人。由於涉及期貨交易，這樣做是為了免除倫敦經紀另開賬戶為自己做交易的風險。糖酒協會的回覆是正面的，我們又跨越了一關。葉紹義、林劍龍和公司的一個助理便趕往里約熱內盧與他們談判。

與此同時，日內瓦正舉辦一個重要的糖業國際會議。我決定參加以轉移視線。我到日內瓦的第二天，一個糖商來問我："噢，羅伯特，你有聽聞沃森辦公室出現了一些神秘的日本人嗎？"

我說："噢，有這麼的事！現在日本公司越來越多，我想有些賺到錢的公司希望更上一層樓吧。"

第二天遇到的情況更嚇人。當時我正在會議廳參與研討講座。突然大會通過內部通訊傳呼我："羅伯特·郭先生，國際長途。"幸虧他們沒說是巴西的來電。

我走去電話間，接線員說："里約熱內盧的長途電話。"我的同事詢問我入貨價位。我說："我認為秘密已守不下去了。我們快要現形了。趕快入貨！不要再一先令、兩先令地討價還價了！"

中國設定了入貨價，而我入的貨比他們所定的價更佳。我記得，我們總共買入了 30 萬噸，在當時來說是一個很大的交易量（今天，100 萬噸才算得上是大交易）。後來，我們的人將實情告訴了糖酒協會，告知糖是替中國買的。他們很高興，因為巴西與中國可望進行大規模交易。

我們跟巴西人說，想用香港貿易公司萬通來代替郭氏兄弟來進行交易。他們同意並給予萬通 0.5% 的佣金。協議一經簽署，對外宣佈後，整個市場迅速暴漲起來。接下來的三天，我拋售了手上積存的所有期貨，並將利潤存進了中國銀行倫敦分行。單是期貨，我便將 250 萬英鎊交到中國手上。我為甚麼這樣做？只因為我熱愛中國。人求財為的是甚麼？如果你能幫助一個國家，相比只為個人利益，你的心靈所得到的滿足肯定更大。這次中巴交易成為市場上的一次壯舉。很快地，所有人都懂得去敲中國的大門。

不久之後，中糧讓我以一個固定價格向菲律賓買入原糖。這個定價盤有效期為三四天，在業內算是非常長的了。中國在這之前從未直接給與任何人類似的條件。我想這是對我的一種回報，藉此向我表示感謝，感謝做成巴西這宗食糖交易。

這一切發生在菲律賓費迪南德‧馬科斯（Ferdinand Marcos）統治時期。我十分痛恨馬科斯政府。在他執政初期，雖然新加坡和馬來西亞華商紛紛說他是何等腐敗，但我還是不大相信，因為當時我誤信了那些愚昧的外國記者，相信了他們所捏造的文章，他們都接受過馬科斯及其親信的美酒佳餚款待。

那時，我們試圖與菲律賓做一些食糖買賣。但不久，我們便發現每磅食糖都要加收 0.15 美元給馬科斯及其親信。每磅 0.15 美元啊！當時，像巴西或澳大利亞這些高產能國家，所生產的食糖每磅也不過 0.7 至 0.8 美元，價格下調時甚至可跌至 0.25 美元。馬科斯的所作所為簡直令人髮指！

當中國給我生意時，我聯絡了菲律賓的食糖銷售管理局。他們讓我們聯繫在東京的羅伯托‧貝內迪克托（Roberto Benedicto），他當時擔任菲律賓駐日本大使，代馬科斯出面處理所有食糖交易。

柳代風與貝內迪克托大使通電話，對方邀請我們去東京見面。這件事很緊急，所以代風和我馬上乘搭下一班機前赴東京，然後趕往東京郊外一家酒店與他見面，會議尚算順利。他隨後向馬科斯匯報。我們等了一兩天，沒有絲毫進展。我頗感沮喪和失望。於是，我們便決定飛回香港，而大使承諾會以電話或電報與我們聯絡。

過了一兩天後，他回覆說：＂對不起，我們沒有食糖可以賣給你們。"但不久，我們聽說菲律賓卻與其他人做成了交易。明顯地，他們是在挑選交易對象。這讓我對馬科斯和貝內迪克托感到非常失望。

1960 年代初，我們也向蘇聯買糖。但到 1960 年代末，蘇聯卻反過來成為最大的買家，一直至今天。而且每一年，蘇聯入貨的舉動必定成為業內的一件大事。

我首次去莫斯科是 1972 年，與曼氏的資深交易員查爾斯·克拉利（Charles Kralj）同行。他是南斯拉夫人。他說二戰時的一天，德國的秘密警察闖入他家。他從屋後的窗戶跳出去逃跑了。之後徒步、再搭便車、轉乘火車和輪船，最終來到了英格蘭。他是戰後才加入曼氏的。

我是在 1960 年早期往倫敦時結識查爾斯的。一天晚上，我病倒了，正好查爾斯來酒店看我、照顧我。從那時起，我與查爾斯結下了深厚的友誼。其後，他安排我與蘇聯食品對外貿易聯合公司（Prodintorg）的人會面，該公司在蘇聯相當於中國的中糧，壟斷了食糖和馬肉等商品進出口。

聯合公司的董事長是阿萊克謝科（Alexeenko），他的得力助手是蓋達莫斯卡女士（Madame Gaidomoscka）。她年輕時被史太林政府派駐美國擔任蘇聯租借法案小組的成員，在當地學了點英文。阿萊克謝科和蓋達莫斯卡都很可愛，非常可靠正直，值得信賴，有時甚至乎過於單純，但並不是愚笨。在交易上，他們從來沒有提過絲毫曖昧的要求。

蘇聯的巨額交易量，對市場造成了巨大的衝擊，更成為兵家必爭之地。我們與曼氏、泰萊和蘇克敦的聯手合作正大派用場。我們會先出售，然後再買入實糖或期貨，來填補賣給蘇聯的部分。我們會買入期貨或持未平倉來平衡風險。曼氏負責大部分的交易，他們主力操盤的有邁克爾·斯通、艾倫·克拉特沃西、大衛·克拉特沃西和查爾斯·克拉利。

我還記得 1970 年初，在倫敦與蘇聯人的一次有趣經歷。那次，我乘坐夜間航班從新加坡飛倫敦，洗過澡、刮淨鬍子、梳洗完畢後便決定提早去吃午餐。我跟公司兩三個職員一起去了唐人街一家叫 Chuen Chueng Ku 的中餐館。

剛開始享用菜餚，偶爾抬頭便看到離 15 步遠的小餐桌，圍坐着兩個蘇聯食品對外貿易聯合公司的買手，分別是蓋達莫斯卡女士和她的老闆阿萊克謝科先生。雖然我之前也曾帶過蓋達莫斯卡女士來過這家餐廳，但我想：“他們不可能在這裏的。”

我每次去倫敦，在上飛機前一般會先打電話聯絡一些倫敦的朋友，尤其是邁克爾·斯通。但這次與邁克爾通電話時，他並沒有提起過有關蘇聯買家在倫敦的事。我非常不解。

蓋達莫斯卡女士這時剛好也抬頭與我的目光相遇，她顯然認出了我。我一邊打招呼，一邊起身快步走過去，熱情地與她握手。我問道：“你好嗎？”

但她的反應出賣了她。她窘窘地說：“請不要告訴任何人我在這裏。我們只是短暫停留。”她這番話清楚表明，此行是秘密的。這次遇到我讓他們感到非常尷尬。

我飯後便馬上衝去曼氏的辦公室見邁克爾·斯通。我當面質問他説："邁克爾，你為甚麼瞞着我？"

他一臉茫然地問道："這是甚麼意思，羅伯特？"

我説："你肯定知道她在倫敦的。"

他仍是一臉狐疑地問："女士？哪位女士？"

我説："蓋達莫斯卡女士！"

他説："甚麼？你肯定搞錯了，羅伯特。"

我説："哪會搞錯！我剛與她和阿萊克謝科握過手。"

我看到邁克爾滿臉疑惑。

邁克爾很快就追查到他們的住處。因為蘇聯人一般按習性行事，很容易就能猜到他們入住甚麼酒店，那時的酒店職員根本不懂得保障客人私隱。阿萊克謝科和蓋達莫斯卡都是很坦誠率真的人，所以邁克爾很容易就從他們那裏了解到詳情。實情是蘇聯當時很缺糖，所以到倫敦來入貨。他們先以電話聯絡了嘉利高。嘉利高囑咐他們要保密，否則也許無法從澳大利亞方面取得合適的報價。蘇聯人通常一下飛機便直奔嘉利高的辦公室。可惜，他們這次實在太愛吃中餐了。

蘇聯人在食糖交易方面很依從規矩，但朝鮮卻絕然不同，我們有過很糟的經歷。朝鮮在新加坡有一座領事館、連寫字樓兼官邸的大樓。他們經常邀請我們去吃頓簡單的晚餐，然後給我們放映朝鮮的軍事宣傳片。有一次，在類似會面後的第二天，他們突然來到我們辦公室，説有 7,500 噸糖要賣給我。我想這應該是他們從波蘭或其他社會主義國家獲得的援助物資，由於外幣緊缺，所以拿來出售。

我們將朝鮮的食糖賣給蘇克敦公司（Sucres & Denrees）的莫里斯・瓦爾薩（Maurice Varsano）。但到了我們要開出信用證的時候，他們卻要求延期：「抱歉，我們的貨還未運到碼頭。請寬限多一個月。」於是，我們與莫里斯協商，並在得到他的同意下延長了信用證期限。後來，朝鮮又來說：「抱歉，我們還沒拿到糖，需要更長的寬限時間。」

這次莫里斯可寸步不讓，他說：「不行！我不是跟朝鮮人交易，我是跟你們交易，你們必須履行合約。」那時，糖價比我們之前付朝鮮的價格已漲了每噸 15 到 20 英鎊。無可奈何地，我們只能在市場上買貨交付莫里斯。他這一着真聰明，不但賺了價位，還省了運費。可是，我們卻損失慘重。朝鮮最後也無法交貨，更拒絕按合同規定支付逾期罰金。我們原以為冒這大風險，每噸能賺一兩元美金，結果反過來虧了一大筆。

我記得朝鮮最後發給我們的電報說：「我們承認無法交貨，並願意到仲裁庭解釋原因。請你們到平壤來追討賠償。」算了吧！我一手把電報扔進了垃圾桶。

我去過古巴六次，第一次是 1970 年，我和我的朋友德雷克公司的羅伊・費希爾（Roy Fisher）同去。古巴的經驗可謂苦樂參半。1960 年末，我在倫敦認識了一位名叫埃米利亞諾・萊斯卡諾（Emiliano Lescano）的古巴人，我們一見如故，十分投緣。他當時是古巴糖業出口公司（Cubazucar）的第二號人物，該公司是負責食糖推廣的政府機構，直接向卡斯特羅身邊的高官，即外貿部部長卡布里薩斯先生（Senor Cabrisas）匯報。我認識萊斯卡諾不久，他就被任命為古巴糖業出口公司總裁。

從 1970 年代到 1980 年代早期，萊斯卡諾給每一位食糖交易商都留下了深刻印象。在日本，人稱他為"糖先生"。他對古巴的相關數據瞭如指掌，討價、談判遊刃有餘。他從不看筆記，處事冷靜。作為一個 26 歲左右的年輕人來説，實屬交易奇才。

萊斯卡諾是一個俊朗、優雅、充滿魅力的人，閃爍的雙眸總帶着笑意。我記得有次帶他去東京的柯帕卡巴納夜總會（Copaca-bana Nightclub）。在那裏，萊斯卡諾健碩的身型，在舞池裏舞動，無論是探戈還是倫巴，他都跳得揮灑自如。古巴人的血液裏果真流着音樂的因子。

後來，萊斯卡諾開始酗酒。我一直覺得他的壓力很大。美國對古巴實施禁運，古巴舉步維艱。古巴的煉糖廠大多是美國投資興建，美國切斷機械和零件供應後，古巴轉而向東歐和蘇聯進口設備，但由於這些設備質量都很差，造成古巴的糖廠經年失修、效率下降，整個行業江河日下。古巴的糖產量曾一度高達每年 600 萬噸，但後來連生產 200 萬噸都十分吃力。在古巴收縮產量的同時，巴西、泰國和澳大利亞等國的產量則拾級而上。

在這種情況下，身為國家糖業推廣的負責人自然承受很大壓力。所有人都期望他能創造奇跡。可惜，他不是魔術師。萊斯卡諾還面臨着婚姻問題，他妻子是古巴軍隊中的少校，但他又愛上了古巴軍情局的一名上校，他後來被其中一位收服了，但卻失去了古巴政府的信任。

萊斯卡諾酗酒的情況日趨嚴重。我有幾個糖業朋友常去古巴，包括邁克爾·斯通，他們會告訴我有關他的消息。聽說他已不在古巴糖業出口公司擔任要職，後來更失業。其後經常處於酩酊大醉、神志不清的狀態，後來更淪為乞丐，鬱鬱而終。

每當我回憶起這個可愛的古巴青年，內心充滿悲傷。一個正直、誠實的年輕人生不逢時、生不逢地的悲劇。他絕對可以利用職權來大賺一筆，然後逃離古巴，尋求別國政治庇護。但他對他的上司和國家，從來沒有一絲不忠的念頭。他是何等的深愛古巴。

1990 年，我終於見到了卡斯特羅（Fidel Castro）。一天晚上，我跟一羣食糖貿易商一起在哈瓦那的沙灘屋裏聚會。我們穿着隨意，短袖襯衣、短褲和拖鞋。突然一輛轎車駛至，車上跳下幾個男人喊道："總司令在等着見你們。請趕緊準備！"我們來不及換衣服，八九個人擠到兩三輛轎車裏趕去。

卡斯特羅喋喋不休從晚上十點四十五分一直說到凌晨四點以後。他跟我們講述他養牛的經歷，談到生物化學和各種事情。他那裏的空調全開着，我想當時的溫度低於攝氏 13 度。他穿着三層厚厚的棉質短上衣，而我們則不停發抖。實在太難受了！大約至凌晨三點半，他叫人送來了白蘭地。我差點沒灌得嗆到！那真是一次糟透的經歷。

在我的工作生涯中，經營食糖讓我最為忙碌。從 1958 年起，之後整整 35 年間，我一直都沒有真正放鬆過。自 1963 年起，我每年去兩三趟歐洲和美國，還有日本，偶爾也去一下澳大利亞，加上短暫停留東南亞各國，我在家好像沒有待過一週以上。可以說，我幾乎沒有親眼看着我最大的五個孩子成長。當我像風箏一樣到處飛翔時，我請了可靠的人來替我看店，有一段時間，我甚至試過連續 20 多天沒有睡在同一張牀多過兩晚。我不是逞強或鬧着玩。我的生意迫使我不斷向前，不能停步。

年輕時，我常去看雜技表演。我一直很喜歡看雜耍拋球。從 1960 年代中起，我就像在商業世界中玩拋球的人。我會看着鏡子說："今天，你又多添了一個球，現在要同時拋擲八個球。"到 1964 年，我同時拋擲着三個食糖的球，這包括煉糖、為馬來西亞進口食糖和進行國際貿易。到 60 年代中，糖業還未進入艱難時期之前，我更開始加入新球，這包括夾板、麵粉加工、船務、航空和鋼鐵。

第十章　擴展至生活上的必需品

　　我從日本人身上學會了一點，就是要專注經營一些具規模、擁有成熟市場、穩定而持續的產品。這些產品不用因買家的喜好而頻繁轉換，例如塑膠桶，每年均要隨着買家喜好的顏色和形狀而轉變。這一點讓我明白到，日本人為甚麼找我做食糖貿易，然後再做麵粉加工。因為市場對這些終端產品的需求非常簡單。大米、食糖等基本加工食品根本毫無變化，實際上只得一種形態，這樣大大簡化了投資建廠的考慮。我在大米、食糖、麵粉之外，最終還加入了食油，這些全都是簡單但擁有龐大市場的商品。

　　我在 1961 年投資馬來西亞膠合板市場，從慘痛的教訓中學會了這一點。經營膠合板廠是我此生最痛苦的經歷之一。在基礎食品中，我們主要經營簡單、不變的產品，但膠合板則截然不同，每個買家的想法和需求各有不同。這個傢具製造商要防水板，那個要胡桃木三合板，另一個要我們使用尿素膠。我們根據定單加工生產，但有些定單數量小得可憐。有些因原木受過蟲害，另一些則滿佈小孔，用來生產膠合板質量大打折扣，最後不得不虧本賣掉。倘遇上市場需求發生變化，部分生產線上的貨品便因而立即報廢。

　　經營膠合板生意十分艱難，就如一個出生窮困、天生斜視的木匠從父親那裏繼承了一張站不穩的桌子。木匠受眼疾所限，只能把桌子側放來鋸，但鋸來鋸去也無法讓桌子四平八穩地安放於地上。最後鋸得只剩下桌面放在地上。

膠合板生意就像永遠站不穩的桌子。你根本無法增大工廠的效能，但設備卻隨年月折舊。這真是一門糟透的生意！除非你有亞馬遜森林作為後盾，否則根本無法成功。這實際上就是靠森林來賺錢。經此挫敗後，我終於明白為甚麼日本人不跟我做膠合板生意。苦撐至 1968 年，我決定退出，不再經營了。

1962 年，三井與日本製粉株式會社（Nippon Flour Mills）找我洽商在馬來西亞建麵粉廠。三井是我在馬來亞製糖有限公司的兩個日方合夥人之一。我為此事去了一趟吉隆坡，見了我在萊佛士學院的老朋友拉惹·莫哈爾（Raja Mohar），他當時任職工商部秘書。

拉惹·莫哈爾是一位地道的馬來紳士。他說："你可知道，香港麵粉廠已經申請了營業執照。"

我問："你們容許壟斷嗎？"

拉惹·莫哈爾答道："不，作為這裏最高級別的公務員，我不會贊成任何性質的壟斷。"他建議我去申請執照，並說："羅伯特，不要再引進日方。我們不想讓自己國家被日本、英國或任何一個國家所控制。找其他國家來合作吧。"

當時，我已經開始直接從澳大利亞進口麵粉，以此繞過在馬來西亞和新加坡類似森那美、牙得利等分銷商。我認為有必要消除夾在麵粉、食糖消費者和我們之間的層層阻隔。給我們供應麵粉的澳大利亞公司中，有一家位於阿德萊德市，叫威廉·查利克有限公司（William Charlick Ltd）。我邀請他們在馬來西亞合作建麵粉廠，這可以說是一拍即合，他們還派來了董事總經理傑克‧鄧寧（Jack Dunning）前來馬來西亞與我們洽談。我們一起火速推行這項計劃。

到要申請執照時，我去找我的老朋友基爾‧佐哈里（Khir Johari），他當時仍是工商部部長（他後來被封為丹斯里基爾‧佐哈里（Tan Sri Khir Johari））。我之前為煉糖廠申請關稅保護時，基爾‧佐哈里幫助我清除了公務員的關卡障礙。但這次他卻批評我說：“羅伯特，你是否太貪心了？你已經有了糖廠，幹嘛還要麵粉廠？”

坦白說，我認為一個政府部長跟我這麼說確實有點奇怪，而且我們當時已是頗具規模的麵粉交易商了。商人想擴大生意，天經地義。何須政府來為我決定怎樣才是足夠呢？但基爾‧佐哈里曾是我的朋友，過去也幫過我，我不想跟他爭論。

受挫後，我回去見拉惹‧莫哈爾，向他複述了部長的話。拉惹‧莫哈爾很了解我、信任我。他說：“羅伯特，別着急。我會幫你的。我不認為部長有權阻撓你。你寫一份書面報告給我，然後交由政府來判斷你是否有資格建麵粉廠。”換句話說，這件事本來由局長個人裁決，變成了政府和商界的互動局面。

最終，我獲批經營麵粉廠的執照。這是工商部批發的第二張執照。正如基爾‧佐哈里所說，第一張執照是批了給孫氏家族經營的香港麵粉廠。他是 1980 年代首家在中國使用機器操作的麵粉廠。

香港麵粉廠比我們早兩年多拿到執照，但他們的發展很緩慢。他們 1965 年底在馬來西亞正式投產營運，但我們不到 8 個月，麵粉廠也已建成營運。由於香港麵粉廠已為其廠房取名馬來亞麵粉廠，因此我的廠房便以聯邦麵粉廠命名（出自馬來亞聯邦）。

與製糖業一樣，麵粉業也需繳納由關稅顧問小組所設定的關稅（後改名為關稅顧問委員會）。小組主席是從新西蘭聘來的，之前曾任海關關長。小組副主席則是我新山的校友，叫蘇賈克·賓·拉曼（Sajak bin Rahiman）。蘇賈克向我透露，小組主席可能會給予香港麵粉廠非常優惠的關稅保護。

我向蘇賈克說出自己對市場的看法。有一個印尼華人在新加坡開設了百齡麵粉廠，所生產的麵粉大量湧入馬來西亞市場。而我們也是以差不多的價格購入小麥。雖然他們運往吉隆坡的陸路成本比我們從巴生港運輸的成本要高，但由於百齡麵粉廠建於新加坡最大的港口，受惠於較低的物流成本，進口的小麥也因此略為便宜。

如果百齡、馬來亞和聯邦三家麵粉廠能以 5.70 元的成本生產每袋重 50 磅的麵粉。然後以 6 元出售，我們各人每袋就能賺 30 分。我在關稅申請書中寫道，如果每袋售價要求超過 6.7 元，這無異已算是牟取暴利了。而關稅保護可讓我們售予吉隆坡的麵粉價格定於每袋 5.5 到 6.7 元之間。我補充說，但隨着麵粉廠競爭越趨激烈，價格勢將有下調的趨勢。

但就在關稅顧問小組聽證會之前，我突然接到香港麵粉廠老闆孫麟方的電話。他想來我的吉隆坡辦公室見我。

孫麟方在上海長大。他養了一批賽馬。他每次來吉隆坡，都極盡享受，在頂級的美林酒店長期租住總統套房。他的長子孫以倫、二子和姪子 Martin Sung 後來幫助他打理所有業務。

孫麟方爬樓梯到我那昏暗、狹窄的辦公室，辦公室簡直小得無立足之地，當時衛生間還沒有現代設施。

孫麟方告訴我，馬來亞麵粉廠已經開始試營業，並問我如何應付明天舉行的關稅顧問小組聽證會。我告訴他，我將會要求每袋定價於 6.5 到 6.7 元之間。他非常激動地說：“不行！這個價格比我的生產成本還低很多！”孫麟方是這一行的老行專，他說他的生產成本每袋要 7.5 元左右。我也算過，我的生產成本只需約 5.8 元。我估計百齡的生產成本只需約 5.5 元。

我說：“孫先生，我反覆向你透露我的成本，而你卻一直試圖要說服我，你的成本比我的高很多。這着實讓人感到費解！身為老行專、兩代都經營麵粉，無論經驗和技巧都比我們優勝，你理應告訴我，你能生產比我成本更低的麵粉才是。”

他懇求我說：“在明天的聽證會上，請要求定價 8.5 元。”他說關稅顧問小組主席已基本上同意這個價位。他抱怨道：“如果你要價 6.5 元，主席也只能被迫接受，因為這個價格對本地消費者更有利。”

我說：“孫先生，我是馬來西亞人，在這裏土生土長。無論如何，我絕不能因利益來掠奪自己的國家和同胞。即使是 6.5 元，已有很豐厚的利潤。我怎能牟取暴利呢？”

他不能接受我實話實說，並繼續懇求。再繼續討論下去也沒有任何意義，我於是推卻他說："很抱歉，我無法贊同你的要求。"我們的會面就這樣結束了。

聯邦麵粉廠於 1966 年 11 月 1 日正式開始投產，那是在馬來亞製糖廠投產兩年後。我們很快便成為馬來西亞主要的麵粉加工廠，地位一直保持至今。我們佔當地市場份額超過 40%。

我首先要做的其中一件事，就是要收購一個零售商和消費者都熟悉的品牌。我以往一直向森那美購買麵粉，並因此與他們的管理人員頗為熟絡。有一大我告訴他們，我正籌備在馬來西亞興建麵粉廠，與此同時政府即將實施麵粉入口禁令。我請他們考慮把他們旗下的優質品牌 Blue Key 賣給我。經談判後，我以 25,000 元收購了 Blue Key 品牌，至今仍是聯邦麵粉廠的主打品牌之一。

後來，我還成功獲發第三張麵粉廠的經營執照。當時，一個來自吉打州的華裔商人輾轉獲得在巴特沃思經營麵粉廠的執照。巴特沃思位於馬來半島，在檳城島對岸。他私下出價兜售這張執照，但無人問津，因為市場上已有兩家獲發執照的麵粉廠在競爭了，無人敢加入戰團。我的一名職員後來到吉隆坡找我，說那個商人致電打探我是否有興趣在巴特沃思再建一個麵粉廠。當其時，他已持有那執照兩三年了。

我的職員認為，若我買下這張執照，可以防止第三者加入競爭。我認為言之有理，但選址在巴特沃思是錯誤的。我說："先拿下執照，再申請把地點改到新山。說不定，有一天我們甚至可以將麵粉出口至新加坡。"

我們最終説服了政府，將麵粉廠改建於新山。今天的新山麵粉廠是聯邦麵粉廠的全資子公司。

在我的商業生涯中，我一直不斷往更深、更富饒的海洋進發，這讓我可以得到更多漁獲。如果我們一直待在新山，就只能過着平庸的生活，每年賺取大約 50 萬馬幣，四五個合夥人攤分後，每人大概可分得 10 萬元，無風無浪下待到 55 歲便退休。

透過將業務基地遷移到新加坡，放眼世界，我們的視野截然不同。我們開始進口麵粉、食糖、大米及任何有需求的商品。我們將其中一些食品再出口到印尼。如果印尼需要泰國糯米（糯米是中國和東南亞甜品的關鍵原料），我們就供給糯米。移居新加坡是我們登上世界舞台的跳板，其後遷居香港則進一步鞏固了我們的龍頭地位。

1960 年代末，我們開始在印尼做貿易，與 10 到 15 家穩健、精明的華商競爭，這些對手的辦事處散佈於新加坡的五大主要商業街上：馬吉街、直落亞逸街、新橋路、沙球勞路和絲絲街。除了這些特別活躍的貿易商外，市場上還約有 30 到 50 家商品交易商。

甚麼是商品交易呢？舉例説，某人走進一家裁縫店，恰巧是這裁縫的親戚。他説："久違了，表兄，我在印尼混得不錯。印尼官方剛批了五萬噸糖給我。你有買家介紹嗎？"如果這個裁縫有商業頭腦，他會立刻説："當然有。"然後便搜腸刮肚的去想："我的客戶裏，誰做糖生意的？"他有的是人際關係。裁縫做成了這筆交易，靠的全是別人的供應。貿易就是這麼簡單。

1966 年，蘇哈托上台執政後，花了將近一年時間站穩陣腳。執政之初，他與幾個將軍組成的管理團隊共同執掌印尼。當中有著名的阿里‧姆多波（Ali Mutorpo）和蘇左諾‧胡馬爾達尼（Soedjono Humardani），兩人掌控了印尼軍隊和安全機構。蘇里約將軍（Suryo）則主管物資供應，正因他有慧眼，賞識有才幹的華商，才能確保印尼的物資供應。

蘇哈托還是蘇加諾總統手下的將軍時，結識了許多華商。他們為印尼軍隊供應食品和設備，包括在抵抗荷蘭的伊里安查亞戰役中提供所需的軍用裝備。蘇哈托發現印尼華人都很精明、有商業頭腦、堅毅、勤奮，又幹勁十足，而且願意為追求更多利潤而冒險。他認為華人能夠協助他扶助這年輕國家成長起來。在他擔任總統初期，只要能力範圍所及，他都會支持華商，這亦是他加速印尼經濟發展策略的一部分。

另一方面，蘇哈托卻備受自己族羣所約束。他雖掌權，但卻一直受到其他將軍的壓力，有些軍銜甚至比他還高。他們很多都有反華情緒。因此蘇哈托執政時，必須如行鋼索般，小心謹慎地擺脫反華分子。有時，他也要應那些狂熱分子的要求，將生意批給本土印尼人。但相比之下，本土印尼人所做的生意表現不及華商的一半。

1950 年代，林紹良是蘇哈托結交的華商之一。當時，紹良在爪哇中部的古突斯小村莊經營一家自車行和輪胎銷售和維修小店。蘇哈托則在那裏初任年輕軍官。

我是於 1960 年代中期結識林紹良的。那時，我新加坡公司負責大米的主管是黃松侯,他原籍福州,是個很聰明的年輕人。他於 1954 年加入我們公司,不太會說英語,但他能操流利中國方言,與印尼華商相處融洽。他最先認識林紹良。

有一天,松侯問我:"你可同意我去找林紹良,試一試賣點大米給他?"我當然同意,他便馬上到紹良在直落亞逸街開的店裏找他。經過幾輪商議後,我們做成了第一筆交易。除了大米外,後來還買賣食糖,慢慢地交易量更增至 5 千到 1 萬噸。

松侯向葉紹義提起林紹良,紹義是我於 1959 年聘請的華裔蘇門答臘人。由於葉紹義和林紹良同是印尼華人,兩人一見如故。他們後來介紹紹良給我認識,我跟他和他的合伴人林文鏡(Liem Oen Kian-Djuhar Sutanto)共進晚餐。我們用閩南話,還有福州話和普通話來溝通。當紹良跟文鏡說話時,他們都說福清話,我幾乎一句也聽不懂。

我們和紹良及其公司建立了良好的關係。一有機會,我們便會相約一起晚餐或聚頭。他的公司垂葉榕(Waringin)是以印尼路邊的一種樹命名的(他們告訴我,這是蘇哈托總統親自改的)。

大約在 1969 年,我認識了波斯達尼・阿里芬將軍(General Bustanil Arifin)(那時他還是中校),並與他結為好友。阿里芬將軍是後勤局的第二把手,後來更晉升為局長。在蘇哈托時代,後勤局表面上是自主的,但實際上卻要直接向蘇哈托匯報。而蘇哈托本人並不喜歡接受批評。當別人批評他時,他總是臉帶笑容,但你永遠不會知道笑容背後所暗示的,是前途似錦還是時日無多。

有一天,紹義收到消息,他聽說印尼可能會進軍麵粉市場。

紹義對食糖業務較為熟識，但麵粉方面則不太了解。由於我對公司全盤業務都瞭如指掌，這還包括船運和膠合板黏合劑，熟識程度與食糖和麵粉相比也不遑多讓。

於是，紹義安排了紹良來新加坡與我商討麵粉廠的事情。我跟紹良說："在印尼建麵粉廠應該有利可圖的。"畢竟，印尼的人口是馬來西亞的十倍。

他答道："唉，這可能太遲了。來自蘇拉威西島（Sulawesi）的一個華商人已說服工業部部長優素福將軍（General Yusuf）批准他在那裏建麵粉廠。不過我可以再去試一試。我馬上趕回雅加達去見蘇哈托。"不到 72 小時，紹良來電說："我辦妥了！"

林紹良獲批麵粉廠項目。蘇哈托總統將這家廠命名波加薩利（Bogasari），Boga 即是食物，而 Sari 是本質的意思。紹良當時還是麵粉業的新手，我相信他會與我聯手做這個項目。他帶着他的合作夥伴林文鏡來我的辦公室，我們開了一個重要的會議，商討波加薩利項目的合作條件。據我所知，垂葉榕一共有四個合夥人：林紹良、林文鏡、蘇哈托的大堂兄蘇特維卡特莫諾（Soedwikatmono）和一個蘇門答臘馬來人叫伊卜拉欣·里夏德（Ibrahim Rishad）。而我則帶同十三堂兄、亦是郭氏兄弟有限公司的董事鶴韜參加這個會議。

紹良唱白臉，文鏡唱黑臉。文鏡一來便說："羅伯特兄，我跟'歐姆'商量過（大家都叫紹良'歐姆'（Oom），在荷蘭語中，'歐姆'意即叔父），我們的新公司需要 500 萬美元作為首付資本。由於這是壟斷業務，我們可透過向銀行貸款來籌集餘下資金。可是垂葉榕現時沒多少現金，因此合資公司的每一美元股本，你們必須出 0.75 美元，而垂葉榕則出 0.25 美元。但由於麵粉廠是建在我們國家，股權比例則反過來由我們持有 75%，而你們持有 25%。"文鏡還說，由於他們在銀行還沒有信用額度，所以郭氏兄弟必須提供百分之百的銀行擔保來購買進口機器和生產設備。

聽到他們的條件，鶴韜非常氣憤。我從他的肢體、臉部表情和眼神都可以看出，他快要爆發了。我立即跟他打眼色，示意他閉嘴，然後在他將要亂說話前，先開腔搶着說："紹良、文鏡，我理解目前的狀況，並且接受你們所提出的條件，還會為麵粉廠提供所需的銀行擔保。"

接着，紹良説："總統已決定頒佈一項規定，此項目只能開放給印尼本國人。所以你是不能出面的，你的 25% 股份必須由我們託管。"從 1970 年代初往後約 20 多年，我們連一紙協議都沒有的情況下，一直持有波加薩利項目 25% 股權。

不久之後，在蘇哈托總統的要求下，阿里芬將軍來新加坡見我，討論小麥進口和加工事宜。我記得，我在一個信封背面把所有的賬目算了一遍，然後給阿里芬看，讓他知道整個項目能獲利多少。他問我要了那個信封，並帶回了雅加達。

我火速下單訂購麵粉廠所需的機器和生產設備。由於瑞士的機器設備太昂貴了，所以我們決定向一家德國公司米亞格（Miag）訂貨。這家公司位於布倫瑞克（Braunschweig），離東德邊境約 20 英里（當時是 1969 年）。我和格蘭特·桑瑟姆（Grant Sansom）

飛去談判所有細節。格蘭特從澳大利亞查理克麵粉公司過來，負責經營我在馬來西亞的麵粉廠。我們從盤谷銀行拿到了銀行信貸擔保。大約一年後，設備運抵雅加達。米亞格派安裝工程師到現場，我們也從吉隆坡派出我們的工程團隊去配合興建。

我們之前在雅加達港口區的丹戎不碌選了一塊頗大的地來興建廠房。那裏的基礎設施極其落後，倉庫破舊，經常交通阻塞。有見及此，我提出必須拓寬路面以方便運輸。我們建造私人碼頭接收進口小麥。當時我已指示要開始着手籌劃擴建。因此，在丹戎不碌建廠後不到六個月，我便飛往蘇臘巴亞（Surabaya），為興建第二家麵粉廠選址。

波加薩利的麵粉廠開始時規模很小，在 1971 年時每天只能加工 150 噸小麥。到 1992 年，我們被迫離開波加薩利時，生產量已達每日 7,000 噸，成為了全球最大單一麵粉加工廠。而蘇臘巴亞的麵粉廠產量達每日 5,000 噸。你能想像相關的物流有多大！如果你進口 4 萬噸小麥（印尼小麥當時全部依賴進口），這還不夠 5 天的需求量。印尼人酷愛麵粉所造的麵條，無論是新鮮煮還是方便麵，麵粉還用於烤麵包，做糕點、餅乾等。

郭氏兄弟派出了高層主管，我們委派葉紹義擔任波加薩利麵粉廠的總經理兼首席營運官。林氏則擔任董事長兼首席執行官。此外，我們委派謝百川（Chia Pak Chin）任首席財務官，來自聯邦麵粉廠的格蘭特·桑瑟姆做廠長，還派出了市場部和負責總務的主要人員。

我們出產的小麥基本全部供應印尼市場。我們還成立了一間叫金沙利（Golden Sari）的離岸公司，負責為印尼出面與澳洲、加拿大和美國公司洽談採購和進口小麥。我們擁有該公司 43% 股份，而林紹良則持有約 51%，我們在香港和新加坡遙距管理這間公司的麵粉採購和運輸業務。我還創立了太平洋航運（Pacific Carriers）來負責小麥運輸。印尼國家後勤局是離岸買家，採購所有進口小麥，然後賣給唯一的波加薩利麵粉加工廠，再以政府控制的價格在市場上出售。

跟林紹良和林文鏡初次見面大約六年之後，那時波加薩利麵粉廠已建成運營了好幾年，他們首次宣佈分紅，總額為 500 萬美元。但他們卻給了我一個始料不及的意外。他們說："我們必須告訴你，我們與國父（總統）溝通過，國父說首次分紅的 20% 必須給武裝部隊基金，餘下的 80% 則按股權比例分配。"以我們所持的 25% 股權計算，我們實際所收取的紅利削減至 20%。之後每次分紅也需按此比例分配。

我常常有被林氏坑騙的感覺。他們總是拿印尼政府做藉口，甚至不用提"政府"二字，一開口就說這是國父的想法。林紹良為人較為公道，尤甚是對我。但他的三兒子林逢生（Anthony Salim）長大後，逐漸執掌林家的沙林集團後則不然。

1990 年初的一天，紹義打電話跟我說："我們終於可以露面了。林氏想把波加薩利的業務注入他們的印尼水泥上市公司 Indocement。"

波加薩利廠建成兩年之後，林紹良投資了一家大型水泥廠。林氏打算將波加薩利注入 Indocement，把我所持的麵粉股變成水泥股。這實在是荒誕之極！

我向紹義抗議道："為甚麼水泥公司要吞併麵粉公司呢？它們一個在建築業，一個在食品業。"但實際上，我是毫無選擇的餘地，我甚至沒有任何證據證明我是合夥人！我嘗試暗示他們做事要講道德，並試圖軟化他們，讓他們從我的角度考慮一下問題，放棄吞併的想法。

僵局持續了六個多月。最終，紹義在雅加達的希爾頓酒店安排了一次會議，我飛過去參加。林逢生帶着一年輕的印尼華裔助理。我們在晚飯後約十點半一直談到凌晨一點鐘。遺憾的是，我根本無法說服林逢生放棄這個安排。

這就是我們參與波加薩利項目的結果。我們幫助林氏計劃、建造和經營波加薩利廠。到最後，我們只能換取一些被林逢生過份高估的印尼水泥廠股份。波加薩利還有長期累積的巨額利潤尚未分配，我們也沒有獲得任何補償。波加薩利工廠後期，每年稅後利潤超過 6,000 萬美元，但他們每年最多只分發約 2,000 萬美元股息。

又過了幾年，林氏將波加薩利抽離印尼水泥廠，然後與他們的大型方便麵生產公司印多福食物（Indofood）合併。而我們則被留下繼續持有印尼水泥公司的股份。

在 1980 年代末到 1990 年代初，林逢生來找我們洽談，合作在印尼投資棕櫚種植園。他請葉紹義傳話說："逢生想邀請我們合夥在加里曼丹島（Kalimantan– 印尼稱之為婆羅洲）開發棕櫚種植園。"

婆羅洲這個島嶼，大部分土地歸印尼所有，馬來西亞則擁有北端。林逢生聲稱，蘇哈托總統准許他掌管婆羅州的一大片土地。他提議各佔 50% 股權，這使我十分興奮。無論地理還是氣候，一切都很理想，而且我們擁有這方面的專業管理經驗。

　　那時，郭氏集團在棕櫚油行業已取得一定的成功。一開始，我們榨取大豆為動物飼料添加營養，卻誤打誤撞進了食用油領域。之前，我們一直營銷大豆油，直到有一天我們猛然醒悟，發現原來我們生活和營商的地方，馬來西亞和印尼就是棕櫚油的最大產地。今天，郭氏集團及其關連公司已成為全球最大的棕櫚油出口商。

　　我應該感謝我的新加坡老友、激成公司的何瑤焜，是他引領我進入棕櫚種植園這片天地。他一直稱頌棕櫚油是地球上最廉價的農作物油。大豆需要每年重新種植，但棕櫚樹可持續收成約 20 年之久。但最諷刺的是，瑤琨自己卻在種植園上失利。他先到菲律賓南部，那裏土壤和氣候都很適宜，但他的業務卻被抗日的毛派遊擊隊打斷。他也曾到海南島投資，但那兒的氣候不適合種植棕櫚樹。而我們投資的棕櫚園則分佈於馬來西亞的沙巴、沙撈越和印尼。

　　棕櫚油最大的市場是中國和印度。棕櫚樹的果實呈深橘色，充滿油份。印度人常吃油炸食品，而棕櫚油能為食物添上一層悅目的金黃色澤。在中國，棕櫚油是最廉價的食用油，我們成功經銷包裝食油、有品牌的食用油，比如金龍魚。在馬來西亞，我們的棕櫚油品牌是海王星（Neptune）和 Arawana。

我們與林逢生差一點便握手成交。我記得，我們的洽談已進入書面作實階段。那時，林逢生比他父親更常見蘇哈托總統。蘇哈托特別喜歡林逢生，他甚至讓林逢生當國會議員，代表執政專業集團黨。

　　林逢生試圖設計欺騙我，並企圖讓紹義來說服我作出以下承諾：為取得與林氏合作開發加里曼丹棕櫚種植園的 50% 股權，我們需要用我們早於十多年前在中國經營的所有植物油業務和廠房的 50% 股權來換取。林逢生當時已自行向蘇哈托作出此承諾。

　　紹義說："我相信你會同意的。"

　　我答道："胡說！"我從未在林氏經營的成功業務中作過丁點要求。我在中國的植物油業務與尚待開發的印尼種植園有甚麼關連呢？

　　紹義說："嗯，這是營銷的一部分嘛。"

　　我反擊道："廢話！棕櫚油是商品。中國只是其中一個買家。如果逢生真的很想把我中國的業務和廠房作為交易的一部分，那我們就必須坐下來，重新洽談。"

　　事實上，他們真正要的是我們的專業技術。否則，林逢生根本無法啟動項目。他可以引進其他合作夥伴，但他能否找到跟我們一樣具誠信、有能力、高效率的種植園夥伴嗎？結果，由於沒有我們的參與，他們整個項目都垮掉了。

第十一章　印尼的水域

在我出生的 1923 年，馬來亞殖民地大約有 300 萬人口。到 1957 年馬來西亞獨立時，人口已達到 1,000 萬，當時我正忙於建立郭氏集團。馬來西亞作為一個年輕的國家，人口較少算是一種恩賜。但與此同時，一個小國能有多大的市場呢？

如果你在美國做生意，你就擁有一個龐大的市場，人短暫的一生，無法完全開發那麼大的市場。以沃爾瑪（Wal-Mart）、嘉吉（Cargill）、阿丹米（Archer-Daniels-Midland）等公司為例，它們在美國擁有大量商機，一輩子也無法窮盡。

但在馬來西亞，如果你經營一家麵粉廠，一瞬間市場就飽和了，因此你必須橫向發展。於是，我們又去做飼料加工，眨眼間又達到了市場上限。好吧，我們又開始做植物油，這是從動物飼料方面延伸發展出來的。因為生產飼料需要壓榨玉米或大豆，當中壓榨出來的油便可提煉供人們食用。發展至極限後，我們又再橫向轉移開發新的核心業務。我稱這樣的市場為"淺灘"。

在馬來西亞，我總覺得自己是淺水中的小魚，只要試圖往下一潛，便已撞到人工池底的混凝土了。所以你總是要橫向游動，不可能深潛。捕漁世界中，深海才能捕捉到如金槍魚般的好魚。也就是說，如果我能一直往下潛，隨隨便便就能花掉了我 20 年的生命。這樣我便不用花精力作橫向發展。但在馬來西亞，我唯一的選擇就是橫行，並且盡可能以最快的速度向前游。

若我有幸生於印尼，我很可能選擇了不同的路。印尼水深魚多。在印尼，無論我入那一行，那裏龐大的人口基數和大片土地足以養育我三代，所以我很羨慕印尼商人。雖然，我在波加薩利的麵粉生意也曾佔有一席，但我渴望擁有更多。

1970 年代初的一天，我在新加坡一間中餐館用餐。我和客人剛坐下來，紹義便衝進來說：“快跟我來。林燕志（Jantje Lim）正好在新加坡，他是一位極具影響力的印尼華商。他對蘇哈托的影響力可能比林紹良還大，平時很難約見的。他現正下榻烏節路文華酒店對面的王子酒店。我知道他將要出外用餐，他願意跟你打個招呼。快點，快點！”

我們倆急衝出去，跳上一輛出租車。我們到達酒店時，林燕志剛好從正門出來，準備上車。我們急步跑上門階，然後紹義喊道：“林先生，這是我的老闆羅伯特。”我與林燕志握手，他還把我介紹給他妻子。

蘇哈托總統年輕時，曾在中爪哇的古突斯小村服役，他結交了幾位華商，其中二人是林紹良和他的合作夥伴林文鏡。他們來自福建省的同一村莊，是蘇哈托帶他們到印尼做生意的。到 1960 年代末蘇哈托執政後，總統又給他們牽線聯繫上第三名華商，在印尼出生的林燕志。三人合組了垂葉榕公司。但是，林紹良和林文鏡很快便發現無法與林燕志合作，於是便分道揚鑣。儘管如此，燕志與蘇哈托總統依舊關係密切。

林燕志認識很多印尼將軍。有一天，其中一人建議他取一個印尼名字。那位將軍為他取名尼・哈燕托（Yani Haryanto）。從此之後，林燕志的印尼名字在印尼圈中廣為人知。

燕志早期做軍火生意。由於經常接觸武器，他還成了肯尼亞的王牌獵人，並與前肯尼亞總統丹尼爾・阿拉普・莫伊（Daniel arap Moi）成為好友。他收藏了一批獵殺大型動物的新奇獵槍，包括能射殺來犯的大象和犀牛的來福槍。據說，就連他那貌美的小女兒蘇珊也曾打死過一隻犀牛。燕志僱用了一些白人獵人。每次打獵，他都會帶上至少一名白人獵人、一名黑人助理、幾名神槍手和上了膛的步槍。他們設法惹怒犀牛，讓站在 200 米外的蘇珊在空曠處射擊。

1974 年，燕志突然為一單生意來找我。那時我正好在香港。他說：“國父決定從外國進口印尼所需的大米和糖，只通過我，沒有別人。如果印尼國內供應緊絀，我便是唯一的進口商。”我能相信一個商人的話嗎？我當時決定先不作任何猜疑，靜觀事態發展。

燕志向我提議，由於他不是商品交易商，他想依靠我來提供全球大米和食糖的最佳報價。我們之後確實以此方式行事。燕志會以電話、電報或電傳向我們問價，然後我們便給他報價。他會隨時從雅加達打來查詢某一時段的國際價格，問過價後他會再打來討價還價，或接受我們的報價。印尼要 100 萬噸大米，燕志如數提供；印尼要 300 萬噸，他還是悉數供應。燕志與後勤局的阿里芬將軍聯繫，向他建議購入大米和食糖的時機以應付國家的需求。他也會親自去台灣做交易，台灣派特使去見蘇哈托，多數也是通過燕志安排的。燕志的公司是以他最年幼的兒子名字命名，叫皮皮特・印達（Pipit Indah）。

我每年的大米交易量基本達到 70 萬到 100 萬噸，量是增加了，但由於大米價格浮動很小，因此利潤不多。相比之下，糖的價格波動很大。印尼對糖的需求龐大，有時每年多達 60 萬噸或以上，平均每年至少也可達 50 萬噸。印尼可算是全球最大的白糖進口國之一。

在印尼，這種典型的食糖交易模式是可行的。燕志會要求在簽約後的 3 個月交付第一批白糖，然後在第 4 個月、第 5 個月、第 6 個月分批交付。他研究過行情後會跟我說："國際期貨現時報這個價，但我想要 5 元或 10 元的折扣。"我必須先評估一下市況才簽約。我通常會先保底，餘下的便可以拿去冒險。由於我們已固定了交易價，若市場價格下調，我便會有更可觀的利潤。這時我便會買入更多期貨。

理論上，我賣掉了 10 萬噸貨，我會迅速補回兩三萬噸，每噸可能賺 3 美元。但假設市場在 4 到 6 週後，價格下跌 8 美元，我會再補上 2.5 萬到 3 萬噸，那每噸便可賺 8 至 10 美元了。由於我現在已經有了一點賬面利潤，我就可以更進取了。當然，如果全球糖價暴漲，我們也要按價交易，並承擔損失。

我發現，燕志的加價幅度很大。他非常精明。他說："我和你先做筆交易，我們雙方簽字。但正式合約需要你和後勤局簽。"

我說："但在商品價格急遽波動的情況下，我如何能安全地與你進行交易的同時，又與後勤局簽署合同呢？"

他回答道："我向你保證，因為背後支持我的是總統。阿里芬向來不會賴賬。"的確如此，從始至終，我與燕志的所有交易都有阿里芬作擔保。

假設我以每噸 250 美元的價格向燕志供貨 30 萬噸。燕志便會讓我跟後勤局簽一張每噸 280 美元的新合同。然後，後勤局會給我開具信用證。這樣後勤局與我所簽訂的合同，讓我看來像在剝削印尼。

如果郭氏集團從這些交易中，每噸能賺到 5 至 6 美元，我們已經很心滿意足了。一般情況下，我們平均每噸能賺 5 到 7 美元之間。燕志在 1970 年代中期，加價相對適度，每噸大約 10 到 15 美元，但到了 1980 年初期，他貪婪地要求每噸加價 120 美元。

我不知道燕志是否與蘇哈托政黨的成員分享他在大米與食糖交易中所得的利潤。我猜想，印尼的主要華商一般都會讓出一定比例的利潤。政府便可成立一些武裝力量發展基金或寡婦基金等等。

通過燕志介紹，我於 1974 年第一次與蘇哈托見面。林紹良從未試圖把我介紹給總統，但燕志則為我安排引見。由於燕志就住在蘇哈托私宅的斜對面，其前門離蘇哈托的住宅僅約 100 米。一天晚上，我們一起走過去見總統。我記得，那時蘇哈托的副官是一個叫特里·蘇特里斯諾（Tri Sutrisno）的年輕陸軍中校。他在門口迎接我們，對燕志特別客氣，因為他知道燕志是他上司最好的朋友之一。之後，我私下去蘇哈托的住處拜訪過五六次。

我記得，我在蘇哈托總統做了膽囊手術的幾週後去拜訪過他，那是 1975 年 12 月。他在喬瑪斯山上的家中休養，喬瑪斯離茂物市很近。我和燕志沿着岩石嶙峋的山路驅車而上，眼前突然開闊，出現了 100 多公頃開墾出來的土地，這片土地屬蘇哈托所有，他在那裏養金魚，還牧養了幾頭牛。他在家中請我們吃午餐。

經過早期的數次會面，我越來越喜歡總統。每次我離開時都感到印尼人民找到了一位充滿活力的領袖，並為此感到很鼓舞。交談中，我們有時會詳細研究全球食糖和大米的統計數據，哪些國家有餘額，哪些國家短缺。當話鋒轉而談航運時，他又會滔滔不絕地講航運。如果我們轉而談林業、木材，他也能夠信手拈來說出他在婆羅洲的森林生產多少立方米木材。他不但知識淵博，還能深入掌握細節。我認為他是一個優秀、熱情的人，並且全心全意為他的國家服務。

印尼的糖業市場龐大，因此我邀請了曼氏加入。而曼氏考慮到多筆生意涉及白糖，因此他們又找來了德雷克公司加入。最後變成曼氏、德雷克和郭氏聯手合作。

不過，我們的三方關係面對日益醜陋的營商環境而變得越來越緊張。曼氏和德雷克都是幕後夥伴，沒有參與實質談判。但我偶爾會將燕志最新玩弄的把戲告訴他們，我的英國夥伴對於燕志不斷侵蝕我們的利益，自然感到極度不悅。

因此，我做出了決定，正式通知他們要中止合作。我說："你們要知道，賺錢是一回事，但我所眼見的一切讓我感到不快。為甚麼我們突然要當道德判官呢？我們不就是其中的一分子嗎？從今以後，我決定自己做。"

我曾經把燕志介紹給曼氏。燕志說想參觀倫敦食糖的交易市場，所以我安排他去見曼氏和德雷克。曼氏的查爾斯·克拉利經常帶燕志去倫敦的賭場，還教他在倫敦食糖期貨市場進行交易。他幫燕志賺了些錢。但當時，我並不知情。

後來，燕志和查爾斯從我手中把我的生意搶走。但商場就是如此。我知道當我跟曼氏拆夥時，曼氏就會這樣報復我。我並不為此煩憂。我認為，萬事都是公平的，商場如此，情場與戰場亦然。

當我察覺到燕志試圖撇開我們跟曼氏直接交易時，我讓紹義去做些公關工作。那時，紹義住在雅加達，全職在波加薩利麵粉廠上班，因此不會定期到我們這裏來，只有在必要時，才會給我們打電話。紹義說："哦，我討厭燕志！我不願意去見他！"

我反對地說："紹義，在商場上，我們永遠不能說這些話。幾年前，是你介紹燕志給我的，現在你卻持這種態度。這事已很纏人了，你還要說不想見他。"不過，我並沒有強逼紹義，因為我知道這只是白費力氣而已。

大約在 1980 年，在燕志與我斷絕生意往來之前，他來找我說："上個月我們簽的那個合同：我要你每噸降 15 美元。"

我說："燕志，我還賺不到 10 美元，我怎能降價 15 美元呢？"燕志已經先行跟我的糖經銷商林劍龍做了工夫。林劍龍請求我降價或至少滿足燕志的部分要求。我拒絕了。林劍龍告誡我要小心燕志。

我記得我跟阿里芬解釋："燕志要求調低合約內已簽定的價

錢。這一點我必須堅持。林劍龍希望我能妥協，但我知道對燕志這樣的人，如果我讓一次，我就永遠無法再跟他真正履行任何合約。今天他說降 15 美元，天知道他以後會要我降多少。這是原則問題。"我看得出，我們的夥伴關係已經走到了盡頭。

之後不久，當我去見燕志時，他警告我說："如果你不降價，你就不要再想有下一筆交易。"當然，他馬上就轉投了曼氏。

他去後勤局說："阿里芬，我想讓你和曼氏簽這個合約。"

阿里芬問："那羅伯特怎麼辦？"

燕志答道："不會給他任何生意。"

阿里芬於是給我打電話說："燕志在我這兒，他要我取消你們之間的合同。你有話要說嗎？"

我答道："我不知道。這不是全由燕志來決定嗎？"

他在電話那邊轉跟燕志說："我不允許這樣做。最多只能讓一半給曼氏，你必須把另一半給郭氏。他們一直做得很好。你怎能這樣對待他們？"

幾個月後，我又接到了阿里芬將軍的電話，他說："燕志正在準備一項大交易，大約有 120 萬噸，他想全部給曼氏。我堅決反對，因為我們後勤局非常感激你多年來跟我們做生意。你不但履行好每一份合同，甚至還幫我們計劃好需求。"

他向燕志表示反對，並告訴他，這一單交易必須讓曼氏和郭氏一起來做。燕志說：那好，既然這樣，我想給曼氏多些，因為我再也不想跟郭氏合作了。

我記得燕志跟曼氏簽了 70 萬噸合同，跟郭氏簽了 50 萬噸，兩家都是八個月後交貨。那時是 1983 年。五六個月後，燕志還無法開具信用證。我們和曼氏不約而同都去催他，因為沒有信用證誰也不敢發貨。接着，我們從燕志那邊聽到一些令人不安的消息，暗示蘇哈托總統決定不批准這筆交易。這種事情過往在印尼從未發生過。當時糖價正在下跌，財務上難以支持他們履行合約。過往五六年，燕志一直是這樣做，從未違約。

曼氏將燕志告上倫敦的仲裁庭，但我們沒有這樣做。我們的財務和貿易部員工算出我們可以索償的總額，大約是 1.05 億美元，曼氏則大約可索償 1.6 億美元。曼氏最終贏了官司，燕志上訴失敗。

燕志在這艱難時刻來新加坡找我。我們在新加坡香格里拉酒店大堂協商共識。他問我最少要多少錢才能解決此事。我説："如果你付我 3,500 萬美元，餘下的便一筆勾銷。反正過往，我從你那兒賺過錢。"我記得我們最終以大約 3,300 萬美元了結，他也確實付了這筆錢。

燕志與我和解後，他聽取律師的建議，在印尼將曼氏反告上法庭。他真的這麼做，而且為了讓整件事看起來更像真，他還告了我。

每一庭審訊，印尼法官都較支持燕志，這對曼氏極為不利。我們也被傳喚，於是我衝去燕志在雅加達的住處，對他説："這是甚麼回事？我們在新加坡香格里拉酒店的大堂已按你要求和解了。我們也接受了你同意支付的金額。這些都有法律文件為證。你也許有法官撐腰，但為何這樣做呢？你來香港要求我協助你在國際市場上買糖買米時，我都幫你做得妥妥當當，我做錯了甚麼呢？”

他低聲說：“別擔心，沒事的，我會處理的。”等等如此類似的話。

也許我的發難奏效了，總之，我們的案子不了了之，而曼氏的官司則沒完沒了的一直打着。我反覆跟邁克爾·斯通說：“跟燕志和解吧。”我想燕志之前也許向曼氏提出過以三四千萬美元作為和解費，但卻遭邁克爾拒絕了。最終，曼氏還是被迫與燕志和解。

儘管我認為燕志太過貪得無厭，但在母親的提點下，我也能看見他的另一面。我曾帶燕志見過母親幾面。她說：“他表現出人性的典型弱點。所有人都受貪慾折磨，而我們的朋友燕志則有更多的貪念。”但母親總是以正面的態度來看待他。

他向母親訴說甚為困擾自己的家庭問題。母親對他說：“我認為你的部分財富取之不義，所以上天要懲罰你。有一種方法可以打救你，就是把你的部分財富捐助慈善事業。上天看見你的善心便會原諒你，而你內心便會因此而獲得更大的安寧。”

燕志總是很恭敬、專注地聽着，但母親和我都知道他是絕對不會付諸行動的，所以他仍然受着家庭問題所困擾，身心倍感煎熬。

爪哇憑着肥沃的咖啡色火山土，一直是印尼甘蔗業的中心。二十年代初，那裏遍佈荷蘭人和黃仲涵所擁有的甘蔗種植園。那時，爪哇是繼古巴之後全球第二大蔗糖出口國。太平洋戰爭時，爪哇糖業已開始走下波。及至蘇卡諾統治的混亂時期，情況更進一步衰落。即使如此，1970 年代初蘇哈托統治時期，這個人口密集的小島每年出產的甘蔗達到 1,500 萬到 2,000 萬噸，製成的蔗糖每年約 200 多萬噸。

蘇哈托總統決定印尼應該在蘇門答臘開闢更多的甘蔗種植園，他通過燕志來問我是否有興趣。蘇哈托深知燕志只是一個交易商，而非實業家或商家。蘇哈托給燕志看了一張地圖，並在上面標注出蘇門答臘南部楠榜省的一塊 25,000 公頃的荒地，最近的機場是位於 38 英里以外的布蘭提（Branti）。

蘇哈托希望燕志和我一起投資開發種植園和煉糖廠。他示意讓他長女杜杜（Tutu 是暱稱）的丈夫印達拉・魯刻馬納（Indra Rukmama）及長子西吉特（Sigit）做我們的合夥人。幾天後，我就到了雅加達。那是 1974 年，燕志和我剛合作不久。我們飛到布蘭提，轉乘直升機，從空中審視這片廣潤的土地。我看見一兩羣大象，茂密的森林內有一兩條河流，他們告訴我河中有優質的淡水龍蝦和魚。我們在一片空地上着陸，四處巡視。之後不久，我們又登上直升機。我跟燕志說："很好！"我於是從馬來西亞派了一隊技術小組過去。

那時，我們已在馬來西亞的玻璃市經營了一個規模很小，但挺成功的甘蔗種植園和煉糖廠。儘管蘇門答臘的土壤不如爪哇，但還是勝過玻璃市。當然，土壤並不決定一切。你越洞悉世情，你越明白一切都是事在人為。爪哇擁有優質的土壤。但我知道爪哇的生產商為了保護他們的產業，總是遊說政府設置很高的關稅壁壘。印尼幅員遼闊，人口眾多，對食糖有着驚人的需求，但卻缺少外匯。

爪哇絕大多數種植園都是國有的，因此我知道在效率和防堵漏洞上，我們比他們優勝。在印尼這樣比較貧窮的國家，小偷小摸總是有的。如果你去一個窮困地區的廁所，那裏永遠沒有衛生紙。如果你放上一卷紙，下一個來的人就會把整卷紙拿走，因為衛生紙對他來說是值錢的東西。這就是貧窮。同樣道理，爪哇工廠的主管可能坐高級轎車上下班，但基層工人卻會從廠裏偷竊物品。正因如此，離我們蘇門答臘甘蔗種植園非常近的一家三井玉米和大米莊園，就是因為這個原因而倒閉的。

我認為爪哇的種植園和加工廠會持續有很強的關稅壁壘保護，只要我走進壁壘內，就如躲在傘下，既可避雨，又可遮陽。事實正如我所料。我們在古隆馬都（Gunung Madu- 這個名字是由蘇哈托起的），每年可生產大約 20 萬噸精糖，每年至少獲利 1,000 萬美元。

然而在 1974 年，我遇上了重大的難題。當時，我拉攏倫敦的泰萊和曼氏加入此項目。約於 1974 年末或 1975 年初，泰萊的邁克爾‧阿特菲爾德（Michael Attfield）和戈登‧謝密爾特（Gordon Shemilt）以及曼氏的邁克爾‧斯通來到雅加達。阿里芬將軍接待我們，那時他已是後勤局局長。他們一行返回英國後，簽署了合作意向。外方共持股 45%，由郭氏、曼氏和泰萊合組而成。而印尼則持股 55%，由燕志和蘇哈托家族各佔一半。

數週過後，泰萊卻遲遲未有落實，曼氏則處於尷尬縫隙之中。曼氏只是一家貿易公司，而泰萊卻擁有甘蔗種植園、工程和技術支援團隊。又過了幾個月，我實在等得不耐煩。泰萊的沉默使曼氏也越來越焦急，因為若泰萊不以技術夥伴身份加入，曼氏是不會參與的。與此同時，印尼方面正追着我趕緊推進項目。

三個月後，我飛去倫敦。曼氏的艾倫·克拉特沃西和邁克爾·斯通說："羅伯特，你要知道，我們得不到泰萊方面任何正面的訊息。你可否親自去一趟，推他們一把？"於是，他們打電話過去，說羅伯特大概半小時內會去找他們。我於是便過去了，並跟他們發生了一些小爭執。

戈登·謝密爾特說："羅伯特，你要知道，我真的無法說服董事局。你可否去試試說服他們？"

我認為由我去說服別人公司的董事局，這個建議十分荒謬，而且亦不能保證一定會成功，因為項目本身可能會遇到不少困難和問題，而泰萊的董事局顯然亦不熱衷參與。因此我決定自己去做。

我們於是便開始着手啟動種植園項目。我在檳城有一位朋友叫王清德（Ong Chin Teik），他從事運輸業務，幫我將原糖以航運送到我們在北賴河的煉糖廠。他是一個很有才幹的華裔企業家，雖然沒有大學學歷，卻十分實幹。我請他先去楠榜，然後我再派電子工程師胡兆南過去，他今天已是 PPB 集團的主席。還有洪敬南，他後來出任嘉里建設有限公司董事長。他們到當地組成了一個工作小組，處理各種艱辛繁重的工作。

在初始階段，泰萊也派來了一位負責技術支援的常務董事作為顧問，那是個戴眼鏡的牛津大學畢業生。我跟曼氏和泰萊提過，在泰國可以買得到比英國便宜許多的機械設備。所以這位技術支援總監在來印尼途中，與他太太在泰國逗留了三天，表面上是去考察泰國的製糖機械設備。後來，我的泰國朋友扎令達（Chanida Asdathorn —— 她是已故關元年先生的媳婦），泰國當今最大的糖出口公司的高級行政人員，告訴我，泰萊派來的這位常務董事在三天內用了兩天忙着去觀光旅遊。泰萊還派來了一個小組，成員包括一位世界級農藝學家。我的手下到布蘭提機場接他們，帶他們去一個小鎮，那裏有一家非常小，而且條件惡劣的半星級旅館，我們的人已經在那裏駐紮了數週。泰萊的人四處看看，已被嚇得目瞪口呆。

楠榜的條件確實很落後，但這並不能嚇倒我。由於貧困，我父親在孩童時只穿上一件汗衣、木屐或許還光着腳便離開了中國。如果他在 1900 年代初已毫不畏懼地漂洋過海來到東南亞，在相對現代化的 1974 年，我又何懼之有？我出生於馬來西亞，當地語言與蘇門答臘很相近，而蘇門答臘的文化環境與我們之前的環境也沒甚麼大不同。人生在世，確實沒甚麼值得害怕的。

所以郭氏最終拿了古隆馬都項目的 45% 股份，而印尼所持的 55% 股份則由燕志和蘇哈托的兒子、女婿平分。初始投資金額為 4,500 萬美元。我們由第一天開始便全權負責經營整個種植園，由 1977 年第一次收成，一直到今天。

古隆馬都是一個重大項目。我們需要為這 25,000 公頃的種植園，興建所有基礎設施，這包括共超過 5,600 公里長的道路。泥路不能用，我們就在路面鋪上紅土和石塊，以防止熱帶豪雨將泥土沖到路上。運輸甘蔗的卡車，一車可運 15 到 20 噸，每天要將 14,000 噸甘蔗運往榨糖廠。

甘蔗的收成期由 4 月底 5 月初，一直至 10 到 11 月，持續約 180 天。園裏主要有三類員工，駐守的監督經理和工人約有 150 至 200 人，當中包括總經理、卡車監工和工程團隊。

為了防治蟲害和瘟疫，科學人員、化學專家和植物醫生也必須常駐現場。一年到頭，除了幾千名全職駐園工人外，我們還外僱約一萬名工人，在繁忙的季節時，幫忙用彎刀砍甘蔗，按件計酬，每年工作約六個月。幸好甘蔗的收割期適逢稻米種植的淡季，所以割完甘蔗後，這些臨時工人正好回家種稻。

一萬名工人要在 180 天內收割甘蔗，你不可能讓他們每天跑來跑去，所以必須建造像樣的宿舍。我們將這些一排接一排的宿舍稱為長龍，高出地面 1.5 米建造，以防止野豬等野生動物來襲。我們還為工人家屬興建了小學和保健站。

古隆馬都是世界上唯一一個緯度在赤道以南約三四度的大型種植園（最理想的甘蔗生長環境是赤道以南或以北 14 到 24 度）。擁有如此優質土壤、大量雨水和陽光，在管理層和工人兢兢業業的經營下，經過了開始四五年的磨合後，我認為種植園已取得了莫大的成功，每年都能賺取可觀的利潤。

使用泰國買來的設備，我們建廠前後共花了大約 18 個月。準備收割甘蔗時，我們舉行了盛大的開業典禮。蘇哈托總統答應以貴賓身份出席。

那時，燕志已在享清福了。印尼全國的糖和大米業務都由他來經銷，因此賺得盆盈缽滿。所有繁重的工作都由他的姐夫哈托諾（Tedjo Hartono）負責。燕志閑來去肯尼亞狩獵或去歐洲度假。每次一去就 4 個月左右。

他度假回來參加我們的開業典禮。他在典禮前幾天飛到雅加達，然後再飛楠榜跟我會合。他一到種植園就四處罵人，尤其對我的董事總經理許振培。燕志指責他辦事不力，這不好，那不對，對每個人都亂罵一頓。我很生氣。他作為一個凡事不參與的業主，甚麼也沒做過，還欠缺基本禮貌，更別說感謝大家為項目所付出的努力。我唯有讓他自說自話，徑自走開了。

後來我跟他說："燕志，我想單獨跟你談談。"我們倆去了一個房間，我嚴厲地斥責他說："你的行為實在令人憎惡。你表現得像一個不知感恩的小人。你怎麼能這樣對待你的同事呢？"我跟他發過幾次火，他每次都會噤聲順從，因為他知道他做錯了。

在典禮上，我用巴哈薩印尼土語致辭，發言稿只有一頁半，雖然很簡短，但我反覆練習了多遍。蘇哈托總統上台致辭時，不知誰絆到了電線。突然，大家聽不見蘇哈托的聲音。現場一度混亂。由於主席台是在種植園現場搭建的，他們花了五分鐘才把麥克風修好。當時我們真的很尷尬。那次意外，我永遠都不會忘記。

楠榜開業後不久發生了一件事，大致可以說明我們是如何經營的。我們的種植園僱用了爪哇、巴塔克、蘇門答臘等不同種族的人。有幾個不守規矩的巴塔克工人每天代 100 至 200 名缺勤的季節性臨時工人打卡，這些工人是按出勤記錄來計算每天的工資。馬籍華裔主管指責他們的不當行為，反被從前台拖出去毆打。還沒等我們來得及報警，那些工人已搶先到離古隆馬都約 70 英里的巨港軍事總部，找當地的軍事長官告狀，說古隆馬都工人遭受馬來西亞華人欺侮。

軍事長官坐吉普車，帶着一卡車荷槍實彈的士兵來找我們的馬籍華裔總經理。長官從車上跳出來，朝我們的人吼道：“你們這些中國人做出這些事，竟然做出這些事來。”

我們的總經理保持鎮定地說：“請到我們的控制室來，讓我來解釋一下我們是怎樣經營管理這個種植園的。”

聽着解釋，長官慢慢冷靜下來，還說：“這裏經營得真不錯。白糖不是靠魔杖一揮便能生產出來的。”但他依然餘怒未消地說：“那麼，你們怎樣解釋這件事件呢？”

我們的總經理回答道：“長官，我們會將事情始末詳細向你交代。請讓我的馬來經理來向你解釋。”

我們種植園約有 12 個馬來人擔任高級經理，都是萬隆理工學院之類的高等院校畢業生。他們用馬來語向長官解釋，複述事件的原委。

長官越聽對告狀者越生氣，他說：“把那個傢伙給我帶來！”他親自教訓了那人，並說：“看你還敢再到我這裏來誣告他人！”

我們就是以此方式來阻止惡行的循環發生。

第十二章　疲憊旅人的棲息地

1968 年，我又接了一個新球。我獲得現時新加坡香格里拉酒店土地的 10% 股份。這粒種子最後發芽生長，成為今天的香格里拉酒店集團（Shangri-La Hotels & Resorts）。截止 2016 年 1 月，全球共有 97 家香格里拉酒店，被公認為世界最好的豪華連鎖酒店之一。

一開始，我並未計劃拓展連鎖酒店，我只是渴望將業務從商品貿易轉向多元化發展。因為商品貿易存在先天風險，賺錢的唯一方法就是冒險。你買期貨，希望市價會漲；做淡倉，則希望市價會跌。在商品貿易中做得太大，可說是毫無樂趣可言。如果你過於冒險，就有破產的危險。我常以古巴出生的傳奇糖王約里奧・洛博（Julio Lobo）為戒。他是一個傳奇人物，一向以判斷力強聞名，但 1963 年市場急劇動盪，一步致命的失誤便讓他翻身無望。如果我只專注做大商品貿易，總會有面臨到頃刻間損失 5,000 萬到 1 億美元的風險。

經營酒店是多元化發展的其中一環。儘管我在新加坡播下了酒店的種子，但它卻以一種迂迴曲折的方式來萌芽。這一切始於我的老朋友、1950 年初在曼谷教我做大米貿易的洪敦樹。1967 年，新加坡的一位土地經紀問他是否願意買下今天新加坡香格里拉的所在地塊。婆羅洲公司（英之傑集團 –Inchcape Group）想出售烏節路的支路、柑林路一側 5.5 公頃的土地和對面街 0.8 公頃的地塊，該公司在路的兩旁均有平房。

敦樹非常精明地討價還價，將那 5.5 公頃土地壓價至每平方尺 5 元坡幣。他認對面馬路的地較差一點，因此壓得更低。我是通過小道消息得悉這宗交易。

我最終在那較大的地塊上，蓋建了三幢香格里拉酒店大樓，最先的是塔樓，然後是花園樓和峽谷樓。我又在那較小的地塊上興建了香格里拉酒店式公寓。但事實上，我並沒有參與最初的地皮購買過程。

敦樹通過八打靈花園公司購入這兩塊地。八打靈是馬來西亞的房地產公司，敦樹是創始人、董事長和最大的股東。新加坡的何瑤焜是我在商品交易中認識的老朋友，他和檳城的陳錦耀同為八打靈的主要合夥人。他們一開始計劃在柑林路這黃金地段興建排房，但後來，在劍橋受過培訓的建築師連福興（Heah Hock Heng－後來我的二兒子孔演娶了福興的姪女）和我的好友雅各布・巴拉斯（Jacob Ballas）參與後，改變了這個計劃。

連福興去見了八打靈的三個合夥人，告訴他們："別在那裏建排房，這樣做很不智，浪費了這塊黃金地段。蓋一家酒店吧。" 我和連福興因其哥哥的關係成為了朋友。他說服了新加坡一位甚具名氣的股票經紀，也是新加坡證券交易所主席雅各布。他倆一起力勸敦樹、瑤焜和錦耀在新加坡美麗的市中心建一家酒店。

八打靈花園公司的合夥人回覆說"我們不知道怎樣蓋酒店"，連福興和雅各布・巴拉斯建議他們來找我加入。他們知道，至少我與新加坡政府的高官關係不錯，可以幫助他們申請將住宅改變為酒店用地。

我先是拒絕了這個主意。我有些生氣地說："我不想跟那些人混在一起，不想參予他們做任何形式的土地開發。我受夠他們了。"

我對八打靈花園的那些合夥人存有敵意，是有其因由的。我是八打靈的創始股東，但因為與洪敦樹之間發生了一些爭執，我在1960年初出售了我的股份。我們原計劃在吉隆坡開發一個住宅項目。我用英文寫了一封信給我在該區任官員的馬來朋友，他能幫我們獲得開發該項目的政府批文。敦樹對英文一竅不通，卻想修改我的信件。我很生氣地說："你這是在雞蛋裏挑骨頭。"我回到自己辦公室，打了個電話給錦耀，把我在八打靈花園公司的所有股份賣給了他。

雅各布是我的股票經紀。不久，他便來勸說，希望我能加入柑林路的開發。"羅伯特，別動不動就跟人吵，這麼高傲。你就是脾氣大，冷靜下來。我已經說服他們，他們願意讓你加入。"

雅各布·巴拉斯是一位很棒的朋友，他教我認識了很多有關猶太人的信仰和習性。他出生於巴格達一個窮困的塞法迪猶太家庭，通過辛勤勞動和精明頭腦在新加坡賺到了錢，成為了新加坡猶太人社區數一數二的人物。他創立了一家股票經紀公司巴拉斯公司（J. Ballas & Co.），後來更被任命為新加坡證券交易所主席。

雅各布的父親帶着全家從巴格達移民到新加坡，從事過各種買賣，結果在大蕭條中破產。他父親過世時，雅各布還很年幼，只剩他和他母親相依為命。他是一個虔誠的猶太教徒，他的生活總是圍繞著母親。我知道我是不可以在週五下午五點鐘之後找他的，因為他必須趕回家，刮鬍子，認真地準備傍晚開始的猶太安息日。雅各布一家保持了猶太教習俗，甚至培訓他們的廣州籍傭人做猶太餐，所以他是在嚴格的宗教訓誡中長大。

雅各布只完成了高中學業，便開始做汽車推銷員。他人生的轉捩點是在陽光人壽保險公司（Sun Life Insurance）任保險經紀。雅各布有能言善道的天賦，能把任何事說得天花亂墜，因此賣出了很多保單。在那個殖民時代，絕大多數中國人都較為靦腆、少言寡語，以免被認為衝撞權威。他們認為溫順、友好，才能贏得殖民統治者和官員的滿意和讚賞。馬來西亞、斯里蘭卡、香港和其他英國殖民地的狀況都是如此。塞法迪猶太人則會不顧一切地不停說話、說話、說話。所以雅各布在保險業做得十分成功，兩三年後便已經成為數一數二的經紀。

我與雅各布的初次見面並不愉快。他在學生時代結識了一個叫休·劉易斯（Hugh Lewis）的歐亞人。休後來進了萊佛士學院，於戰後畢業，被任命為馬來亞殖民政府的食品監控員，我們就是這樣認識的。1950年代末的一天，休給我電話說："我有一個老同學、老朋友叫雅各布·巴拉斯，是新加坡最棒的保險經紀。他想來見你。"

我答道："休，如果他是要來賣保單，請別把他介紹給我。"休再三懇求我，我覺得他受了雅各布很大的壓力。

雅各布和休一起來到我的辦公室，休坐了一會就先離開了。

雅各布滔滔不絕地說，我一直聽着，然後反駁他說："雅各布，你是想賣給我一張 1 萬英鎊的保單嗎？你看，如果你賣給我一張 10 萬英鎊的十年期人壽保險，我每年必須掏大約 1 萬英鎊，這佔了我收入的一大部分。如果我購買一份 1 萬英鎊的保單，每年則需付 1,000 英鎊，我相對較為輕鬆。但若我不幸在保單有效期的前十年就過世，我的受益人將會得到 1 萬英鎊，不過，這並不足夠供任何一個上大學用。換句話說，我這樣做只是在跟自己過不去。"

之後，我們偶爾在聚會上碰見。到我開始買賣股票時，有時會向他打探股市消息，雅各布會說："噢，做這個，做那個。"他是個精明的投資者，也是個友善、大方的人。我們最終成為了很好的朋友。

雅各布的最大愛好是在新加坡賽馬會看賽馬，但我對賽馬不感興趣。我老早便發現到他成功的因素。雖然他不是學識淵博的人，但他十分善於與人打成一片。

他是如何在華人城市中取得成功呢？道理十分簡單。中國人有時視同類為敵。當華人在新加坡變得非常富有時，他們在公開場合會表現得很親近，甚至在賽馬會或餐廳互相擁抱、親吻。但在內心深處，他們卻是劍拔弩張。如果張三受了李四的小小侮辱，他會向誰去傾吐、向誰哭訴？結果，他們都跑去伏在雅各布的肩頭上哭訴。

人類世界就是如此，如蝴蝶世界一樣。植物是如何授粉？蝴蝶的腳上沾了花粉，當牠飛去其他植物上，種子就在那裏發芽了。因為雅各布熱衷社交，所以他的生活樂趣就是與人打交道。你從來不會看見雅各布花時間閱讀、思考或寫作。

他們對雅各布幾乎無所不談，大至醜聞、小至雞毛蒜皮的事。雅各布都懂得如何去安慰、如何在適當的時候表示嘆息。他在華商身上看見了優點和缺點，通過這些觀察，他還學會了如何投資華裔公司，何時買進，何時賣出。

我一直覺得猶太人和中國人有許多共通性。比方說，他們初次見陌生人時，很快就能對這個人作出判斷。譬如，可以相信他到甚麼程度？他的優勝之處？是否需要對他避之則吉？

總之，我親愛的朋友雅各布幫我修補了與八打靈花園公司那班人的關係。

我跟八打靈合夥人間接溝通了好幾週後，他們才正式接觸我，問我能否加入。他們需要我幫忙申請更改土地用途。我回覆說：“可以啊，但我現在只是個局外人，你們要我做甚麼？”他們說會根據各自在八打靈花園公司中的股份，按比例分出 10% 的股份給我。但又馬上補充道：“我們擁有這塊地已經一年了，所以你必須補償我們，另外，你還需要補償土地的增值部分。”

我心想，我在 1959 年邀請洪敦樹和陳錦耀做我北賴糖加工廠的合夥人時，我是讓他們享有同等的起始條件。到 1966 年，煉糖廠取得重大成功，他們都賺得盆盈缽滿。我還讓他們以同等起始條件加入我的麵粉廠業務。但現在，他們讓我入股這塊地時，我卻不能以成本價買入。他們要向我收取土地增值利潤。這等於要我從三樓加入。

最諷刺的是，雖然我只有 10% 的股份，但整個項目卻是依靠我一己之力來啟動。在五六十年代，我住過歐洲和美國最高檔的酒店，默默觀察了很多。我習慣深入觀察我周遭的一切。其實，潛意識中我是很欣賞酒店業的，我好像從未跟任何人說過我的想法，但我知道，如果有朝一日我當了酒店老闆或發展商，我可以蓋建一些很精緻的酒店。

從 1960 年代至 1970 年代前期，我平均每年有 70 到 100 天入住歐洲最棒的酒店。我住過倫敦柏麗街的小酒店，如夸格利諾（Quaglino's）。後來，我最喜歡的倫敦酒店就是帕克路上的格羅夫納屋酒店（Grosvenor House Hotel）。我後來換了去同一條路上的多切斯特酒店（Dorchester Hotel），只因為那裏安裝了直撥國際長途。在格羅夫納屋酒店，要打長途你必須拿起電話叫接線生幫你接通，對生意人來說，這不僅繁瑣，也浪費了我寶貴的工作時間。換了酒店後，我就再沒有回過格羅夫納屋酒店。我成了多切斯特酒店的常客，即使在旺季，我也總能訂到客房。我也住過花園酒店（Inn on the Park）。

去巴黎時，我一般入住克利翁酒店（The Crillon）和喬治五世四季酒店（George V）。但在巴黎，我的最愛是比斯托酒店（Le Bristol）。在羅馬，我住過威斯汀羅馬精品酒店（Excelsior）。在慕尼黑，我住過兩家好酒店；在日內瓦，我的至愛是丹格利特酒店（Hotel D'Angleterre）。1965 年，我與已故前妻碧蓉去歐洲旅行。首站是維也納，我們住帝國酒店（Imperial Hotel），它給我留下了很深刻的印象！從外觀上看，酒店沒有甚麼特別，但一進酒店，你就能感覺到這個地方管理極佳。帝國酒店是一間只有200間客房的小型酒店，但每個房間都佈置得很精美，它超越了我的想像，令我記憶猶新。

所以，如果任何人請我去建一間酒店，我立刻就知道我想要甚麼。我的大腦像照相機一樣拍下所經歷的一切，包括各種各樣物質上使人感到舒適和不適的事物，當然還有服務質素。

我享受過最佳的服務大概是在倫敦的格羅夫納屋酒店和多切斯特酒店了。在多切斯特，我有幸認識了前台服務員、我房間的管家、送餐的服務生、燒烤餐廳的侍應和門童。我記得很多門童都是退伍軍人或警員，他們個子都很高大，足有1.9米。酒店的車道很窄，擠滿勞斯萊斯、豪華轎車，而出租車則在它們之間穿插前進，但一個門童便能把這一切都管理得井井有條。我認為他們的表現真的很出色。

我在多切斯特遇到的所有人也同樣出色。如果我必須從中選出兩名最傑出的員工，那麼其中之一位就是我房間的管家萊斯利（Leslie），另一位就是房間服務生。萊斯利是個瘦削、看來很聰明的年輕英國人。我一抵埗便會打鈴叫管家。萊斯利便會走來說：“早上好，郭先生。”他會打開我的旅行箱，把所有物品都拿出來分放好。然後我又打一次鈴，叫房間服務生。服務生到後我會說：“照舊。”他就會給我拿來一壺熱茶和吐司加炒雞蛋。

與此同時，萊斯利會把我的兩雙鞋拿去擦，把我的襯衣、西裝拿去熨。我常常驚訝，他兩隻手怎麼能同時拿那麼多東西。他出去約40分鐘後就回來了，拿着兩雙擦好的皮鞋，兩套熨好的西裝和至少一件襯衫。那就是真正的服務！我給他一英鎊小費。這事發生在 60 年代，那時一英鎊不算是小數。但我也發覺，要獲得優質服務不能光靠小費，而是要把服務人員當朋友對待："你好嗎，萊斯利？我不在的時候，你好嗎？"說這些話必須發自肺腑。換句話說，我真的很在乎他，他定能感受到的，並以同樣的方式來回應我。我認為這是待人之道，光亂砸錢是不行的。在那時，沒有其他酒店的服務能像多切斯特那樣貼心。

儘管如此，學習成為新加坡的酒店老闆對我來說也是一段熬人的經歷。我們摸着石頭過河。我們的建築設計師連福興並沒有酒店設計的經驗，但他見過一位叫洋三柴田（Yozo Shibata）的日本酒店設計師，新加坡的文華大酒店（Mandarin Hotel）是他設計的。該酒店坐落於烏節路上，離我們的酒店大約兩公里路。我們最終也僱用了柴田做我們的設計顧問。我們遇到他的時候，文華大酒店的地基和椿柱已打好，大樓也已蓋到了四層高左右。也就是說，連健策（George Lien）和他的團隊在進度上至少領先了我們兩年。

我記得，在酒店初期的一次董事會會議上，我已預知我們將能趕上文華大酒店，並表示我們必須以此為目標。我見過連健策，知道他是一個很優柔寡斷，會不斷刪減和修改計劃的人。他總是不喜歡這個、不喜歡那個，不是取消這個，就是取消那個。我們的香格里拉於 1971 年二三月開業，而連健策的文華大酒店反比我們遲了 18 個月才開業。

說到董事會，開始時還鬧了個笑話。在第一次正式的董事會會議上，我對合夥人說：「我們可以講中文，但要用英文做記錄。你們同意嗎？」他們都說好。我只有 10% 的股份，但我在沒有正式任命的情況下做了會議的主持人。沒有人想讓我來主持會議，但他們也不想提議讓別人來做。由於會議還是要開的，所以我便宣佈開會，而我所坐的位置正是主席的座位。當會議備忘錄出來時，上面寫着我是董事會主席。

我在會上指出，他們並沒有妥善安排好酒店公司的事。我找到一家空殼公司，對他們說：「看，這家公司由十家公司所持有，現時資不抵債，雖然無力償還債務，但仍沒有破產倒閉，可作扣稅之用。我們把這家空殼公司從其他合夥人手中買過來吧。」這家空殼公司叫萬通有限公司（Guan Thong & Company Limited）。「買下公司後，我們會將香格里拉的土地注入公司，然後再去申請改名，把公司資本重組，使它有償債能力。」大家後來就按我的提議照辦了。

「香格里拉」這個美妙的名稱又是如何得來呢？當我加入洪的團隊時，還沒有為酒店起名。酒店的命名應該歸功於我的一位法國老朋友喬治·托比（George Toby）。喬治是出生於摩洛哥的猶太人，多年來在東京為蘇克敦工作，蘇克敦是巴黎一家大型食糖交易巨頭。1968 年，喬治的老闆派他從東京來新加坡見我。我跟喬治之間並沒有太多的糖交易。我帶他去萊佛士酒店的燒烤餐廳吃午餐，其間我們沒甚麼可聊，但他又不願意離開，所以我說：「托比先生，我要去看一塊地，我和我的合夥人正計劃在那兒蓋一家酒店。」

他說：“酒店？我能一起去嗎？”

我們一起跳上車，從萊佛士酒店到大約三公里遠的工地。喬治問：“順帶一問，你的酒店叫甚麼名字？”

我說：“你看啊，這條街叫柑林路，我會叫它柑林酒店。”

喬治在我的車裏大嚷起來：“這個名字太傻了！”

我說：“好吧，你有甚麼更好的主意？”

喬治猶豫了兩三秒，說：“有了──香格里拉！”我當即想：多好的名字啊！

喬治辦完他的事便離開了新加坡。我把“香格里拉”這個名字告訴合夥人，他們全都反對。敦樹大聲說：“我在泰國去的一家按摩院也是叫香格里拉。”我腦海裏馬上閃過這樣的想法：“如果我太太叫安，而我遇到一個騙子也叫安，那我太太也是騙子嗎？”多麼不相干、不合邏輯啊！他們在說甚麼呢？每個人都在胡說八道。於是我說：“好吧，就當這是胡扯。我無所謂。如果你們不想要這個名字，那就算了吧。”感謝上天，我們最後保留了這個名字。

從事商品貿易，對我而言就是如魚得水。但從事酒店業，我卻是毫無頭緒！我對好酒店的建築結構、內部裝修、管理、甚至房間大小都沒有精準的概念。憑藉過往的商業經驗，我知道若用人不當，還可能被誤導白走冤枉路，不但損失兩三年時間，最後還可能官司纏身，陷入困境。

我開始挑選助手，其中之一就是我大舅子謝春榮（Leslie Cheah）。我經常對他發脾氣。春榮不太精明，經常搞錯方向。我不得一次又一次去補救，把錯誤向右走的火車拉回起點，調回正軌後再重新向左走。

後來，日本建築設計師柴田在酒店設計方面發揮了舉足輕重的重要作用。我從商業經濟角度提出我的想法，但酒店設計和建造部分，則交給柴田和一位叫傑克‧辛普森（Jack Simpson）的英國工程師。傑克從馬來西亞政府退休後，便加入新加坡郭氏集團工作。

1968 年的一天，柴田做了一些設計草圖，邀請我和我的幾個同事去東京與他面談。

會開到一半，柴田已發現我們完全是新手。他問："酒店由誰來管理？"

我們說："我們會嘗試自己管理。"

柴田說："郭先生，那很困難。希爾頓和喜來登都已在新加坡開業了，現在還有一家新的酒店集團，西雅圖威士騰國際酒店（Western International Hotels —— 後來改名為威斯汀（Westin））。我建議你們嘗試與他們聯繫一下。"

我之前從未聽過這間公司。我問他是否需要飛去西雅圖。

柴田說："等一下。我收到消息，他們將要去曼谷。他們正在跟杜斯特泰尼酒店（Dusit Thani Hotel）洽談（柴田也是該酒店的設計師）。他們的董事長兼首席執行官艾迪‧卡爾森（Eddie Carlson）會去那裏。"卡爾森就在當天晚上抵達曼谷，將會逗留兩天。我立刻訂了飛機票，當晚飛抵曼谷，入住四面佛酒店（Erawan Hotel），從那裏便可步行到卡爾森下榻的半島酒店（Pensinsula Hotel —— 這家酒店和香港的半島酒店沒有任何關係）。第二天早晨，我一直等到早上九點十五分才打電話，因為我擔心卡爾森從美國乘長途機會很疲憊，但我也不能等太晚，以免他離開酒店赴約。卡爾森的助理來接我的電話，他是一位美國人。

我説："請問我能跟卡爾森先生通話嗎？"

他説："找卡爾森先生嗎？這是他的房間，您是哪位？"

我答道："新加坡來的郭鶴年。"

他問："你跟他有甚麼生意來往嗎？"

我答道："他不知道我要找他的，但我想跟他説幾句話。"

助理答道："噢，你知道他很忙，每一分鐘都已有安排了。我想他沒空見你。"

我説："那你能幫我問他一下嗎？"

"好吧，別掛。"他答道。

電話背景中傳來輕微的説話聲。助理走回來又拿起電話説："我很抱歉，我跟卡爾森先生確認過了，他確實太忙了，恐怕不能見您。"

我説："好吧，請你轉告他，我將要建一間我認為將會是全新加坡最好的酒店。我知道他希望來新加坡管理酒店，所以如果他不準備見我，他將會損失一次絕佳的機會。"

助理問我酒店會坐落在那條路上，我跟他描述了一下。他讓我再等一下，又去跟卡爾森説。一分鐘後，電話那邊傳來另一個聲音："我是艾迪·卡爾森。你是郭先生嗎？"

我説："正是。"我們聊了一會兒。他很喜歡我的想法，説：

"我能騰出大約 15 分鐘。你剛才說你住在哪裏？"

我之前已經告訴過他，我住在四面佛酒店，就在轉角處。"好的，我會跟副總裁一起來。大約五分鐘後到。"

我們一見面就不停地聊，只談了五分鐘便已經有一拍即合的感覺。最後，我們談了半個多小時。我們思想同步，說着共同的語言，大家同樣地富有激情。我們越談越融洽。艾迪·卡爾森就是那麼一個人，可愛、很有原則，想做成一筆漂亮的交易，而我也有着同樣的想法。我們之間沒有任何枝節的問題，也沒有中飽私囊的想法，一切都光明正大。在良好的氣氛下，我們都放鬆下來，幾乎當場達成了協議，只需補充一些實質細節即可。我們甚至不去爭論條件，因為我們已在大原則上取得共識。

不知怎樣，話題忽然轉到了政治、文化和美越衝突上。他問："郭先生，你怎麼看越南問題？"當時，正是越戰最激烈的時候。我們身處的曼谷，毗鄰就是越南。我在三井公司的日本朋友水野忠夫不時給我提供一些有關美國猛烈轟炸越南的消息。我記得水野說過類似這樣的話："根據三井來自日本政府高層的訊息，美國轟炸越南三天所用的炸藥總量相當於 1944 年盟軍轟炸日本的總和。"我對這樣的殺戮和殘害感到義憤填膺。

我說："卡爾森先生，你們美國人為甚麼要欺侮越南人呢？為甚麼要去打他們，用橙劑等等的落葉劑污染他們的河流和土地。"

他的臉色馬上沉下來，顯得非常生氣，身體變得越來越僵硬。他腦中一定在想："這個跟我說話的人是共產黨人！"我們的關係從那一刻起了變化，談話氣氛都變僵了，他突然找了個藉口要結束會面。

我發現他的助理如坐針氈。但既然已經開了頭，我就窮追不捨，繼續往傷口再灑些鹽說："如果你在美國有影響力的話，應該回去告訴你們的政府，應盡快結束這場邪惡的戰爭。你們正在殺戮無數無辜的越南人民，那些人本不該死。你們是在痛擊那些可憐的人。"

卡爾森找個藉口中止了談話。我們冷冷地握了手。他說了聲"再見"，轉身就離開了房間。

我對卡爾森的反應頗感驚訝。我想像得出，他會把我從腦中刪去，就像我正要把他從我腦中刪除一樣。我想："去他的！我才不會跟一個連事實都聽不進去的人合作呢。如果他連二加二等於四都拒絕相信，我還和他簽甚麼管理公司協議呢？我當然不會跟他簽約。"

事實上，我經常在談生意時論政。我就是這樣的。我覺得商業和政治是不可分割的，而我的合作夥伴最好了解我對人生的態度，否則，合作關係如何能長久呢？

我從曼谷回到新加坡。雅各布·巴拉斯是香格里拉的董事，他聽說我和艾迪·卡爾森見過面，於是問我："情況怎麼樣啊？"我把整件事的原委和盤托出。雅各布嘆氣說道："哦，天吶，羅伯特，又是你的政見。"我說："啊，沒關係，雅各布。你知道我是個性子很強的人。我也不需要他。算了吧。"

曼谷見面後，威士騰三個月也沒有與我聯繫。有一天，我準備晚上九點啟程去倫敦，中午雅各布打電話給我說："羅——伯——特。"每次雅各布用這種語調，我便知道他有棘手的問題要處理。"你有聽說過威士騰的（副總裁）鮑勃‧林德奎斯特（Bob Lindquist）和比爾‧基森（Bill Keithan）現時在新加坡嗎？"

我說："有啊，我聽說了。"

他說："他們今天給我打過電話，還來見了我，求我跟你約個時間見面。"

我說："我不想見他們。我們見面本來很愉快的，但之後他們的態度很無禮。他們談及政治，我只是說出自己的想法而已，但他們卻要顯示大國權威。他們不能因為自己是美國人，就把他們的意願強加於我！"

雅各布哄我說："拜託，羅伯特。冷靜，冷靜。別發脾氣。別跟誰都過不去。他們只是想安排與你見面，你不要這麼不客氣。"

我答道："我知道，他們走遍全城，發現沒有酒店比我們的位置更好，沒有酒店的設計比柴田給我們的做得更好。去他們吧，雅各布，我不想見他們！"

雅各布懇求道："羅伯特，就十分鐘。安排五點跟他們見面吧。你的航班九點才起飛呢。"

我太太碧蓉在旁邊，她朝我使了個眼色，彷彿在說："你為甚麼這麼傲慢？"家人微小的示意往往起很大的作用。

我於是溫和下來："好吧，我見他們。另外，因為他們從美國來，我還會冰一瓶香檳。讓他們今天下午四點半左右來吧。"

他們如約來到我在愛士特女皇園（Queen Astrid Park）的家。他們態度彬彬有禮，非常隨和，像是想彌補艾迪‧卡爾森之前對我的不敬。比爾‧基森負責酒店硬件，包括酒店內外觀。鮑勃‧林德奎斯特擅長經營，他後來晉升為公司總裁。他們已經在新加坡四處考察過，並坦白承認我們的條件是最好的。他們打算向總部推薦讓威士騰與我們簽訂一個管理協議。

我很隨和地說："好吧，我還沒跟任何人簽約呢。"我告訴他們，（當時）我只持有 10% 股份。我們的會面在愉快中結束，雙方表明會重啟談判。他們在快要離開時，我說："鮑勃，我想問你一個很私人的問題。過去幾個月的沉默真空期，是因為我們談到越南話題時，艾迪以為我是共產黨人嗎？"我看見他臉上浮過一片可怕的陰雲。他們兩人都紅着臉，彼此交換了尷尬的眼神。於是，我說："鮑勃，如果你不想回答這個問題也沒關係。對我來說，我已經知道答案了。"卡爾森回到西雅圖後一定跟他們說："郭這個人挺有意思，但我認為他是共產黨。"我對鮑勃和基森說："好吧，我願意忘記一切，希望卡爾森也可以。"

他們回覆道："郭先生，相信我，已經沒事了。要不，我們今天也不會在這裏。"之後，他們返回西雅圖，我當晚飛英格蘭去做我的糖貿易。

數週後，我們應邀去了西雅圖。那是 1968 年 12 月。我帶了倪郁章和陳錦耀的弟弟陳錦南。我跟他倆說："我留在酒店套房裏，你倆作先遣部隊。"他們去談了兩天半。第一天，進展緩慢。第二天，有一點點進展。我一直跟他們說："別停滯不前。你們無論卡在那一點上，先記下來容後再談。你們完成整個協議草案後，列一張問題清單給我。"

每當郁章和錦南遇上問題時，他們就去找哈里，盡量解決分歧。第三天下午，郁章和錦南給我來電說："我們已經把問題縮減至 20 個左右了，你現在能來加入洽談嗎？"我說："好。"然後，我穿上鞋子，下去與威士騰的人握手。

亨克是我此生見過最棒的美國人之一。我對他說："哈里，現在是我們相互妥協的時候了。假設我們找個裁判，讓他讀出我們分歧清單中的第一點，看誰能讓步就說：'我們讓步。'但必須以友好的方式進行。"我們於是開始，他馬上說"讓步"。下一條，我記得我說了"讓步"。我們用了不到半小時就解決了清單上的問題。有一兩次，我們停下來討論，不是他說服了我讓步，便是我說服了他。

錦南很喜歡賭博。談完之後，他用中文對郁章和我說："嗨，現在談判結束了，我們三個去拉斯維加斯見識一下賭城，如何？"

我問鮑勃他們："你們是否能盡快把協議打印出來簽署？如果需要兩小時才能完成，你們能否幫我們買七八點飛拉斯維加斯的機票？"我們就是這樣匆匆忙忙離開了。

我們先飛拉斯維加斯，待了兩三晚，去過賭場，也參觀了胡佛大壩。然後我們飛去洛杉磯。這是我生平第一次去洛杉磯，我們住進一家由威士騰管理的新酒店叫新都酒店（Century Plaza），見到酒店的總經理哈里·穆立肯（Harry Mullikin），他後來晉升至總公司的董事長兼首席執行官。

威士騰管理新加坡香格里拉的條款相當合理。酒店在建期間，我們先付 20 萬美元作為專業管理的前期費用，酒店 1971 年開張後，我們給他們營業毛利的 5%。但他們在訂立合同時有一個重大疏忽，他們加了一個條款，說合同從西雅圖簽署之日起計十年內有效。我們的酒店在兩年四個月後才開業，所以威士騰只獲得七年零八個月的回報。他們是酒店管理的能手，也是一羣好人，但他們卻不是擅於經營的生意人。

　　到 1978 年續簽合同時，艾迪‧卡爾森已經離任了，這是一大遺憾，因為我們是很親密的朋友，想法基本相似。總部在芝加哥的美國聯合航空公司吞併了西雅圖的威士騰酒店。之後，他們也帶走了艾迪‧卡爾森，請他擔任美聯航的董事長。

　　擁有新加坡酒店三四年後，我認為酒店管理其實也沒有甚麼奧妙。到 1978 年，我就決定在香港建立自己的酒店管理公司，但那時，我正忙於開拓其他業務，不想分心做酒店管理，所以我跟威士騰再續約，讓他們管理新加坡香格里拉再多五年，他們欣然接受。

　　幾乎與此同時，我在香港建了九龍香格里拉。在這件事上，威士騰又犯了錯，錯失了在地產大幅升值前投資香港地產的黃金機會。我提出讓他們擁有 25% 的股權，儘管我在六到八個月前就已入資了，我還是讓他們以初始價進入。我等了他們兩個月，他們要求延期，我說："好吧，我再給你們一個月。"他們派員來，與一些本地人核查，對我這送上門的禮物還不斷吹毛求疵。也許所有禮物都有少許缺點，但他們誤把這丁點缺失當成了不利的條件。最後期限到了，我保持沉默，不再追問。兩三週後，他們後悔了，多次嘗試從西雅圖給我電話。

他們説：“請求你，我們現在想加入。”

我告訴他們：“沒辦法了。在這世界上，你再也找不到第二個人，可以等你三個月來接收禮物，還容忍你對禮物挑三揀四。沒了！”我下定決心要自己管理九龍香格里拉，但威士騰不斷懇求我，我最後還是作出讓步，同意簽署管理合約。事實上，我為自己贏得了更多時間。

事後，艾迪・卡爾森為錯失九龍香格里拉的機會向我表示深深的遺憾。他對我説：“以後，羅伯特，我想參與你所有的中國項目。如果你不介意，請給我這個方便。”

我答道：“你是不會想加入我在中國的項目的，艾迪。”

那個時候，如果中國給你一個 20 年期限的合作項目，他們已很大方了（我在中國大陸的首個主要酒店項目 —— 北京香格里拉酒店 —— 我們只拿到了 13 年的合作期限）。“我這樣做純粹是出於對我祖國的熱愛，那是我生身父母的出生地，為我的國家效力是我與生俱來的一部分。但你為甚麼想幫助中國呢？艾迪，你應該去幫助美國。”他接受了我的忠告。當然，今天的中國生機勃勃，但是想像一下，我在早期是如何一路走來的。

大約在 1970 年，儘管我們經營酒店的資歷很短，但我決定嘗試將新加坡香格里拉在本地證券交易市場上市。那時，上市是件很時髦的事。當時的新加坡財政部長是韓瑞生（Hon Sui Sen），後來不幸英年早逝。我親自去見他，請他批准我們上市。

我們快速交換了想法，他同意了，我對他說："現在，你是否能從新加坡發展銀行主席的角度幫我再想一個問題。"

他答道："可以啊，你希望我做甚麼？"

我說："我想借錢。"

韓瑞生同意新加坡發展銀行用優惠利率，借給我們上限 2,000 萬坡幣。

得到韓瑞生的批准，酒店以每股 1.20 元上市。作為創始合夥人，我們已投入前期投資用於酒店建設。按我們已投入的成本，加上土地升值，我們認為每股增加 0.2 元是非常合理的。

我們的酒店在 1970 年上市後不久，股市崩潰。股市經常有低迷的情況。這一次熊市，大約持續了 3 個月。

隨着股市低迷，香格里拉的股價跌至每股 1.10 元，接着又下滑至 1.08 到 1.06 元，最低的時候只有 0.92 元。隨着股票下跌，我開始不斷增持。最後盤點時，我已經控制了香格里拉大約 40% 的股份，實現了我主控香格里拉的夢想。我覺得，被我稀釋了股份的股東，他們的後人也許會説，股市崩潰也是我一手策劃的。我倒是挺樂意被指擁有這超能力。但事實上，這一切純屬偶然，我只是投機冒險而已。

如我所説，我不是有計劃地走進酒店業。但一旦開始了，我就發現已經一發不可收拾。如果你只有一家酒店，你會伺機出售，因為經營酒店也算是一種負擔。若不，你就要有步驟、有頭腦地不斷擴張。

新加坡香格里拉之後，我們又在馬來西亞的檳城建了沙洋度假酒店（Rasa Sayang Resort）和金沙酒店（Golden Sands Resort）。之後，我們又在斐濟建了斐濟酒店（The Fijian）和斐濟馬金堡酒店（The Fiji Mocambo），兩家酒店都是收購回來的。因為這些都是度假酒店，我沒有請威士騰來管理，因為我知道他們會對此皺眉，不會參予這些他們認為有失他們尊嚴的項目。

之後，我們決定在大城市建酒店，其中包括吉隆坡香格里拉、位於香港的九龍香格里拉、曼谷香格里拉，然後在香港又再建港島香格里拉，還有 80 年代開始在中國的主要城市建了很多酒店。這些酒店接踵落成，截至 2017 年，我們擁有和管理的酒店達 100 家，其中 80 家是郭氏持有的。另外還有 36 個項目在興建或籌建階段。

我從未修讀過酒店管理，但我的學校與家庭教育讓我知道，生活中的每一件事都應該簡化，為甚麼要把事情複雜化呢？疲憊的旅人需要躺在舒適的牀上，他們需要好好洗一個澡。如果他們太累了，不想四處去找餐廳，你就應該為他奉上美味佳餚。其他一切都只是噱頭。旅館的定律，就是為疲憊、風塵僕僕、舟車勞頓的客人安排落腳處，吃喝過後上牀休息，第二天醒來精神爽利。

我認為簡單原則普遍適用於一切業務，但不是說所有行業本質上都不複雜。我是說，如果某個行業本身已經很複雜了，你就不應將之弄得更加複雜。所有生意，無論繁簡，都有解決問題、理順經營的簡捷之道。那些採用複雜方式的人永遠不會出人頭地，因為他們在作繭自縛。

我研究過瑞士的酒店。瑞士人所經營的酒店一般都很小，客房數目從 20 多間到 300 多間不等。畢竟，瑞士是個面積很小的國家。酒店管理必須綜合瑞士的精細與美國的工業式管理風格。美國的酒店有上千間客房。我認為，酒店的最佳規模是擁有 800 到 1,000 個單元（四個單元可合成一個行政套間）。

和運營工廠一樣，較具規模，更具效益。可以裝置更大和高效的鍋爐，效能更高空調設備。大酒店能僱用有才幹的管理人員，包括一流的總經理，而這些成本可以分攤到 800 間客房上。世界上各行各業歸根究底最重要的就是管理。酒店業跟其他行業一樣，聘用員工最重要看三點，才能、品德和勤奮程度。三者缺一不可。

建造酒店時，你不能一味要壓低成本，所有東西都有其本身的價值，諸如優質的大理石、良好的木材和高質素的建築工人。中國有一句說話叫"偷工減料"。如果你真的偷工減料，那就是搬起石頭砸自己的腳。比方說，一些發展中國家用劣質水泥，你當然不想用這樣的原料。要節省開支，你要做的就是減少虛耗，堵塞支出漏洞。如果你不僱用好員工，害羣之馬就會偷竊或內外勾結盜走公司資產。這樣的事屢見不鮮。

如果一家 800 間客房的酒店位於世界的樞紐中心，入住率就會很高，房價就能與它實際提供的價值相當。這個道理跟捕魚一樣，必須考慮那裏的水流能否帶來魚羣。酒店的位置必須在魚羣出現的地方。你不會在沒有水流的海域捕魚，因為沒有水流，就沒有魚羣。

我不喜歡那些牟取暴利的酒店。我認為香格里拉做得恰到好處。它不但有口碑、有水準，我們還眼光遠大。當然，我們每年都要有盈利，但我們不是想把客戶的錢掏空，而是希望他們滿意而歸。

但我承認，有些酒店因為競爭激烈而不能收取合理的回報，我的連鎖酒店中也有為數不少的例子，這讓我感到惋惜。發展中國家或會有裙帶關係和用人唯親的現象。某人當上總理或主席後，便會縱容他人中飽私囊。

那些偽生意人，只想建一間豪華酒店。他們花錢如流水，如用黃金水龍頭來裝飾衛生間，這實在荒唐。他們建每間客房的花費是我們的兩三倍。香格里拉酒店裝修很體面，達五星級標準，但它們絕不過分矯揉造作或花哨。我不是想建夢幻城堡。

那些得到關照的人對酒店管理根本不感興趣，也一竅不通，只是一心想賺錢。平生從未管理過任何事情，於是他們僱用外國公司去幫忙管理。絕大多數的酒店管理公司都會開出很苛刻的合作條款。但由於他們不在行，所以只能接受。結果，酒店管理公司每年賺錢，但業主則年年虧損。待業主能賺到點錢時，酒店管理公司已經賺得肚滿腸肥了。我就見過這類合同。

香格里拉與眾不同的是，我們作為酒店的創辦人要懂得下放權力。我們盡量避免干涉專業的管理人員。與此同時，我們又很明確地界定那些是由業主負責、那些是由專業的管理人員所肩負的。因此，從一開始，我就在每家酒店設立了政策執行委員會機制。委員會成員包括該酒店的總經理和一兩名業主代表。如果委員會執行得當，管理者和業主一定會齊心協力把酒店做得更好。

我之前說過，我們永遠不會建華而不實的酒店，不會為紀念某人而樹碑立館。我總覺得，商業離不開卑劣。無論它開始時是如何高尚，但很快就會步向骯髒。也許是極端的競爭使然，人們為了生存，只能隨着引力向下墮。若你是這卑劣世界中的一員，又怎能自稱是甚麼崇高的事業呢？所以，還有甚麼值得樹碑紀念。

　　從一開始，我就說過，並且在新加坡香格里拉早期的董事會會議上經常重複的說話：“我們必須按次序做三件事：照顧好我們酒店的員工、照顧好我們的客人、照顧好我們的股東。”我為甚麼沒有把顧客放在第一位？作為酒店業主，我們的職責是善待我們的員工、激勵他們，讓他們了解我們不是貪婪、自私的業主。通過樹立一個好榜樣，盡公司所能，友善、大方、平等地對待他們（而不是表現得如君王和主人般），鼓勵他們為我們的客人、我們的客戶，提供最好的服務。如果我們能做好這一切，我們最終便能為股東帶來可觀的利潤，分得可觀的股息。

　　如果我說，所有香格里拉項目都發展得很順利，那是騙人的。我可以舉四個例子，其中只有首個在曼谷的項目能修成正果，第二個在東京的項目還沒開始便胎死腹中，第三個在首爾的項目收場更是令人發瘋，第四個在緬甸的項目則要花費較多時間。

　　我打算在曼谷建酒店時，老朋友洪敦樹推薦了曼谷公車總站附近的一塊地。時值 1970 年代末期，泰國已有超過 4,500 萬人口。曼谷是交通樞紐，道路四通八達。那是個很大的車站，至今還在。我與洪敦樹一起去看地，那塊地很大。臨近參加拍賣投標時，我打電話給另一個老朋友，已故泰國數一數二的糖加工和出口商關元年（Suree Asdathorn）。

我跟元年說：“我在看這塊地。我很敬重您。您願意入股嗎？”

元年是我所認識最有實力的泰商之一。他問：“甚麼？哪塊地？”我向他描述了一遍。他說：“我對泰國瞭如指掌。”他11歲就從中國移民到泰國。他警示我說：“不行，羅伯特，別在那兒建酒店！那個地方糟透了！那裏到處是噪音、煙塵和污染，怎麼能建高檔酒店呢？那兒建個三星級酒店都不配。”

我於是問：“那麼，哪兒合適呢？”元年給我介紹了曼谷香格里拉今天的地址，它位於湄南河畔。元年也投資了這個項目。

當我對某個項目舉棋不定時，我有時會採取一種策略，就是去找比自己聰明的人交談，邀請他來參股合資。如果他說“天啊！這件事很糟。”我就知道這是毒藥。你能夠從旁觀者的眼中看清真相。

我們在日本險些失手的那次，是在日本火速發展的1980年代。馬來亞製糖有限公司的合夥人日新製糖株式會社，向我們提議在東京灣開墾土地建香格里拉酒店。我兒子孔丞喜歡那個選址。我於是去東京實地考察，那塊地在台場燈塔旁。我當時想“天啊！這裏離市區太遠了，它在去東京迪士尼的中途路上。為甚麼要建在這兒呢？”

我於是打電話給我的日本建築設計師柴田，他給我指點了迷津。他說：“郭先生，你何必要現在建酒店呢？日本現在是泡沫經濟，通貨膨脹，建築工人對承包商的要價越來越高。當今日本工人的工資是世界上最高的。沒有哪個大承包商能夠以低成本興建。你的建築成本將會是天文數字。如果現在蓋酒店，你永遠都收不回成本。"

聽了柴田半小時的講解，我當場決定，必須馬上放棄這個項目。我打電話問孔丞，這個項目我們是否已投入了很多？他說："沒有。"我便立即叫："停！"

這個故事的結尾是，一兩個月後，我再到東京，見到了日新製糖的年輕繼承人森永為尊（Morinaga Tametaka）。森永全家在東京大倉飯店附近一家有名的日式火鍋店請我吃晚餐。飯後，我坐森永的車去一家夜總會。森永表示，因為我放棄了這酒店項目，讓他丟了面子，他極其不悅。我說："我很抱歉，森永先生。你也許是丟了面子，但是如果我沒把我們倆從這個項目中救出來，你也許已經失去了你整間公司，你可能會因此而失敗破產。"事後反思這件事，我們就不難理解為甚麼 1990 年代，那麼多日本公司"為了面子"而陷入水深火熱之中。

幾個酒店項目中，最惱人的還是 1988 年漢城奧運會前，在南韓的項目。柴田是這項目的牽線人。他曾擔任我多家酒店的設計師，包括吉隆坡香格里拉、曼谷香格里拉、九龍香格里拉、新加坡香格里拉和北京香格里拉酒店。一天，他打電話告訴我說，他的一個韓國客戶叫郭由司（Kwak Yu Ji），是個日籍韓國人，想跟我合作在首爾市中心建酒店。

"他在距市長大樓兩到三百米處買了塊好地，"柴田說。"他花了很長時間，費盡心機一小塊一小塊地購入，才拼成現在這塊地。我們能來跟你談談嗎？"

郭由司的日文名叫中山，他是經營彈珠室（日本一種低俗廉價的投幣小遊戲）掙了不少錢。我想，好吧，我的日本設計師朋友介紹的人應該不會太差。

中山來到香港。他的日語一般，而我又不會說韓語，於是由柴田來充當翻譯，把中山的日文翻譯成英語。最後，我們答應參與這個項目。接受這樁交易的原因，是由於我可以擁有 50% 股權，就是說中山不會有控股權。我想："這樣的狀況很好。當然，我更想持有 51% 的股份，但我怎麼能要我的合夥人把控制權交給我呢？"

時值 1985 年底，我感覺韓元很快會升值，所以我通知我的財務部："請馬上匯款 3,500 萬美元到韓國。"我們利用當時韓元疲弱，把錢轉到韓國的一家美國銀行，並將美元兌換成韓元。接着，我們付費委託柴田準備部分酒店設計圖。

我為這個項目去了韓國七到十趟。因為去得太頻繁，我去了第四五次後，認為可以授權長子孔丞繼續去談判。孔丞每隔三個星期就飛去一次，但每次，我們都被合夥人郭由司耍得暈頭轉向。

一天，我說："我覺得這張設計圖不錯。"

他卻說："不行。"我們花了五六個小時再重新設計過洗手間。他拿出幾疊白紙，親自畫圖，然後說："不，不行。"揉掉又重畫一張。我們午餐休息了一會，回來後，他又重複這無聊之舉。因為柴田不出席這些會議，我們無法溝通。他有翻譯，但這些助手都很怕他。他之前甚至粗暴地對待過他的一些助理，站起來扇他們耳光。他是一個瘋狂的傢伙。

起初，我任由他去，只覺得此人行事有點古怪。但後來事情發展到根本沒有任何設計可以得到他的歡心。於是，有一天，我對他說：“你不是要請柴田做設計師的嗎？”

他說：“沒有！”

所有問題一下子暴露出來了。他讓柴田介紹我們認識，他欠了柴田的人情，但他現在卻像沒事般地告訴我：“我們為甚麼要聘用柴田？”

柴田是公認的優秀酒店設計師。這傢伙葫蘆裏到底賣甚麼藥？也許是他想跟柴田討價還價，甚至讓柴田幾乎不拿酬勞給他做事。或許他一路都是這樣刻薄的，又或許有韓國設計師等着免費為他工作。但我們的原則是，想要獲得高品質的服務就必須付出代價。柴田那時已經幫我設計了很多家酒店。

最終，我意識到不能再這樣下去。已過了兩年多了，我想加速推進項目，先建好兩三百個客房（酒店最終應該有 700 間客房），這樣才趕得及 1988 年奧運會。這個項目再拖下去，真的遙遙無期。每次孔丞回來，我都發現沒有任何進展。一天我跟他說：“孔丞，我要親自處理這個項目。”

我打電話給柴田說：“柴田先生，你可以來首爾跟我會面嗎？我打算跟中山開會攤牌。我不想讓其他任何人在場，就我們三個。你必須做我們的翻譯，因為我要說一些很尖銳的話，但我想給他留點面子。不讓他丟面子，才有成功的可能。”

他們來到我在首爾下榻的酒店套房。我說：“柴田先生，請替我翻譯。中山，你可以給我一個確認設計圖的期限嗎？第二，你有甚麼辦法能夠盡早獲得工程許可批文？我需要知道這兩個日期。"他拒絕回答，表示對設計圖仍然不滿意，迴避我的所有問題。我繼續窮追不捨，他一而再、再而三地搪塞，總是顧左右而言他。

我對柴田說："柴田先生，你聽出事情的原委了嗎？我們不能再這樣下去了。請告訴中山先生，我們盡了所有努力去嘗試與他溝通，但至今仍一事無成，我此刻決定要退出這個項目。我去意已決。我現在告訴他、正式通知他，我要退出這個項目。"

柴田把我的話翻譯成日語後，中山的臉色變了。他咕噥着說："你不能這樣做。"

我說："我當然能這麼做。這種膠着狀態已拖得太久了。"他不斷說不允許我退出。我說："好吧，柴田先生，你知道合同已經簽署，地塊由共同持有的公司所擁有。他有 50% 的股份，我也有 50%，過去我一直讓他隨心所欲，好像整間公司都是他的。從現在起，我和他擁有同等的話語權。我不介意再拖上幾年，不管多少年，但我也不會批准任何他想建的東西。我們可以繼續一起這樣玩下去。他已經跟我玩了兩年半，我已經受夠了這些無聊的把戲。現在我要以其人之道還治其人之身。請翻譯。"

哈哈，這個傢伙可急了。我接着說："你知道，我已經確認了回程機票，還有十分鐘不到就要拿行李趕去機場。我不想再說甚麼了。你告訴他，我現在要走了。"

然後我站起來說："再見，柴田先生。"我跟他們握手，回房間拿行李，馬上直奔首爾機場乘飛機回家。

不過幾天，柴田從東京來電。他說中山致電給他說：“我接受他退出的決定，但他要把早期兌換韓元所賺到的利潤分一半給我。”

我說：“我可以分一半給他。”

其他商人可能要到法院去起訴這個傢伙。但我想，人生中，能退則退。生活本來就有很多不合理的地方。你不能把所有人都想成是通情達理的，你必須面對現實，並假設所有人都不近情理。畢竟，我還掙到了一半兌換外匯的利潤。我拿回自己的錢，退得一乾二淨。我甚至不想去談那塊地皮的增值。

我在首爾投資的緣分亦已盡。這是一段非常不幸的經歷。今天，那塊地上已矗立着一棟大型的辦公樓。

1993 年，我的次子孔演和郭氏新加坡的人員陪同新加坡某政府代表團去緬甸訪問。那時，緬甸剛開始對外開放。孔演回來後，我們坐下來聊天。他鼓勵我們家族到緬甸投資，幫助這個國家去發展。我因幾年前的大米交易開始了解緬甸，但我最後一次到緬甸已是大約 1960 年的事了。當然，緬甸軍政統治的幾十年中，經濟一直停滯不前。

我們再多派了些人去仰光。第二年，我們與當地一些實業家建立起友誼，通過他們協助，在那裏投資了幾塊地。1994 年，我們開始建設酒店和公寓。1996 年，在耗資近 8,000 萬美元後，我們的商貿酒店（Traders Hotel）開業了。但由於西方國家對緬甸的貿易制裁，當地的經濟長期低迷。我們酒店的發展裹足不前，根本賺不到錢。另一地塊建兩棟公寓也一直沒有完工。但我個人認為，緬甸終會有轉機的一天，我們對這個國家的承諾是不變的。

這一天終於在 2011 年 4 月來臨了，吳登盛（U. Thein Sein）就任總統，緬甸開始在政治和經濟上逐步開放。我們在仰光的商貿酒店於 2014 年改名為蘇萊香格里拉酒店，隨着投資和旅遊業崛起，入住需求旺盛。而於 1997 年動工的兩棟公寓終於在 2013 年完工，共有 240 間服務式公寓在營運中。我們還在仰光的蘇萊香格里拉酒店旁蓋了一幢 23 層高的辦公大樓。在未來三四年內，我們會在服務式公寓附近再開一家香格里拉酒店。

此外，我們透過豐益國際正積極探索在農業方面的投資，希望以仰光為起點在緬甸全國尋找更多商機。

▲ 印尼總統蘇哈托（中），尼·
哈燕托（林燕志）與我，於
印尼近郊喬瑪斯（Chiomas）
的總統休假地。1970 年。

◀ 敦·伊斯邁·阿里與我於
甘肅省蘭州市留影。1987
年 9 月。

▲ 1984 年 5 月在北京與馬來西亞政
　府經濟特別顧問拉惹·莫哈爾、
　馬來西亞國家銀行行長敦·伊斯
　邁·阿里、對外經濟貿易部部長
　陳慕華女士會面。

▼ 老朋友雅各布·巴拉斯，他創立
　了大型股票經紀公司巴拉斯公司
　（J. Ballas & Co.），亦是新加坡證
　券交易所主席。

◀ 1984 年 7 月 26 日，中國國際貿易中心合
資協議的簽約儀式。雷任民任中國對外經濟
貿易咨詢公司董事長，代表中國簽約。

◀▼ 1984 年在北京與國務院副總理萬里會面。

▼ 1993 年與新華社香港分社社長周南會面。

▲ 1990 年 9 月 15 日在北京與
鄧小平及其女兒鄧榕會面。

▶▲ 1990 年 3 月在北京與國家
主席楊尚昆會面。

▶ 1990 年 3 月在北京與國務院
總理李鵬會面。

▲ 2005 年在北京與國家主席胡錦濤會面。

▶▲ 2009 年 6 月在北京我們和前國務院總理
　 朱鎔基及其妻子勞安會面。

▼ 2000 年與國家主席江澤民會面。

▶ 2016 年 10 月在北京與國
家主席習近平會面。

▲ 我的香港辦公室。2000 年。

第四部分

·馬來西亞·

第十三章　為政府效力

　　60 年代是我一生中最忙碌的年代。大英帝國的解體給我帶來了很多機遇。每當機會來臨時，我都會緊緊抓住。我活躍的大腦和上緊了發條、精力充沛的身體推動着我向不同方向發展。

　　時間就是一切。如果我同時玩十個球，只要確保其中六個球在空中不斷運轉，就已經比連兩個球都玩不好的對手遙遙領先。有些人同一時間只能專注做一件事，而另一些人則可能靈活些。幸運的是，我天生就具備良好的直覺、節奏感和專注力。

　　儘管我的業務已發展得很大，但當馬來西亞政府請求我幫忙，替他們監管或經營新業務時，我實在無法拒絕。因為我對自己的祖國心存感恩，也希望能助領導人一臂之力。

　　這些政府任命也好讓我見識到政府系統的內部機制，雖然，我所看見的往往不是美好的部分。

　　我的第一項任命是在 1965 年。那年，政府創辦了馬來土著銀行。首屆董事會有兩個華裔董事名額，馬來西亞副總理敦・拉扎克（Tun Razak）讓我出任其中一個，而另一位是余經典（John Eu）。一如其名，馬來土著銀行成立的主旨就是要幫助馬來族裔（土著就是土生土長的原住民）。那時土著在馬來西亞的經濟活動中只扮演着小角色，在銀行界更是無一席之地。

　　我問拉扎克期望我做甚麼。他說董事會大部分成員是馬來人，他們全都缺乏很強的營商背景。他希望銀行能真正扶植國家的經濟發展。我的部分責任就是讓董事局做出正確的決定，並防止濫用職權。這一切聽起來很有意義，我對此義不容辭。

但很快我就發現，這是一個不討好的任務。自馬來西亞獨立以來，許多國家級的項目開始時都有很好的目標，但後來便會慢慢被扭曲，直至最終結果與初衷大相徑庭。理念的推行者啟動項目，卻不會跟進落實。然後他們退出了，由其他人接上繼續。如果接任者的內心和思想都很光明磊落，那麼項目還有成功的可能。倘他們心存歪念、思想扭曲，項目就會被劫持利用。我看馬來土著銀行終會走上此路。由於我這個職位很不受歡迎，所以效力馬來土著銀行約三年八個月後，我便退出了。

1967 年，幾位馬來西亞內閣部長來找我，商談經營馬來亞瓦塔（Malayawata）項目。這項目是由日本和馬來西亞合資合營的綜合鋼鐵廠。我沒有參與公司的創立，但我必須指出公司的情況不太成熟。

1960 年初，幾個馬來華商一同往東京遊說新日鐵（Nippon Steel）的董事長兼首席執行官稻山先生（Mr. Inayama）。稻山與馬來西亞總理東古・阿卜杜勒・拉赫曼（Prime Minister Tunku Abdul Rahman）舉行了會談，最後日本同意在馬來西亞蓋一間綜合鋼鐵廠。該廠恰巧位於萊港（Prai），離我的榨糖廠僅約一英里遠。在逆風向時，一些鐵渣子就會飄到我的糖廠來。

整個項目是由這些華商推動的，但為了要把項目包裝得像馬來西亞項目，他們成立了一個由六位馬來西亞人組成的顧問小組，其中一位是吉隆坡火車站酒店（Railway Station Hotel）的老闆兼經營者，另一位是副總理敦‧拉扎克的岳父。

日本人從八幡（Yawata）派來了一個叫酒井（Sakai）的中高層管理人員，為人還算好，但他的助手吉村（Yoshimura）則有點神經質。他們還派了一名叫加世（Kase）的工程師來管理工廠。我在布萊港經營糖廠時，已經發現越來越多日本人來這裏建鋼鐵廠。

馬來西亞政府對鋼鐵廠的發展方向越來越感到忐忑不安。最後，政府決定鋼鐵廠投產後由我接手管理。我同意了，但要求要先與共事的日本人見一見面。

我與這些日本人見面時，他們說話非常傲慢，這讓我想起日軍佔領時的情形。他們說："你要知道，日本公司一共擁有合資公司的40%股份，這些公司包括新日鐵、三菱、三井（我記得四五家日本主要的綜合商社都持有股份）。而馬來西亞政府是第二大股東。你在這裏扮演甚麼角色呢？"

我唯有提醒他們，我是受政府邀請來擔任董事長的，所以我在決定是否答應之前，要先來了解一下公司情況。我說："我得到政府的批准來見你們，並請你們回答我的一些問題。請不要用那樣的語氣跟我說話。"他們真的很無禮。

會面後，我跟政府表達了我的疑慮。我說："你們要我擔任董事長。我想還是作罷算了！如果你們真想讓我幫你們，我必須做執行主席，出任董事會主席兼首席執行官。"

過了六個月後，他們嘗試與日方協商我的任命，但沒有結果。日本人見識過我的脾氣性格和行事作風，應該會感到不安。

我也認為他們表現高傲、專橫，我已經準備要整頓一下他們。除非我有實權，否則我也束手無策。後來，我相信是馬來西亞政府向日本人施壓，要他們接受我。於是，日本人又來找我，希望讓酒井與我做聯合首席執行官。但遭我拒絕，我一定要掌握全部權力。

鋼鐵廠即將舉行盛大的開業慶典，他們最後一致同意由我出任執行主席。我記得，我的辦公室無論在位置、佈局和裝修上都比日本人的要差。這一切讓我感覺像是日軍重臨佔領一樣。

從第一天起，我在馬來亞瓦塔鋼鐵廠內所見到的一切都很糟糕。我感覺自己像是來清潔廁所一樣。工廠最初預算的產能為每年 25,000 至 30,000 噸，材料全部使用進口鐵礦石和布萊港附近紅樹林沼澤所產的木炭。鋼鐵廠大約有 105 名日本員工，他們的人均月薪超過 3,000 元馬幣（工廠還有大約 600 名馬來亞工人），所以僅日方的員工，已佔了每噸成本 100 元馬幣，而產品的售價大約為每噸 250 元馬幣。經此推算，我已向他們提出預警，鋼鐵廠打從第一天起就要破產倒閉了。

日本人說："別擔心。今天的馬來西亞就像 1900 年的日本。國家不得不作犧牲。我們稍後會向政府申請關稅保護。馬來西亞的鋼鐵價格必須提升至 400 元馬幣。"換句話說，他們要強迫整個國家去為他們支付薪水。

我對這些管理人員說："我想在三個月內，將日本員工的人數減至 80 人，之後再由 70 人一直遞減至 30 人為止。我認為 30 人已經綽綽有餘了。"我之前做過功課，並不是空口說白話。我也廢除了顧問小組，辭退了多餘的董事。

酒井和吉村對我百般阻撓。一天，他們說：“郭先生，我們必須與你開個會。”我說：“請坐。”他們又開始老調重彈地說：“你為甚麼做事這麼強硬霸道，說話那麼大言不慚？你在公司可沒有任何股份啊？你要知道，我們日方合共持有 40%。我們是最大的股東。”我極力保持克制，並命令他們離開我的辦公室。

我知道我們不能再長此下去了。我去見工商部部長林瑞安，向他說明了整個情況，並提出了兩個方案。方案一是我辭職，另一個方案是我購買鋼鐵廠部分股份，放下我現有的所有生意，全身投入馬來西亞的鋼鐵工業。部長說馬來西亞政府有 15% 的股份在新日鐵手上。他說會跟新日鐵說，將馬來西亞政府的股份轉售給我，但售價則需由新日鐵來定。

於是我去了東京，與新日鐵的董事長稻山先生見面。酒井和吉村當時也在場，另外還有稻山的幾位管理人員。寒暄了幾句，我們便切入正題。稻山說，工廠今天的賬面價格是每股 1.44 元馬幣，所以你可以用此價全數購入股份。但當時股票市場正值低迷。

我回覆道，作為公司的董事長兼首席執行官，我很清楚知道公司的股價最多只值 0.8 元馬幣。我也要向我的股東和董事會負責，不能用 1.44 元馬幣買入只值 0.8 元馬幣的股份。我還補充說，賬面的價格並不是我所關心的。如果我繼續留任，我認為鋼廠還有成功的機會。如果我離開，鋼鐵廠遲早會遭遇嚴重財困。我嘗試去陳述事實。但稻山卻反駁說：“你要麼接受，要麼離開。”

所以，政府任命的這個職位，我效力了 20 個月之後便辭職不幹了，並完全斷絕了與馬來亞瓦塔鋼鐵廠的任何關係。而這家廠後來也失去了行業的領先地位。

1967 年，我聽說藍煙囪集團（Blue Funnel Group）要來馬來西亞建立國家航運公司。藍煙囪應該是英國當時最大的船運集團，旗下有藍煙囪、格林郵輪（Glen Line）、新加坡海峽汽船公司（Straits Steamship Co）和許多其他船務公司。我記得他們的執行主席有點跛腳，他經常往來倫敦與吉隆坡之間做公關遊說工作。

我對申請航運牌照很感興趣，所以就跟我的幾個馬來西亞公務員朋友聊起此事。他們一致認為我應該遞交申請。我之所以感興趣，部分源自愛國，我希望能幫助馬來西亞建立屬於自己的獨立海運航線，而不是通過藍煙囪，受制於英國這個前殖民政府。

而另一部分原因，是大約 1964 年的時候，我們的煉糖廠需要輸入大批食糖，麵粉加工廠也要買入大量小麥，因此我所經營的商品也需要船運。舉例說，我們以離岸價從印度買入食糖，再以成本加運費的價格將糖運給印尼政府（賣家只想在自己的港口交貨，而買家也希望在自己的港口提貨，所以跨越海洋之間的風險便須由我們自己去承擔）。在那個年代，船運很不穩定，運費有時會暴漲 25% 到 30%。由於我們食糖貿易的利潤很小，所以很可能交易本身賺錢，但運輸卻賠錢。

不過，問題是我對船運一無所知。我當然明白，任何生意，除非你能了解其中門路，否則便很容易失手。在船運方面，我連一份像樣的申請書也準備不來。於是，我開始物色合作夥伴。

有一次去香港，一位馬來公務員朋友介紹我認識了曹文錦（Frank W.K. Tsao）。我記得曹是搞船運的，是香港萬邦航運公司（International Maritime Carriers）的董事長。於是，我給他打電話，希望能跟他見面及商談生意。他定了一個會面時間之後，我便飛去香港。

　　我到他辦公室，曹友好但態度冷淡。我謙虛地表示我們之前曾見過面。他說："是啊，我們見過，我們見過。"在商場上，你必須一早就學會放下身段。

　　我跟他說，一些馬來政府人員想引進競爭，鼓勵我申請經營國家船運。我說："我連船頭船尾都分不清楚，"這話當然有些誇大其詞。"您有興趣來經營馬來西亞國家船運業務嗎？你在船運界聲名顯赫，您願意做我的合夥人嗎？"

　　他想都沒想就反問道："你知道嗎？誰、誰、誰也來找我談過。他們都是被冊封的丹斯里（Tan Sris），我都拒絕了他們。"他其實是在說："你算老幾呢？我連比你更高級的馬來西亞權貴都拒絕了。"

　　聽到這番話，看到他那一臉不屑，我於是說："那很遺憾，我原以為我是第一個來找你的。不過，無論如何我自己都會去試試。"我並沒有告訴他，我是一個意志多麼堅定的人。結束時，我說："沒關係，我們閑聊一下並無大礙。謝謝你接待我。"我站起來正要離開，他突然喊道："哦，不，不。郭先生，請留步。別走，別走！請坐，請坐。"時至今日，我還是不知道他因何改變主意。

我員工中有一位精通船運，他叫吳友炳（Tony Goh），他是新加坡華人，之前幫我管理膠合板廠。他 1964 年加入我公司前，是蘇格蘭邊航輪船有限公司（Ben Line）的經理。我於是請友炳去跟曹文錦一起草擬申請書。我修改了其中的一些部分，使其符合馬來西亞政府人員的閱讀習慣。我們用郭氏兄弟和曹文錦的萬邦航運兩家公司聯名遞交了申請。不久，我就聽說我們已是強勁的競爭者之一。

　　我請曹文錦來吉隆坡，因為我們必須盡量安排約見重要的部長，越多越好。從早晨八點起，我們旋風式橫掃吉隆坡。到中午時分，已經拜會了七位部長。若是現在，由於交通經常堵塞，根本是不可能做到的。有的部長給予我們充裕的時間，很認真地聆聽我們的講解。我們對所有部長所講的內容都是一樣的。下午，我們又拜訪了一兩位部長。我記得，我們當天拜訪了總理、副總理、內務部長敦‧伊斯邁醫生（Tun Dr. Ismail）、財政部長陳修信、工程部長善班丹（Sambanthan）和交通部長薩頓‧朱畢爾（Sardon Jubir）。兩三週後，在一次內閣會議上，我們被選中籌建國家航運公司"馬來西亞國際船運公司"（MISC）。我們就像一匹黑馬，在最後一段突圍而出！

　　我出任公司董事局主席，提供商業管理方面的指導。曹文錦則提供船運的專業意見。馬來西亞國際船運公司 1968 年剛剛組成時，我的好朋友敦‧伊斯邁醫生發現罹患了癌症，要辭掉政府的工作。我立刻邀請他來擔任公司的首任主席。曹文錦之前在柔佛投資過一家紡織廠，因而早就認識敦‧伊斯邁醫生。1969 年 5

月 13 日馬來西亞發生種族暴亂，伊斯邁醫生離開了公司，重返內閣工作。我於是接任董事長，一直至 1980 年代。

我們最早的兩艘船來自日本。在我們創辦航運公司的同時，馬來西亞華人公會（MCA）正在發動各界向日本要求戰爭賠償。華人對日本殺害無辜中國人的行徑義憤填膺，要求日本償還血債。馬來西亞總理東古‧阿卜杜勒‧拉赫曼支持這項訴求，並在正式訪日時提及此事。日方最終同意用兩艘船來賠償馬來西亞的血債，他們稱其之為"友好之船"。

馬來西亞國際船運公司用這兩艘貨船開始經營，並以月租的形式淨租船（沒有任何配備）。我們自己的船則在日本設計和建造，曹文錦派出香港船公司的設計師和工程師到場負責指導和監工。對於這艘新船上的國家旗幟，東古‧阿卜杜勒‧拉赫曼在設計上提出了很多中肯有用的意見。

公司最初的註冊資金為 1,000 萬元馬幣。由於公司以郭氏兄弟為主導，所以我們持有 20% 的股份，曹文錦則持有 15%。這兩艘貨船是日本賠給馬來西亞華人公會的，而不是賠償給馬來西亞的，因此我們為這兩艘船評估了一個合理的價錢，將同等價值的公司股份分給華人公會。華人公會和其他幾家華人協會一共持有公司 20% 到 30% 的股份，所以剛開始時我們三方的股份加起來就已經超過了 50%。公司成立初期，我們董事會相當團結和諧。

公司於 1969 年下半年開始營業，業務發展迅速，這很大程度上要歸功於曹文錦，他任職董事會副主席，推薦了一位很能幹的管理人員石介祥（Eddie Shih）進公司，他是上海人，後來移居香港。他與吳友炳一起管理公司。另外，友炳也介紹了他以前在邊航的同事萊斯利·余（Leslie Eu）加入。萊斯利當時是邊航曼谷公司的經理，他的父親是緬甸華人，後來移居馬來西亞。萊斯利辭去邊航的職務，加入我們公司擔任董事總經理。

公司成立不到一年，時任總理的敦·拉扎克一天來找我，他說："我希望你增發 20% 新股。因為馬來西亞方面所持的股份比例不夠高，我受到壓力。"

我問："敦，你這要求是認真的嗎？"

他答道："是的，羅伯特。"於是，我答應照辦。

回去後，我在董事會施加了一點壓力，說服他們通過增發新股的動議（那時公司還不是上市公司）。拉扎克把所有新股都分給了政府機構。至此，由於基數擴大了，我的股權被稀釋至 120 份中的 20，而曹文錦的股權則變成了 120 份中的 15。

一兩年後，拉扎克又派人來找我說："我在內閣會議上受到很大壓力。你知道，羅伯特，這就是你成功的代價。馬來西亞國際船運公司經營得很好，大家都很眼紅。但為防捲入黨派之爭，所以這次我決定要你們再增發 20% 新股，分給馬來西亞的四個港口城市各 5%。"這樣就會把股權基數從最初的 100 擴大到 140，從而使馬來西亞政府成為最大的單一股東，郭氏兄弟被降為第二大單一股東。這次，他還是想用原始發行價給新股定價。

我說："敦，我一向與你很合作愉快，但事情已經變得越來越棘手了。公司成立已有三四年，發展得很快。當然，我不想要你支付溢價。這次我會再要求董事會以原始價給你增發新股。但是，敦，你能不能向我保證，這是最後一次？"他笑了笑，溫和地表示同意，但沒有說任何話。

幾年後，曹文錦和我決定將公司上市。在 1987 年上市前，我做了一件非常大膽的事，我在自己的郭氏兄弟公司也曾做過。我向郭氏兄弟的高層解釋說，船運公司的股份已經非常值錢，但這一切都歸功於董事會的成員和許多員工的努力。我希望拿出我們在公司的 15% 股份，以原始價出售給勞苦功高的主管、員工和船長們，讓更多人能受惠。

我總是相信，公司賺了錢以後應該注入一些社會意識。我清楚地知道，我一個人無法成就一切，這都是集體力量的結晶。我受到成吉思汗的啟迪，他攻下城池後，常常會將戰利品分給手下的將軍和士兵。他不是自私的人，這也是為甚麼他能夠成為舉世聞名，迄今最偉大的將軍。

與此同時，醜惡的種族主義正在馬來西亞抬頭。1976 年初，拉扎克於倫敦去世，侯賽因・奧恩（Hussein Onn）接任總理。馬來西亞政府要求讓拿督沙菲安（Datuk Saffian）加入船運公司的董事局。沙菲安其實是總理秘書處的總管，是個對總理唯命是從的年輕人。他雖然只是董事會的普通一員，但在會議上卻表現得相當激進，而且還越來越針對人。

我必須指出，董事總經理萊斯利也需為此負上部分責任，他經常代表船運公司去歐洲公幹。身為董事會主席，我告誡他說："萊斯利，如果你是超人，你在分身參加那些歐洲會議的同時，並能妥善指導董事會準備好議程文件，而且在會上還能提出中肯合適的意見。這樣，我並不反對你出差公幹。否則，請聽我的勸告，別再出差了，派別人去好了。"萊斯利脾氣溫和，你很難生他的氣，但他並沒有理會我的忠告。

有一次董事會，萊斯利有出席，但會議文件明顯是倉促拼湊出來的。大家一坐下，我宣佈會議開始後說："我們可否確認一下上次的會議記錄？"沙菲安打斷說："會議開始前，我想談論一下我們的董事總經理。"他接着猛烈抨擊萊斯利，並開始涉及人身攻擊。

我打斷他說："我們能否把這個議題放到議程最後一項'其他事項'來討論？因為我們今天有正事要商量。現在先返回議程的第一項，確認上次的會議記錄。"

沙菲安態度非常強硬，說話異常刻薄。我說："我必須請你停止發表個人觀點、停止人身攻擊。你在指責公司的董事總經理、公司的首席執行官時，請你拿出證據來支持你的指控。否則，你這樣做有失公允。"我想說的是，其實我是對萊斯利批評得最激烈的一個，但為了公司的利益，我認為在董事會上有必要維護他。

沙菲安仍然一意孤行。於是我說："請你停止說這些廢話。如果你之後想動議彈劾董事總經理，你可以提出來，我並不反對。但你現在所做的干擾了會議進行。"沙菲安聲稱不是要誰辭去董事總經理。我追問他："那你到底想怎樣呢？"他站起身來，現場氣氛劍拔弩張，我們差點要打起來。

我心想："天啊，這間公司的未來將會怎樣呢？"那次以後，我意識到，我無法管理這麼一間公司。我感覺到，種族主義會妨礙業務的發展，因為在商場中要得到成功，和諧與團結是不可或缺的因素。

一些政府公務員可能會認為，由馬來華商來管理國家船務是一大恥辱。我察覺到這一點後，便知道是時候要退出了。郭氏兄弟最終將馬來西亞國際船運公司的股份全數出售，徹底退出了這間公司。

1970 年代初期，郭氏集團在新加坡創辦了自己的船運公司太平洋航運（Pacific Carriers）。那時，我已經是半個航運專家了。我認為所有商業都可以通過勤奮、誠信和遵守基本原則學習得來。你可以很容易地從世界各地聘用合資格的技術人員、船長、工程師和建築師，但最重要卻是管理人員。

太平洋航運初期，主要用於運送自己公司的貨物。波加薩利項目的發展規模很大，對進口小麥有着巨大的需求。而我們的榨糖廠馬來西亞製糖有限公司，每天煉製原糖 1,600 噸，並且還在穩步擴大。僅我們的內部需求，每年也要租用 250 多艘貨船，當中還有一些是包航。我看到船運業的潛在商機，一個新的拋球又要出現了，因為船運是一個國際性的業務。

當你買入一艘大船，這必然會發展成國際航線。只要有了 20,000 噸級以上的巨輪，就可以行走太平洋、大西洋和好望角的航線。在過去的 20 多年中，我們運送過礦石、散裝貨物、油等任何能為我們帶來豐厚利潤的貨品。

在我們創立馬來西亞國際船運公司的同時，我手裏又添了一項新工作。這一次的新工作，是由新加坡政府提出的。新加坡副總理吳慶瑞博士（Dr. Goh Keng Swee）問我能否出任馬來西亞—新加坡航空公司（MSA）的主席。馬來西亞政府之前提名了馬來西亞前工貿部部長林瑞安博士來擔任，他在 1969 年 5 月的選舉中未獲連任。

吳慶瑞說："我們不喜歡這個人！"

我答道："但他也不是一個壞人。"

吳慶瑞暴跳起來說："不，休想！"

我說："不行，不行。我公司的工作已讓我勞累過度了，而且薪酬又少。"我雖然只是說笑，不過那時我確實連休息的時間也不夠。我跟他說，我無法接受這份工作，因為我實在沒有足夠的時間能把它做好，另外，我也不懂航空業。我想沒有人會像我這樣跟新加坡政府說話。眾所周知，新加坡政府是挺嚴厲的。

我正要離開，他說："你知道，馬來西亞和新加坡之間已經幾乎沒有甚麼關聯了。如果你不接受，就會把這一點的聯繫也中斷了。"

一切發生得像荷里活電影橋段似的。我本已走出大門兩步了，突然轉過身來問："你是說，如果我接受這個工作，這點關係就能得以維持下來？"

吳慶瑞答道："是的。"

這樣，我認為我已別無選擇了，我說："如果我答應接受這份工作，我需要做甚麼？"他答道："很簡單。你先去見東古・阿卜杜勒・拉赫曼和敦・拉扎克，並告訴他們，我們已暗示可以接受你。"

我説："你的意思是，我要向我自己國家的領袖毛遂自薦？"

他給予肯定的回答。我説："給我點時間，讓我想想，這事有點棘手。"

離開後，我給母親打了個電話。我向她解釋了事情的來龍去脈。她説："好吧，如果你能幫助兩國保持聯繫，那就去做吧，但只做一屆好了。"對於我們這一代而言，馬來亞和新加坡是一個大同的民族，我們都有很強的情意結要維繫下去。於是我打電話對吳慶瑞説，只要馬來西亞同意，我已經做好準備接受主席這個任命，但只擔任一屆為期三年。一兩天後，我們相約在吉隆坡會面。

新加坡和馬來西亞的關係一向緊張。早在萊佛士學院的時候，我就覺察到這一點。新加坡學生十有八九是"城市的油腔滑調派"。他們熱衷於打聽你的父母和祖父母是誰、他們是不是富翁。馬來亞的學生基本都是鄉村背景。他們大多數都很有個性，對財富和地位不太感興趣。他們上大學只為求學交友。我們這些從柔佛來的華裔學生比新加坡學生更懂得如何與馬來人友好地相處。我們之間更能互諒互讓。

當時新加坡和馬來西亞之間關係緊張。新加坡方面認為我能在外交關係上起到一定的作用，他們知道我在馬來西亞有良好的政府關係。我在萊佛士學院時，拉扎克也在那兒就讀。事實上，我記得三分之二或四分之三的馬來西亞政府要員都曾是我萊佛士學院的校友。亦有很多政府人員是我新山的校友。

在吉隆坡，我先去見了我的密友敦·伊斯邁醫生。他説："羅伯特，如果你已經決定接受任命，那你就去做吧。但我不知道你能否過東古那一關。"後來敦‧拉扎克給總理東古‧阿卜杜勒‧拉赫曼打了電話，幫我約了第二天會面。

我早上九點到達東古家，他讓我等了大約半小時。他一貫起得很晚。然後東古從他那又大又有點零亂的房裏出來，走進我在等候的客廳說："啊，郭先生，郭先生。我知道你，你哥哥（鶴舉）是我們的大使。"

我說："是的，先生。"

"你來有何貴幹？"他問道："你想當馬來西亞－新加坡航空的主席？"

我答道："東古，其實我不是想當……"

他對我出任這個職位不感興趣。他說了一些他與新加坡之間存在的問題。我靜靜地聽着，因為我不方便在這種場合表態。後來，我稍為打斷了一下他的説話。

"先生，我們可否言歸正傳？"

到最後，他説："好吧，郭先生。如果你想做那個職位，就做吧。我無所謂。"

就這樣，我接受了馬來西亞—新加坡航空董事會主席一職。董事會的 15 名成員中，包括 1 位主席、4 位由馬來西亞政府提名的董事、4 位新加坡政府提名的董事、1 名來自海峽輪船公司（由藍煙囱集團控股的一家英國船運公司）的董事、2 名由英國航空派來的董事，2 名由澳洲航空公司派來的董事，還有 1 名從英國航空公司暫借過來的董事總經理。董事會內總共有 6 個白人，

8 個馬來西亞和新加坡人，還有我，也是馬來西亞人。

　　沒有誰比新加坡和馬來西亞政府提名的董事更會鬥嘴。如果其中一方提出一個議案要求通過，另一方必定會反對。雙方都試圖撕開對方的面具，想看看動議的背後是否隱藏了不可告人的動機。董事會一般上午九點半開始，一般不到晚上七點半休想散會，而那段時間我的糖生意正發展得如火如荼。幸運的是，我的身體仍能一直健康地支撐。

　　我不僅是董事會主席，還要經常做兩國政府的調解員。我用盡了我平生最公平、公正的方法去處理事情。董事會前的一個晚上，我會專門邀請這 8 名董事和公司秘書一起晚餐。席間，我會給他們先做些公關工作，讓他們彼此之間和平共處。我會向他們解釋："明天議程上有些較為棘手的議題，請大家儘量相互理解。"有時，我以為他們都同意了，但到第二天的會議上，他們卻又爭吵起來。公司章程賦予 8 位董事都各自有一票否決權，所以我管理的這家公司經常有 8 票是否決的，這實在太可怕了！我兩年都是處身這種環境之中。

　　我必須提出，有一些磨擦是發生在我和一位西方董事之間的。我任董事會主席時，執行董事兼首席執行官是來英國航空公司的大衛・克雷格（David Craig）。我們之間常發生激烈交鋒。他竭力討好馬來西亞的董事，因為新加坡的董事都很古板、嚴苛，每當克雷格工作表現欠佳，他們就會對他嚴厲批評，所以他就跑到馬來西亞那方尋求保護。他發現馬來西亞董事基本上就是他的保護傘。我總是試圖把他揪出來，因此我們的關係變得很差。

有一天，我在航空公司位於新加坡魯濱遜路（Robinson Road）的辦公室，那裏的空間比我自己糖公司的寬敞得多。克雷格提出要聘用昂貴的歐籍員工。我問他為甚麼不僱用緬甸飛行員。那時，緬甸的奈溫將軍（Ne Win）正在培訓飛行員，並送了部分飛行員去英格蘭的航空學校接受培訓。他反駁道："噢，不，不。只有英國飛行員才安全。"

我指出，我們這兒的一些指揮官也是來自馬來亞半島的華人。他說只是寥寥數人。我於是建議他試試向印尼鷹航招募，因為鷹航相對上經驗較為豐富。他回覆說："啊，這些傢伙會把飛機撞進大海和森林，會把所有乘客害死的。"

我反駁他說："你這話是不是太種族主義了？"我說也有白人駕駛的澳航或是英航飛機在新加坡的加冷機場墜毀。我們兩人越說越激烈。他當然有自己的盤算。但我在接受這份工作時，沒有任何不良意圖，我一心只想促進新加坡和馬來西亞之間的和諧。

與此同時，精於計算的新加坡政府，對航空業的經濟情況做了分析。他們認為馬來西亞國內航線是有利可圖的，但長遠來看，並沒有大規模發展的勢頭。新加坡國際機場因為擁有國際客流，這才是皇冠上的明珠。所以新加坡政府認為應該將馬來西亞—新加坡航空公司一分為二，各自經營為佳。

這時，雙方在董事會上表現得更加劍拔弩張。我為此約見了新加坡副總理吳慶瑞，請求他勸阻一下他那幾位激進的新加坡董事。我暗示他，整個局面已有傾倒的趨勢。新加坡董事的思維像剃刀般鋒利，因此可憐的馬來西亞董事在會上都被重擊，我唯有扮演裁判的角色。說句公道話，航空公司能得以高效運作，主要歸功於新加坡一方。馬來西亞一方過於主觀，經常感情用事。

事到如今，一切都很清楚了。航空公司將要分拆。我這種鬥牛犬的個性，想要做的事便會非做不可。但擔任馬來西亞—新加坡航空的主席，這份吃力不討好的差事，真的把我累得半死。我就像奴隸一樣日以繼夜地工作，同時還要顧及自己手中的球。此外，我始終認為馬來西亞和新加坡兩國之間的紐帶仍然可以維繫下去。既然分拆最終也會成事實，我決定寫一封讓他們無法拒絕的辭職信。但如何用三言兩語，恰到好處而不會節外生枝呢？我花了整整兩天才寫出那兩行英文。信送出三四個月，仍然音訊全無。

當時新加坡的財政部長是韓瑞生，是新加坡這個島國立國以來最出色的內閣大臣之一。他生於檳城，在我入讀萊佛士學院前兩年，剛於理學院畢業。

後來，我收到了此生讓我感到最愉快的回信。這是由韓瑞生親筆寫的，大意是："我很抱歉拖了這麼久才回覆你。因為我們無法找到合適的繼任者。這亦證明了我們對你和你所做的一切表示讚賞。經過雙方政府多次討論，我們終於決定由雙方各派一員，聯席出任董事會主席。"

這是一個再經典不過的貓鼬與眼鏡蛇的格局，他們所推選的人必定會全力爭鬥、互不相讓。我卸任時，退得很徹底。我甚至不想再聽到他們的事。馬來西亞政府選了當時的中央銀行行長敦·伊斯邁·阿里（Tun Ismail Ali）。而新加坡方面則選了喬·皮拉伊（Joe Pillay），從我加入董事會那天起，他一直是新加坡方面的董事。

一方面，喬‧皮拉伊給我帶來最多麻煩。但另一方面，他卻是董事會中最有效率的一個。我敬佩他的才智，可以説在新馬兩地都無人能及。他對經濟學和成本計算方面十分出色。通過觀察他的工作，我獲益良多。

喬的個性頗為偏激。他本身是個可愛的人，也是一位紳士，但一旦涉及國家利益或需要履行他的職責時，他可以反過來表現得相當激進。

記得在一次董事會上，喬‧皮拉伊和英國航空公司指派的董事巴茲爾‧班菲爾德之間鬧得很不愉快。喬要巴茲爾回去跟英航和澳航説，他們這兩家航空公司的一些做法有欠公允，應該向馬來西亞—新加坡航空作出讓步。

在下一次會議時，巴茲爾回覆説，他受英航和澳航委託，代表兩家公司同意上一次會議提出的所有要求。我説：“這真是天大的好消息。我能否代表各位，提議對這兩家公司表示感謝？”

喬‧皮拉伊立刻打斷説：“不！按道理，這本來就是我們的，早該屬於我們。”

我懇求喬，為甚麼還要再糾纏過往的事。巴茲爾‧班菲爾德是一個正派的英國紳士，做着一份吃力不討好的工作。他一定為此與航空公司據理力爭過，也費了不少氣力。

兩位新任主席開會像辦喪禮一樣。分拆公司就像為一個連體嬰動手術一樣。這個手術要花費漫長的時間才能完成。

第十四章　馬來西亞的關鍵時期

　　1969 年 5 月 13 日的上午，我身在新加坡。幾週前，我召集馬來亞製糖有限公司準備 5 月 14 日在吉隆坡開會。那時，馬來西亞大選剛剛結束，全國氣氛相當緊張。我計劃 5 月 13 日飛吉隆坡，在那裏過一晚，以便參加第二天上午的會議。

　　5 月 12 日下午，我接到好友雅各布·巴拉斯的電話，他知道我計劃前往吉隆坡。他說：“羅伯特，快取消你的行程！這裏種族關係十分緊張，隨時會有暴亂發生。我懇求你不要來。”我聽取他的建議取消了行程。

　　5 月 13 日，我在新加坡的辦公室。將近中午時，我接到馬來西亞中央銀行行長伊斯邁·阿里的來電。伊斯邁是我的摯友，那天，他以非常不安的聲調說：“羅伯特，你知道這邊發生了甚麼事嗎？”

　　我答道：“伊斯邁，我沒有最新的消息。”

　　他說：“瑞生威脅要辭職。羅伯特，如果瑞生辭職，就意味着馬來西亞華人公會將退出政府，這可能導致流血衝突。我們必須嘗試阻止事態發展。我覺得只有你和我兩個能説服他改變主意。你能搭最快的航班，馬上趕過來嗎？我需要你的幫助。我認為我們兩人合起來或許能產生點效用。”

　　我說：“好吧，伊斯邁。我馬上趕來。”

我在吉隆坡有房子，於是我致電秘書，請她幫我訂下一班往吉隆坡的機票。我大約於下午五點抵達，有四位經理在吉隆坡機場接我。這很反常，因為通常只有司機來接送。我從商的第一天起就跟我所有的經理說："不要接送任何人。你們是來工作，幫公司賺錢的，不是來浪費時間迎來送往的。"所以我很奇怪，為甚麼四位經理都來了。四人中一位是馬來人，另外三位是華人。他們不斷察看四周。他們說："我們擔心將有暴亂。我們覺得只有我們都來，你才夠安全。"

我們分坐三輛車走。我跟我大舅子謝春榮同車。他把我送到伊斯邁在直納提莎路（Jalan Natesa）山上的家。護衛車開到山腳下，春榮下車，再坐另一輛車回家。我的車繼續往山上開，到伊斯邁家門口，我下了車。此時已接近晚上六點，天色開始漸暗。

伊斯邁和他太太在大門口等着我。伊斯邁臉色陰沉。他勉強擠出一絲笑容說："嗨，羅伯特，很高興你來了。"我們剛握完手他就說："羅伯特，可惜為時已晚矣。瑞生已經辭職了。"他領我到樓上寬敞的客廳，我們一起收看電視新聞。

我們在交談時，電話響起。這時已大約六點半。伊斯邁說："好，好，好。"然後放下聽筒。他說："是警察總監。今晚七點會開始宵禁。安邦路一帶已經發生暴亂，並且有死傷。"

伊斯邁說："羅伯特，你現在進城不安全。在這兒留宿一宿吧。"

我答道："不，伊斯邁。我的司機是馬來人，我是華人，我家裏的傭人也是華人。我還是回家好一些。如果我們遇到華人暴徒，我會想辦法保護我的馬來司機；如果遇到的是馬來人，希望他能保護我。"這些話只是在壯膽子而已，因為暴亂已經一發不可收拾。

我們避開安邦路，抄小路回家。當時已開始宵禁。所有大樓全都關閉。我安全到埗，快速洗了個澡。這時，我聽見傭人喊道："到處都着火啊！"

我家有一個小圍牆，不過我還是跑出街外。迎面遇見我的鄰居丘建明。他是一個會計師，碰巧也是萊佛士學院高我一級的校友。他說："鶴年，宵禁了，你不該出來的。"

我說："那你在外面幹嘛呢？"

我們一起笑起來。

朝一邊望去，大約一公里外，火焰舔噬了樓頂，濃煙籠罩。轉過去另一邊，大約三公里遠處，也有黑煙烈火。事後，政府公佈的數字說有 800 至 1,000 人在暴亂中喪生。而華人稱死亡人數多達兩三千，受害者主要是華人，很多是被砍死的。

性格單純、平常遵紀守法的馬來村民受到煽動，他們懷着極度仇恨和憤怒，操起短刀或劈柴砍樹的彎刀，男人成羣結隊驅車從村莊到吉隆坡。他們見華人就下手，有時也砍殺印度人。吉隆坡的治安完全崩潰了。

馬來亞獨立前，政壇中一些正在崛起的後起之秀也是父親生前的好友。馬來亞獨立後的一代政治家，如東古·阿卜杜勒·拉赫曼、敦·拉扎克和敦·伊斯邁醫生都是很優秀的人，他們深愛並關心自己的國家和人民。

我最親近的朋友是敦‧伊斯邁。他是一位醫生，在墨爾本讀醫，在馬來西亞從英國獨立的鬥爭中成為領袖。伊斯邁總是站在政治運動的最前線。在馬來亞當時的領袖中，位居第三，僅次於東古和拉扎克。敦‧伊斯邁醫生後來成為內務部長，統領警察部門和情報機關。

1957 年馬來西亞獨立後，執政黨巫統及馬來西亞華人公會常常要求我作大額捐款。我總是心甘情願、愉快、大方地給與捐助。

馬來西亞獨立以來共有六任總理，我全都認識。第一任是東古‧阿卜杜勒‧拉赫曼，他是個非常有禮有節的人。他受過良好教育，畢業於劍橋大學，獲法學學位。論頭腦，東古很聰明，也很精明。他母親是泰國人，因此他有着泰國人的精明，有識別對手是否值得信任的能力。

東古不大着重行政管理工作，但他有一位非常出色的二號人物敦‧拉扎克。拉扎克工作極為勤奮，東古把大部分文案工作都交了給他。東古更像一位運籌帷幄的戰略家，知道如何派遣自己的部隊，到真正投入戰爭時，具體策劃的卻不是他。東古會説：“拉扎克，你來接手。現在交由你去處理。”從這方面來看，兩人是絕佳搭檔。

在我與東古的會面中，我發現他有一些盲點。他對共產主義深惡痛絕。當我們很熟稔之後，有一天，他跟我説：“共產主義者！在伊斯蘭國度，我們視其之為魔鬼。你不能跟奉行共產主義的中國打交道，否則你就是跟魔鬼打交道！”他滔滔不絕地説着共產主義者、共產主義、奉行共產主義的中國。

我回應道："東古，中國走向共產主義是由於國家受到壓迫和入侵，人民遭受巨大苦難。我認為這只是過渡階段。"

他打斷我說："哦，你別信這些！中國人是在與魔鬼結盟。中國人民完蛋了！你不知道你們華裔能身處馬來西亞是多麼幸運的事。"

我溫和地說："東古，作為馬來西亞總理，你應該與他們做朋友。"

多年之後，已經卸任的東古應邀去中國訪問。當時的中國總理趙紫陽在北京人民大會堂接待他。東古那次行程是與 15 名華商好友組成代表團。

到中國前，他先到香港稍作停留，我請他吃晚飯。在他離開中國時，他再次經過香港，我們又一起吃飯。我問他有甚麼感受。他以往所有的偏見全都消除殆盡！他甚至不想再提起。他只是說此行讓他大開眼界。他說："我遇到的人都很不錯，他們都是正派的人，跟你我一模一樣。我們可以開誠佈公地無所不談。"從此之後，再也沒有聽過東古說奉行共產主義的中國是魔鬼的化身。

我想說一些有關東古的逸事：他的朋友有時會幫助他，或送他一箱香檳或特別進口的牛排。他喜歡在自家草坪上烤牛排、開香檳、飲餐酒或烈酒。他最喜歡的白蘭地是軒尼詩 VSOP，酒量極佳。

東古也會幫助朋友，但他從不利用裙帶關係。陳修信任財政部長時，東古曾去信給他，提到自己有一位玩牌搭檔，是檳城的商人。那個人好像是遇到稅務麻煩，正被稅務部門調查，於是向東古求救。

東古在信中寫道："你知道某人是我的朋友。我不是想讓你網開一面，修信，但我相信你可以用你的方式寬免他。"大意如此。修信勃然大怒，大步衝去敦·伊斯邁醫生在樓上的辦公室，扔下信，吼道："你看看總理對我在做甚麼！"

敦·伊斯邁醫生讀完信後笑說："修信，人生如戲啊。"伊斯邁拿過信，揉成一團扔進垃圾桶。他接着說："修信，東古盡了他作為朋友該盡的責任。現在，你可以無視東古，恪盡職守，履行你的職責。"這是東古幫朋友的極限。

任人唯親者則完全不同，他們都是阿諛奉承之徒，把領導人吹捧得膨脹自大。然後，領導人便拿國家利益去分配給他們。一個國家的財產、項目和生意是絕不容任何人將之配送的，無論他是國王還是總理。一個真正的領袖是國家的最高信託人。在一個未臻完善的體系中，使命感會指引他走正道。

任人唯親的領導會以加快振興國家為藉口，來掩飾他的所作所為。他會摒棄所有基本原則，如無視競投國家項目的公務員規章，然後簡單直接地把項目交給某個華裔或馬來籍親信。國有銀行被迫貸款給這些項目。一些親信甚至為貪官污吏撐腰。

東古在 5 月 13 日暴亂後感到十分氣餒，變得判若兩人。拉扎克成功說服他和內閣組成國家行動理事會（National Operations Council, NOC）。這是一個專制的政府機構，拉扎克被任命為總監。議會被凍結。待理事會解散的時候，拉扎克已被任命為總理。

東古大惑不解，他幫助馬來西亞獲得獨立，並盡心盡力地治理國家，但馬來人卻反過來，說他出賣利益給華人。說句公道話，東古沒有這樣做。他是個極其公正的人，熱愛國家和人民。但他知道，偏心某些人只會害了他們。

英國人統治馬來亞時，給馬來人提供了一些優待。1957 年 8 月 31 日馬來西亞獨立、馬來人掌權後，政府給馬來人提供了更多的優惠，但當中並無偏袒。不當的利益傾斜發生在 1969 年之後。

1969 年 5 月 13 日的暴亂對政治體制造成極大衝擊，但這並不讓人感到意外。馬來極端主義者把馬來人的貧困都歸咎於華裔和印度人對當地的掠奪。像東古·阿卜杜勒·拉赫曼這樣能看清正反兩面真相的領袖，無法再平息那些頭腦發熱的人。較有頭腦的領袖被迫靠邊站，極端主義分子劫持了權力。他們喊着沖昏頭腦的口號——馬來人地位低下、馬來人受盡欺壓——自己則覷覦時機成為超級富豪。事實是，這些馬來人致富後，多數沒有為窮困的馬來同胞做任何事；而致富的華裔和印度人卻在國內為馬來人製造就業機會。

1969 年 5 月暴亂之後幾個月發生的一件事，至今還是歷歷在目。一天，我在等候與敦·拉扎克見面時，一位我很稔熟的馬來政府高官從議會走廊經過，他擋住我的去路，問道："你在這兒幹嘛，羅伯特？"

我答道："哦，我要見敦。"

他吼道："別貪心啊！給我們可憐的馬來人留點東西吧，別全獨吞了。"

1969 年 5 月以後，我看到商界正發生轉變。商業運作不再清明公開。在此之前，政府會向馬來西亞公眾和全球公開招標。只要我們乎合資格就可以投標。一旦贏得合同，我們只需努力工作，或失敗或成功。那時，我們十之八九能贏標。但風雲色變，時勢轉向任人唯親和裙帶關係。

　　其實暴亂前，已有轉向的端倪。我拚命幫助馬來西亞發展國家經濟，這就是我進入船運、鋼鐵業的原因，只要是政府要求我做的，我便全力以赴。馬來人中，有些自感不足，也建議要借助華人的優勢。不過，這也可能會製造更多問題。如果政府力挺華人，華人最終會擁有整個國家 90% 或 95% 的財富。這或許有助馬來西亞的經濟，但對整個國家卻極其不利。

　　總體來說，馬來領袖在治理國家時表現公道。他們有時會給予馬來人一些優惠。但當發現矯枉過正時，他們也會試圖糾正錯誤。他們都心存正道，只是無法找出解決問題的出路。

　　1969 年 5 月 13 日暴亂以後，馬來領導人只有一個簡單論調：馬來人需要援助。可是該援助到甚麼程度呢？馬來政府設計了一個很簡單的架構，但卻漏洞百出。

　　試想像一個勤勤懇懇的非馬來人建立了一間公司。國家貿易與工業部卻下令，要求公司必須把 30% 的股份出售給馬來人。該公司擁有者說：「這間公司已經營了 6 年。原先每股面值 1 元馬幣的股票現已升值至 8 元了。」

　　工業部於是說：「你能以每股 2 元或 2.5 元配售給馬來人嗎？」經過些微討價還價後，這位非馬來人只好讓步。

馬來人在獲配售後擁有了這家公司的 30% 的股權，隨後他們陸續將股份出售以換取利潤。經數年後，那些馬來人團體召開原住民大會，查訪所有公司，發現這家公司馬來人持股比例低至 7%。這可不行。於是，馬來人爭辯要求需再次重組股份結構。慶幸的是，工業部通常都會做出公正的裁決，將類似肆無忌憚的要求拒之門外。

如果出於國家和平與秩序的需要，基於某個一致認同的目標，來改變規則一次，那還情有可原。但一而再地去改，這無疑就是強盜行為了。難道有政府認可，這就不算是搶掠嗎？但那時，如果有人膽敢提出異議，就會被指控煽動民族分裂，可被判監三年。

作為馬來西亞土生土長、在馬來西亞接受教育的華人，我眼見馬來人被誤入歧途，深感悲哀。我認為，馬來人急於縮小華裔和馬來族裔之間存在的經濟鴻溝，而走了有害的捷徑。這急迫之舉，其中一個副作用就是讓種族主義愈演愈烈。

我清楚看到，1969 年以後的新一代領導人所走的都是危險的路。幾乎無人願意聽取我的觀點。亞洲絕大多數國家的社會形態依然相當封建，甚少人會反對當權者。就像《皇帝的新衣》，一個赤身裸體的皇帝說："看我的新衣，它漂亮嗎？"所有人都只懂回答說："是啊，陛下，你身上所穿的是最漂亮的衣服。"

我嘗試過一次，也是唯一一次，努力去影響馬來西亞的歷史進程。這件事發生在 1975 年 9 月穆斯林齋戒月。當時，馬來西亞第二任總理敦・拉扎克患了晚期白血病，病情嚴重，在倫敦的一家醫院接受治療。

拿督翁惹化之子、我的好友侯賽因·翁時任副總理、財政部長，在敦·拉扎克休病期間兼任代總理。他不久將成為馬來西亞的第三任總理。我去吉隆坡，請人傳話，希望安排與他交心長談。侯賽因在電話上說："你午飯的時候來吧。現在是齋戒月。大約在一點半來我辦公室，那裏沒有人，我們可以交心暢談。"

侯賽因和我早在 1932 年就認識，那時我跟他在新山是同班同學。此後不久，他父親與當時柔佛的蘇丹不和，舉家搬去新加坡的實乞納路區。我父親常常在新加坡與拿督翁一起過週末。兩三年後，侯賽因回到新山。由 1935 年到 1939 年間，我們在英文書院再度同窗。

侯賽因的父親拿督翁沒有受過高等教育，但他博覽羣書、消息靈通。他是天生的政治家、演說天才，可以用馬來語和英語演講。他很精明，雖然並非出生自馬來西亞皇族，但他有教養、氣質非凡。在他身邊，你就能感覺到偉人的氣場。

拿督翁後來成立了馬來西亞執政黨、馬來民族統一機構（巫統，UMNO），成為馬來西亞獨立的其中一位發起人。他身體力行，為馬來西亞民族和諧奠定了基調。我們兩家人的關係十分親近。

在 1975 年的一天，我去拜訪他的兒子、我的老友侯賽因·翁。他的辦公室在一幢宏偉的老式殖民地建築內，是雪蘭莪秘書處大樓的一部分。房子前面是吉隆坡球場，殖民地時代，英國人就在這裏玩板球和橄欖球等男士運動。當年，馬來西亞就是在這個球場上宣佈獨立的。

我爬上旋轉樓梯，他的助理馬上引領我去他的房間。偌大的辦公樓裏，空無一人。我們打過招呼，很快便切入主題。我說："侯賽因，我來是想跟您談兩件事。一是敦·拉扎克的身體狀況，另一個是我們國家的前途。"

我說："你知道的，拉扎克的近況很差。我們都知道他去了倫敦接受治療。"

侯賽因打斷我說："敦不喜歡任何人談論他的健康狀況。你不介意的話，我們直接談下一個話題，好嗎？"

我說："當然不可以。"我接着說："我必須先說第一點，因為它引申出下一個主題。假設拉扎克不久人世，請別介意，但我必須提出這一點，因為毫無疑問地，你在數週或數月後將會成為新任總理。"

他說："我在聽着。"

我說："侯賽因，我倆認識良久。我們的父親是最要好的朋友，我們兩家一直是最好的朋友。年輕時，我們對國家懷有濃厚的熱情，直至今日，我們依然如故。無論過去幾年發生了甚麼，我們都不要往後看，不要向任何人問責，也不要再計較對錯。讓我們把眼光投向未來。假如過去造成了傷害，我們可以去修復它。"

侯賽因耐心聽着。

我說："侯賽因，首先我要問你幾個問題。在你心目中，管理一個社會、一個社區、一個像馬來西亞這個幅員遼闊的國家需要多少人？"那是 1975 年，馬來西亞人口大約有 1,250 萬。

他沒有回答。為了節省時間，我就自問自答説："侯賽因，我可以説 3,000、6,000，或者 1 萬、2 萬，無論甚麼數字，我認為都無關緊要。反正我們説的不是幾十萬或幾百萬。管理一個社會或一個國家，相對來説，需要一定數量的人。侯賽因，讓我們假設是 6、7 或 8 千吧。他們有兩個管轄範疇。公眾部分，也就是政府、公務部門、政府機構、政府所屬團體、執行機構、警隊、海關和軍隊。而私人部分，就是經濟引擎、發展的動力、種植園、礦業、各種產業。"

我説："侯賽因，我想説的就是這兩範疇的領導人。假設他們為數幾千人，其中各個種族的人數是否按比例分配，對於老百姓來説，有甚麼關係呢？就是説，每十個領導人中，是否一定要有五六個馬來人、三個華人和一兩個印度人呢？"

我繼續説："一定得如此嗎？理智告訴我，這個比例並不重要。重要的是我們的目標，要建立一個非常強大、非常現代化的國家。為此，我們需要才華出眾的領導人，這幾千人必須有非凡的領導力。如果你贊同我的觀點，認為種族比例對國家無足輕重、非為必要，那我們就來定義一下這些領導人必備的質素。"

我説："第一，無論男女，首要的質素是人格。這個人必須清廉、正直、誠實，不能有半點腐敗或醜聞。當有人偏離正道時，這些人必須被清除，但他們最初被選中的時候，必須擁有最高尚的人格。第二，一定要有才幹，然後才會有作為。他或她必須擁有很強的能力和才幹。第三，他們必須勤奮，願意每天長時間工作，日復一日、月復一月、年復一年。這是建立起一個國家的唯一途徑。"

我接着說道："我想不出其他重要的素質了。所以，侯賽因，你作為總理 —— 我現在假設你會將成為總理 —— 你的主要任務將會是，不時把不合適的方型釘子從圓洞中拔出來，然後安排方洞配方型釘子，圓洞配圓型釘子。即使具備上述三大質素的人，如果組合不當，也可能會被安排在不合適的崗位上。所以，你要去把他們拉出來，重新編配，直至整個國家能和諧合唱起來。"

我補充道："我們不具備建設國家的所有專業知識，但只要我們努力工作，胸懷發展壯大祖國的目標，我們有能力僱用到世界上最好的人。最優秀的人都會來，不分膚色、宗教、信仰，無論他們是最白的白種人、最棕的棕色人種，或最黑的黑色人種，我確信這一切都沒有關係。但侯賽因，外國人永遠都不能佔據駕駛座。殖民主義時代已經一去不復返了，他們過去主宰了我們的方向，使得我們國家混亂不堪。因此，我們馬來西亞人必須穩坐駕駛座，外國專家則坐在旁邊。如果他們說，"先生、女士，我認為下個路口我們應該向右拐"，那麼我們便需自行決定是聽他們的建議還是按其他方法行事。我們雖然主宰國家，但我們也需要專家。"

"侯賽因，您將是一國之領袖，你有三個兒子，第一個兒子是馬來人，第二個兒子是華人，第三個是印度人。我們目前看到的是長子比另外兩個兒子受到特殊眷顧。侯賽因，如果你在家中偏心長子，他將會被寵壞，他一旦成長後，就只會晚晚泡在夜總會，因為他深受爸爸溺愛。二兒子和三兒子因為受到歧視，他們會隨年月變得像釘子般硬，最後變得如鋼鐵一樣，他們最終會取得更大的成功，反而大兒子會失敗收場。"

我懇求他說："侯賽因，請你選用聰明的人，選用那些心存正道的人。選用那些正直、有才幹、勤奮、堅毅不屈的馬來西亞人。不論種族、膚色和信仰，任用他們。侯賽因，但現時卻採取了另一種方法，就是過度偏袒馬來西亞原住民，就像過度溺愛長子一樣，讓他一出生就在優待中長大。"

我總結道："這就是成就我們國家未來的簡單方程式。侯賽因，你會否採納並作出嘗試？"

侯賽因一直非常專心地聽我說，幾乎沒有插話，可能偶有咳嗽過一兩次。我記得我們坐在房間最盡頭的位置，非常寧靜，我倆相距約兩米，因此我說的每一個字、每一個音，包括聲調的細微起伏，他都能清晰聽得到。他靜靜地坐了幾分鐘，然後說道："不行，羅伯特，我做不到。憑馬來人現在的思想狀態，他們無法接受這個方法。"

他清楚地跟我解釋說，即使他有開明的看法，馬來西亞還是會由馬來人統治。他表示，他無法將我的方法推銷給他的人民。我們的見面在和諧的氣氛中結束，然後我便離開了。

我感到失望，但也無能為力了。侯賽因是一個誠實的人，擁有極高尚的人格。在見他之前，我反覆衡量過侯賽因的性格的堅毅度、精明度和能力。我們曾是同班學習，受相同老師的教化。我知道侯賽因將會成為馬來西亞總理，也將會是我此生最接近的一個。

　　我知道侯賽因完全理解我的觀點，但他亦知道這個進程已經走到無法回頭的階段。我所看見的景象，就如一列火車正朝着錯誤的方向行駛。在侯賽因任內，他只能成功遏止部分貪婪的風氣。但這列馬來西亞火車早已走在錯誤的軌道上。侯賽因沒有足夠的力量去舉起整列火車，然後放回正確的軌道上。

　　資本主義世界萬分兇險。在我羽翼漸豐的日子，我感覺自己彷彿長出了鱗、爪和尖牙。我覺得自己有能力去面對任何對手。但資本主義是一種冷酷無情的動物。每一個成功商人的背後至少有萬骨枯。我所說的並非裙帶式資本主義，我所指的是真正的資本主義。對資本主義作出這樣的評價，我確實感到悲哀。

　　是的，我始終相信好好遵循資本主義的規則，便能在生活中邁步前進。或許有人會指責我，因為自身的成功，便稱許弱肉強食的"叢林法則"。但我只是實話實說而已，只要不濫用法規和不成文的法律，資本主義其實是一種美好的創造。

第十五章　吉隆坡與北京之間

　　我相信馬來西亞政府認為我的中國人脈在國內無人能及。由於我與中國和馬來西亞政府都有良好關係，所以曾多次受託成為兩國政府之間的溝通管道。這讓我在馬來西亞共產黨解體中扮演了頗具諷刺意味的角色。說它"具諷刺意味"，是因為我已故的二哥鶴齡曾是馬來亞共產黨的要員。但在回顧這段隱秘經歷前，讓我離題先說一說我是如何多次被捲入馬來西亞政治，即使在我移居香港之後。

　　1986 年，馬來西亞的華人政治領袖與我接觸，請我去保釋馬來西亞華人公會（MCA）會長陳羣川（Tan Koon Swan）。馬華公會是繼馬哈蒂爾（Mahathir）巫統之後，馬來西亞的第二大政黨。陳羣川觸犯了新加坡法律，被指涉嫌經濟犯罪。新加坡法庭將保釋金額定為 2 千萬元馬幣，金額之高在當時聞所未聞。

　　我當時正身處吉隆坡。我的汽車電話響個不停。馬華公會的高層懇請我說："你是唯一能挽回我們面子的人。我們不想批判新加坡這種做法，但我們不能眼看會長被關押入獄。我們只想保釋他。請求你，你能作保嗎？"

　　我陷入了兩難的局面。我是馬來西亞人，但他卻在新加坡被控告。我說："等一下，我會盡快回你電話。"我立刻從吉隆坡致電話母親，如常地諮詢她的意見。我解釋了一下情況後，便問她我應否站出來作保。

母親問：“你傾向怎樣？”

我答道：“我傾向幫助他。這倒不是為了幫他個人，而是為了這個政黨。”馬華公會是聯邦政府的一部分。

她說：“我同意你的看法，為了政治的原因，你應該作保。”

於是，我便着手安排。我請求新加坡政府給我特別待遇，讓我從側門進入法庭，因為前門台階上堵着一大羣媒體。獲假釋後幾個月，陳羣川最終被判罪入獄。待他獲釋時，他第一件事就是去新山感謝我的母親。

幾年後，馬華公會面臨財務危機時，我又被召去了。獨立時期，馬華公會運動最早的領導是陳禎祿（Tun Tan Cheng Lock），後來他將領導位置傳給了他兒子陳修信。我是在修信任職政府時認識他的。在我申請馬來亞製糖有限公司營業執照時，時任部長的他曾經阻撓。

陳修信經常找我做政治捐款。他有兩個政界銜頭：他所屬的馬華公會政黨的會長，以及聯邦政府，包括巫統、馬華公會和印度黨的財政部長。我對聯邦政府和馬華公會都提供了資助，特別是大選的時候。

1980 年後期，馬華公會的領袖、福州裔的林良實（Datuk Sri Ling Liong Sik）來香港見我。他急需幫助，用以挽救馬華公會多年前創建的馬化控股有限公司（Multi-Purpose Bhd）。這是一間管理不善的上市公司。旗下有五六家公司，最主要的一家附屬公司，是萬能企業有限公司（Magnum Corp.），這是一家合法的賭博財團；另一家是大型地產開發公司班加拉亞（Bandar Raya），還有一家是鄧祿普地產公司（Dunlop Estates）。我接任了馬化控股董事長一職，在郭氏集團的同事胡木金和王愛眾的幫助下，成功地讓企業翻了身。在我的一生中，我被分派處理過三個有高度爭議的項目——日資的馬來亞瓦塔綜合鋼廠、短暫的新馬航空和馬化控股。

1980 年代，我也曾扮演過馬來西亞和中國政府的中間人。最早聯繫我的是當時馬來西亞政治部的主任丹斯里·阿卜杜勒·拉欣諾（Tan Sri Abdul Rahim Noor）。我的中方聯絡人是一位年長的紳士，他叫鍾伯（Zhong Pak）。我後來聽說他是中國國家安全部的元老，相當於美國的中央情報局。

馬來西亞警察的特警部門經常聯繫我說："你能把這些話傳遞給中國嗎？"他們請求中國不要讓馬共作攻擊馬來西亞政府的廣播。我傳話之後，馬共的廣播便安靜下來了。特警部通過我在吉隆坡的朋友、拿督林緒華向我轉達了謝意。

此後，我給馬來西亞安全部和鍾伯及其助手來回傳遞過一連串信息。馬來西亞希望中國能以書面保證停止支持馬來西亞共產黨及其首領陳平。一天，拉欣諾對我說："我們已派密使去叢林跟陳平的人對話。你亦已告訴過我們中方的取態，他們不會再支持馬來西亞共產黨。這與我們特派員所觀察到的情況吻合。但我們是否能得到一些書面說明，中國撤回支持的程度？"

我回到香港，與鍾伯聊了一下。我把拉欣諾的話原原本本轉述了。過了一兩個月，鍾伯的一位助理來見我說："我們為你定好了來廣州的日期。我們的人會陪着你，但不會參加開會。請你坐火車來，我們安排人去接你，然後帶你去見我們的領導。因為他不方便來香港。有一份由國家高層領導草擬的文件。我們想在送交馬來西亞政府前，先諮詢一下你的意見。"

我於指定日期，在中午出發，大約兩小時後抵達廣州。他們派了一輛轎車來接我，那司機的行徑有點像詹姆斯·邦德（James Bond）。我們的車開啊、開啊，拐了無數不必要的彎。他像在試圖甩掉任何有可能跟蹤我們的人。然後，我們突然從大路拐到了一條岔路上，又從岔路轉上了一條更小的路。轉彎的時候，我幾乎能感覺得到，背後馬上有人衝出來放置路障，防止其他車輛進入。

車子停在一幢很簡樸、十分普通的房子前，裏面有點暗。房子裏有一張桌子和一些椅子。他們說："請坐。我們去通報。我們領導幾分鐘後就會來見您。"

我等了不到三四分鐘，先進來了一人，他說："領導就在我後面。"數秒後，領導人走了進來。我之前見過他，但想不起在哪裏。他面帶微笑，非常熱情地說："我們不想耽誤你太久。我們都知道您是個大忙人。"

我們坐下來。他開始說："經過你與我方人員多次聯絡——當然，我們對你做的一切深表謝意——我們可否勞煩你再做一件事？這是一份草擬的文件。請你讀一下並談談你的看法。"

幸好，我那時閱讀漢字的速度已經相當快了。全文共兩三頁紙，上面的抬頭空着，這是一篇立場聲明。

我讀完後說："這個聲明很好。除了有兩處需要修改一下，其他的都很好。"

他們問："哪兩處？"

我想了想，回答道："行文到此可以結束了。前面所述的都會加分，可是到了這處便像一盆冷水，失分很多。"

他們對視了幾眼說："郭先生是對的。如果我們願意挺起腰板說這些正面的話，為甚麼還要用其他話抵銷了它呢？那第二處呢？"

我說："這更容易。你們只要刪除這兩三個字就好了，放個句號在這裏。"他們再次表示贊同。

他們說："可是，我們現在有點麻煩。這封信已得到國家高層領導的批准。我們怎樣去修改呢？"

我問："你們是要指派我去傳遞文件嗎？"

他們說是。

我建議道："有一個辦法，看你們是否同意：我會先遮蓋這幾個字，然後以傳真發送這份文件。"因為塗掉了那幾個負面字眼才傳真，文件看起來跟原件一樣。我示範了一下我的建議，他們表示同意。我後來就是這樣做了。那封公函送到丹斯里拉欣諾那裏，似乎頗有成效。

幾個月後，馬來西亞政府與陳平簽署了停火協議。陳平的人走出了叢林，象徵式地放下武器，宣誓效忠馬來西亞，從此馬來西亞共產黨便消失於無形。

第十六章　海外華人

　　海外華人對東南亞作出了重大的貢獻。他們都是默默無名的英雄。有些遷徙移居到叢林中開荒、開發木材，有些到種植園割膠，有些去開採錫礦，有些經營小舖。正是這些華人移居到當地從事艱苦的工作，為其周邊地區創建了新的經濟環境。

　　而英國人則是一流的管理者。他們絕大多數身在異地，坐在倫敦、新加坡或吉隆坡的豪華辦公室或董事會議廳裏作遙距控制。真正幫助東南亞建設的是華人。印度人在其中也扮演重要的角色，但華人卻是經濟發展的中堅分子。

　　華人移民都是天生的企業家。大多數東南亞的海外華人來自中國沿海地區，如福建省或廣東省的小城鎮和村莊。他們天生就有世界上最好的創業基因。初來時，他們與其他東南亞移民一樣，食不果腹、赤着腳、穿着汗衫褲子。他們能找到甚麼工作就做甚麼，因為只要老老實實去賺錢，他們就能有吃有住。華裔企業家效率高、成本觀念強。當他們採購進口設備和專才時，他們知道如何討價還價。他們幹活比誰都拚命，並且甘願吃苦。華裔就像地球上一羣能創造經濟奇蹟的螞蟻。

　　明朝時，中國人已在南中國海和印度洋周邊做貿易和探險。但直至 19 世紀中葉或後期，移民人數仍是寥寥無幾。殖民化開啟了東南亞的大門。歐洲人給這些地區帶來了法律和秩序，開創橡膠業、礦業和貿易。觸發了上百萬華人像海嘯般的移民潮，紛紛往南洋尋找更好的機遇。

絕大多數海外華人重倫理、講道德、公平競爭、處事得體。我承認，如果他們身無分文，他們會不擇手段獲取第一桶金。可一旦有了一點資本，他們就會竭盡所能地擺脫過去，不斷去提升自己的道德操守，成為一個有聲譽的商人。

我沒有見過比中國人更忠誠的人。日本人有某種忠誠，但這種忠誠是不分青紅皂白的武士道精神：即使他們的上司是討厭的人，他們也照樣盡忠。與日本人不同的是，中國人無論是否受過教育，都有很高的判斷力。在每個中國村莊或社區，每個孩子的家教中都灌輸了道德價值觀。

華人自有一套學問。他們也許來自中國的小村莊或小城鎮，一開始時對外界一無所知，但他們能快速吸收外界的思維和謀略。地球上哪裏有生意做，哪裏肯定就會有華人出現。他們會知道該見誰，訂甚麼貨，如何最省錢。他們甚至不需要昂貴的設備或裝模作樣的辦公室，他們就是坐言起行。

環顧香港現時的成功人士，像長江集團的李嘉誠、新世界的鄭裕彤、恒基兆業的李兆基和新鴻基的郭得勝，他們都是從艱苦生活中磨練出來的。他們之中沒有一個上過大學。

由於我主要在英語環境中成長，對於中國土生土長的華商，我只是個旁觀者。他們是在中國語言和中國文化中薰陶長大的。可以說，華商醒來一睜眼，便在不斷交流學習，他們沒有真正的週末或假日。他們就是這樣日復一日地工作。每時每刻通過聆聽，在腦中篩選，把垃圾過濾掉，然後攝取有價值的信息，發展自己的一套。

優良的華商管理已是首屈一指，頂級的華商管理更是無可比擬，我在過去 70 年的營商生涯中尚未見過任何旗鼓相當的人。這並不表示華人企業是世界上最富有、最龐大的。像通用電器這樣的公司，或者比爾・蓋茨、沃倫・巴菲特這樣的商人，若以成就和財富相比，華商當然相形見絀。但美國人是在全球最大的經濟環境中經營，他們享有穩定的政治和社會體制、強大的法制體系、完善的政府組織架構。

東南亞海外華人的經營環境則稍欠和諧。他們不但缺乏社會、政治和經濟的援助，甚至得不到其僑居國的支持。在東南亞，華人常常受到不公平待遇和歧視。無論你去馬來西亞、蘇門答臘，還是爪哇，當地人都稱華人為"支那人"（一種對華人的貶稱）。

環顧全球，我見過大方友善的政府，它們甚至資助本地商人，幫助他們與海外商人競爭。這一點美國、英國、法國、德國、日本、韓國、台灣的做法如出一轍。國家銀行會為本國公民提供援助，進出口銀行會提供出口補貼。在商品貿易中，英法政府和銀行會洋洋得意地在背後支持自己的經紀，為他們提供我夢寐以求的信貸額度。如果某商品經紀有 2,000 萬美元資金，他們便能得到 2 億美元的信貸額；相反，如果我們有 2,000 萬美元註冊資金，我們連 2,000 萬美元的貸款都別指望拿到。當我投資巴黎蘇克敦（Sucre et Denree）時，我對塞爾日・瓦爾薩諾（Serge Varsano）從法國銀行所得到的龐大貿易額度感到無比驚訝。

華人沒有守護神（這裏，我沒有包括那些與領導人合謀、攀關係、隨之沉浮的華人）。儘管面對不平等的情況，海外華人還是通過自身的辛勤勞動、努力上進和精明頭腦獲得可觀利潤，這是任何其他少數族羣在相同環境下無法成就的。

海外華人為甚麼能夠在東南亞生存下來、適應環境並興旺發達？我認為，答案在於中國文化蘊含的巨大力量。華人即使離鄉背井，他們的骨子裏依然保存着中國文化。我記得父親僱用的苦力，扛了六七十袋大米後渾身汗臭，他們衣衫不潔，也用不起香皂洗澡，但內心深處，他們是正派、有道德的人。我還是三四歲時，有時我會坐在他們懷裏或身邊，他們會與我分享他們在中國生活的故事。從這些故事中，我可以説他們都是有教養，能明辨是非的人。即使沒有受過教育的中國人，通過家教和社會環境的影響，他們也懂得規行矩步，分得出甚麼是儒雅、謙遜、內斂，甚麼是粗俗、吹牛與高傲。

我記得某次受邀參加在雅加達舉辦的一場腦力激盪研討會，會議由雅加達的戰略與國際研究中心主辦，該中心由蘇哈托的情報負責人阿里・穆托泊（Ali Mutorpo）將軍領導。在蘇哈托政權下，印尼剛剛開始獨立自主。我希望在印尼進一步拓展業務，研討會是一個絕好機會讓我可以認識政要，並了解當地經濟與政治的脈動，所以我便去了。大約有 30 人圍坐一張大圓桌。來自馬來西亞的有加扎利・沙菲（Ghazali Shafie）和我，新加坡來的有德萬・奈爾（Devan Nair），他後來成為了新加坡總統。

會議其中一節的議題是經濟發展。輪到我發言時，我對着面前的麥克風說：“先生們，我今天在這裏聽到了許多有關印尼應該如何發展的觀點。你們之中許多人主張引進全球的跨國企業並利用它們的力量來發展印尼。但我卻不敢苟同。歐美的跨國公司以這種霸道的態度和思維方式，它們會成功，這一點我毫不懷疑。但它們同時也會帶來高通脹，而通脹是會侵入你的血液、進入你的骨髓，讓你永遠無法甩掉！現時國家正處於貧困階段，根本承受不了這套管治風格。”

　　我接着說：“今天，我想談一下東南亞的華人。絕大多數海外華人都是正派體面的。如果你去我的國家馬來西亞，去那裏最小的一個馬來部落，你會發現已經有華人在那裏開了一間小小的商店。整個店面也許只有兩三百平方英呎，卻儲存了整個部落需要的所有必需品。如果這是一個漁村，店裏就會有很多餅乾和食品罐頭、手電筒和電池 —— 包括所有能讓一個漁民在海上生存幾天的食物和必需品。”

　　我強調道：“這些華僑在全球各地都做得十分出色。儘管他們許多缺乏經濟資助，但他們卻是具備商業頭腦的企業家。他們出售商品的利錢不多，可是，他們在分銷鏈上起到了關鍵作用。”

　　然後，我又返回印尼的話題上：“新時代的印尼領袖們，你們會否多些借助華人企業家的力量來協助國家發展呢？我相信華人可以做得到，而且用最經濟實惠的方式，而不是跨國企業的霸道方式。使用海外華人小本經營的方式來帶動印尼的經濟發展。這是我的請求。”

我總結道："在結束前，我還想提出一個強烈的忠告。海外華人中，有一些會變成大騙子。如果你任由他們胡作非為，他們就可能毀了你的國家。因此，印尼有必要建立一個強有力的監察機構。我的意思是說，市場經濟必須容許商業自由發展，但同時，也必須擁有一個訓練有素、紀律嚴明的監督機構。一旦出現大膽妄為或犯罪現象，就必須迅速地、狠狠地嚴懲騙子。只要能做到殺雞儆猴，正直的華人便能幫助印尼，而奸詐之徒的惡行則會被遏止。"

會後，我去洗手間時，路過會議室隔壁的一個房間，那裏有多部錄音機開動着。也即是說，我所說的話，以及每一位講者的話，都被記錄了下來。

隨後幾年，印尼（和區域中的其他國家）並沒有聽取我的忠告，去建立強有力的監察機構。正派的華人幫助印尼、馬來西亞、泰國和菲律賓的國家建設，使其取得了今天的成就。但也有一些不道德、無情無義的華人，他們毀掉了東南亞的許多地區。為甚麼這些人能肆無忌憚地大搞破壞呢？因為這些國家的領導層太軟弱了。如果上層領導夠強硬的話，所有這些惡勢力可以在一夜間消失。

新加坡曾經也出現過相當數量的華人騙子，但今天卻很難找到一個。他們都潛藏、掩飾甚或按兵不動。他們都被兩隻鐵手腕管束着：就是李光耀的左手和李光耀的右手。這些令人討厭的因素控制住了，新加坡便得以借助海外華人的力量成就國家的事業。

第五部分

·中國·

第十七章　新篇章

我記得曼氏公司的資深合夥人蒂姆・仲馬（Tim Dumas）曾經這樣問我："羅伯特，你為甚麼仍願意在商界持續拼搏呢？你已經賺夠了，為甚麼不退休呢？"

我的回答也許讓他感到奇怪："蒂姆，你沒發現嗎？我倆來自兩個不同的世界，大英帝國橫跨世界，只要太陽升起能夠照耀到的地方，就會有一面英國旗在迎風飄揚。英國殖民管治超過200多年。即使今天，憑藉她的歷史，英國還能發揮超乎國力的影響。而我則屬於發展中的東南亞。現在，還有中國，我父母和先祖的國土。只要我還有能力貢獻，我就不能歇息。"

1958年，當我與印度和三井公司進行易貨貿易時，中國在同一時間以賣家身份進入食糖市場，還差點釀成了災難。幸好，最後因禍得福。透過這樁交易，我結識了一些總部位於香港的中資貿易公司。他們決定與我合作而不作對抗。郭氏兄弟公司逐漸與中資在香港和新加坡的分公司建立了很強的貿易關係。商業源於一個人認識一個人，然後再結識另一人，如此類推。我們做食糖生意、做大米生意，之後我們從旁參與一系列小商品貿易，如攝影膠卷和染料。

1965年起，我開始往大陸去。第一次，我去了廣交會，順道我又跟着幾團中國華僑去了廣東省以外的一個公社。我們在一個村子的公社禮堂吃了一頓不錯的午餐，簡單的菜餚，頗有鄉土風味。這些早年的訪問讓我感受到，中國人守道德、行事得體。我從不覺得自己像一個外來者。

文化大革命期間，中國自我封閉。一直到 1970 年中期，我才再次訪問中國，當時已變得面目全非了。官僚主義盛行，人心猜忌。許多幹部沒有商業經驗，擔心所有資本家都是試圖來掠奪中國的財富。他們不懂如何發展商業，但也不想讓別人來做。

母親也勸阻我別到中國投資："你去得太早了，兒子，太早了。你會碰壁的。幹嘛要拿腦袋去撞牆呢？這樣只會頭破血流，無功而返。更糟糕的是，但凡你做成了甚麼，他們會剝奪你的成果，你又會變得一無所有。"母親深知她那一代中國人的本質和思維方式。

可我意識到，中國實在落後得可憐。我覺得，她必須警醒過來，加入現代世界的潮流。那時的中國大陸比我出生時的馬來亞貧窮很多。我覺得，如果有可能，我想幫助她，推動她加速發展。感謝上帝，中國人才輩出，而當中的佼佼者就是鄧小平。

我要感謝母親，是她讓我對父母的出生地懷着終生的興趣。母親由始至終與中國維繫着很緊密且深厚的感情紐帶，不過，她是十分理智客觀的，對中國所犯的錯誤，包括幾屆政府與領導人的弱點，直言不諱。

她從 1940 年代末到 1950 年代初，定期往來於馬來亞和中國大陸之間。她為毛澤東的勝利和中華人民共和國的成立歡欣鼓舞。母親總是站在窮苦大眾的一邊。1951 年，她多次回中國，其中一次，她拿了她在山東的所有地契，與一名助理一起北上。他們一一確認了每一位佃農，並把土地作為禮物送給了那些守護和耕種土地的農民。

母親生前一直說毛澤東的功遠大於過。她很早就發現，毛開始犯錯。母親看到大躍進對鄉村地區帶來的傷害。我認為今天我們可以判定，毛並不真正懂得如何建設經濟。戰爭年代需要英雄行為。長征中的英勇故事和反擊日本入侵的呼籲深得人心，但贏得戰爭後，工作重心就必須聚焦到經濟建設和提高人民生活水準上來。

母親猛烈抨擊當地官僚對人民的踐踏和欺凌，尤其是文化大革時，情況尤甚，認為是她所見到的中國歷史上最黑暗的時期。在 1970 年代初，母親在離開了多年後再度踏足福州。她的護照被福州公安局扣留。母親在那裏待了幾個月，對身邊的所見所聞感到很憂傷，於是決定返回馬來西亞。她為了領回護照跑了無數趟，但公安部總是給她一些可笑的理由，遲遲不肯發還給她。

一天，她氣憤之極，跑去公安局的辦公室，拍着桌子大聲說："我是馬來西亞僑民。中國政府讓我們去海外，讓我們在當地做一個僑居的良好公民。為甚麼扣留我的護照？我做錯了甚麼？為甚麼這樣對待我？我要去北京提出嚴正投訴。"幾天後，一位官員把護照送到她家中。她便訂妥機票返回馬來西亞。

很多從福建移居海外，尤其是往東南亞尋找更好的生活可憐中國人。在他們回鄉探親或尋求協助時，僑務辦裏那些裝腔作勢的官僚都表現得十分冷漠。母親另一次回鄉之行，福州僑務辦派員迎接她說：“郭太太，我們來歡迎您，有甚麼事需要我們效勞嗎？”

她回話說：“我回來只是看看親戚，去寺廟拜佛。我不需要你們的幫助，但你可以去幫忙那些有困難和不識字的回鄉華僑。”

從一開始，她對鄧小平的看法頗為正確。她跟我說：“年，中國在你有生之年將會回歸資本主義，它已經在向那個方向發展了。兒子，我跟你說，人們只會被內心的自私所驅動着，為了自己及後代的利益才會努力。只有這個動力才會促使人做更多事情，更有創造力和生產力。中國將會、也必須繼續受這一動力驅使。”

但在她心目中，社會的終極目標應該是真正的社會主義，在這種機制下，人在完全無私的狀態下真心地為大眾工作。但要達到那個境界還有很長的路要走，在此之前，人類必須走過漫長的路途，進入真正的文明世界。我們現時只是在萬里長征裏走出了開首幾步而已。

1970 年代，我選擇移居香港的首要原因是稅制。當時新加坡和馬來西亞政府好像在競賽，看誰能從財富創造者身上徵得更多的稅。兩國均對我們的利潤徵收懲罰性的稅率。所以，如果你賺了 1 元，基本上只能剩下 0.5 元。

那時，我的主要業務是商品貿易。我是主要的大額貿易商。3,000 批食糖等同於 15 萬噸。食糖市場每磅升降一分美元都可能帶來巨額利潤或虧損。如果我犯錯，持錯長倉或淡倉，光是追加保證金便能輕而被消滅。所以，增加公司的現金儲備便成為當務之急。

由於新加坡的稅率奇高，我很難累積現金儲備。但如果沒有充足的現金儲備，我們的交易狀況一旦出現問題，我就會因追加保證金而岌岌可危。儘管新加坡對離岸交易所獲得的利潤不會徵稅，但官方對如何證明利潤來自離岸交易的要求極其嚴苛。他們會先認定你有罪，除非我們能證明清白。這裏的稅務審計有點像西班牙歷史上的宗教裁判所。

相比之下，香港的稅務環境對營商更具吸引力，利得稅只是約 17%，這樣每 1 元的利潤就能多留下 0.33 元。

因為我做國際食糖貿易，又是遙距操作，較可靠的做法是在低稅基的地方做食糖交易。稅收對鼓勵或阻礙商業發展有着舉足輕重的作用。香港的稅務政策很清晰。我又何必需要聘用一隊律師和會計師來幫助我減免稅項呢？

我必須強調的是，我以前沒有、其實現在也沒有對新加坡減去分毫熱愛。我是簡單地認為，在香港這樣低稅區經營對我較為合適。

事實上，從 1970 年代中起，我就經常與新加坡總理李光耀在他辦公室旁的會客廳見面。當他空閑時，他辦公室的人便會來電。在早期的見面中，光耀向我解釋說，他想跟我交談是因為我對馬來西亞的局勢有比較精準的直覺。他雖然在吉隆坡有大使館，但他想多聽不同的觀點。我對他總是開誠相見。如果他問的問題，我沒有答案，我會如實告知。我們有過多次愉快的見面，有時邊吃午餐邊聊。可惜，我搬去香港以後，這樣的非正式見面便停止了，因為我無法隨時受邀赴約。

香港這個"池塘"比新加坡或馬來西亞大多了。我開始很清楚地意識到，美國、日本、歐洲頂尖公司的首席執行官每年，或者兩至三年就會來香港一次。而公司的資深副總裁會去新加坡，副總裁或部門經理就會去吉隆坡。基本次序就是這樣安排。今天，首席執行官更多會去北京和上海。

1960 年代起，我們就考慮過把公司的一些部門移去香港。到1974 年，我終於下定決心，決定成立郭氏兄弟的香港公司。

我在新加坡召集了幾名高級管理人員，包括：柳代風、李鏞新、林劍龍和楊芝輝，還有其他一兩個人。我跟他們説，我們必須迅速行動："我已經下定決心在香港成立分公司。我想看誰會主動請纓，今天就要給我答案。從今天起兩週內，就要搬去香港，準備開始工作。"我最後説："誰跟我去香港便會得到豐厚的回報。"

李鏞新、楊芝輝和林劍龍都舉手示意要去。我讓柳代風跟我一樣兩邊跑，至少在一年時間裏，兼顧兩地生意。1974 年起，我每個月至少在香港待 1 週到 10 天，然後慢慢地變成每月 15 到21 天，直至 1979 年，我終於搬了過去。

我們為香港公司取名嘉里控股有限公司，初始資金是 1,000萬港幣。移居香港的高層管理人員都有資格申請公司的首批股份。期貨交易當然隨我遷到香港，這是無可避免的，因為我是主要操盤手。20 年不到，香港公司一躍成為我在馬來西亞、新加坡、香港三地中最大的集團。

我看到了中國的巨大潛力，但我並沒有預測未來的水晶球，不知道毛澤東去世後會發生的重大變化。不知有幸還是不幸，我能生為華人，並且一直引以為傲。我越聽人說中國落後，越覺得有朝一日中國會讓世界刮目相看。我覺得，我在某些方面可以助我的中國同胞一臂之力，那就是，先進的思維和管理方法，以及尊重雙方在商業關係上所作的貢獻。

　　不過，最初移居香港的幾年，工作重點還不在中國。嘉里控股的主要業務集中於向印尼供應食糖和大米上。這段時間正是林燕志與蘇哈托總統維持奇妙關係的幾年，所有大規模的食糖和大米進口貿易全都經過燕志之手。

　　我在香港最早的重要投資是 1977 年 11 月，我通過拍賣買下了九龍一塊地，興建了九龍香格里拉大酒店。30 多年後的今天，它依然是集團酒店業務皇冠上的一顆寶石。

　　之後，我便闖進香港房地產市場，然後，又投入到物流和本地股票市場。眾所周知，香港地產業造就了多個億萬富翁。現在回顧過去，不難看出其中因由。

　　我首次去香港是 1947 年，與碧蓉共度蜜月。一天，我和好友艾迪・張（Eddie Cheung）開車經過九龍舊半島酒店。我們在離酒店一兩百米的彌敦道上，艾迪說：“羅伯特，如果你有閑錢，應該把這塊地買下來。我認為你可以用每平方英呎大約 5 元港幣買下這片空地。”唉，這可能是我此生錯過的最大商機！

　　時間快速推進到 1970 年代末，我們當時已移居香港三四年了。我們成立了一個小辦公室，租了一些公寓讓定期從新加坡來的人員留宿。每兩年租約期滿後，租金總是大幅上調。上漲的租金給我們的業務帶來阻力。於是，我把幾個公司高級管理人員叫到我的辦公室來，說：「如果租金還是這樣漲下去，我們將永遠無法在這裏站得住腳。我們必須投資房地產市場。」

於是我們成立了嘉里建設有限公司，如今它是一家上市公司。它是我們從 1978 年以來，投資香港和中國大陸房地產的主要公司。

當時，即使我自己也沒有意識到這個決定有多麼重要。在 1970 年代，儘管租金上漲，但成本並不算高。不過，隨着中國不斷發展，租金勢必持續增長。我們決定不再停留於購買一兩層辦公樓，或者一兩間公寓。我們將發展範圍擴大至興建整幢物業，然後興建商業大樓和住宅綜合體。我們自此便一直勇往直前。

第十八章　中國的機遇

　　我們在中國大陸的業務，真正的發展始於 1982 年。那時，我已年近 60 歲，很多人在這個年齡已經開始考慮退休，而我迄今又工作了超過 30 年。

　　我與全國各地數以百計的人打交道，累計起來也有數千小時。我發現，基本上，那些負責貿易事務的主管對商業的需求理解透徹。不過，最初幾年，我經歷了艱難的學習過程。我需要學習在中國做事的方法，有幾年磕磕絆絆，剛想開始又碰釘子。即使我們身為同一種族，我認為與中國官員打交道是一件非常複雜的事情，所以我能理解那些非華裔的苦衷，即使他們懂得中文。

　　大陸的官員知道我有參與建新加坡香格里拉大酒店。我相信林楷一定大力推薦過我，他是我早期在大陸做貿易的夥伴，也是我在國內的真正朋友。1977 年的一天，林楷跟我說，中國旅遊局很期望我能幫忙在中國興建酒店。我清楚記得我飛去北京的那天早上，我的女兒惠光在吉隆坡出生。

　　那時，大陸的酒店絕大多數連一星級水準都達不到。衛生間的抽水馬桶污濁不堪，洗手盆裂痕斑斑，客房枱燈沒有燈罩。許多中國人認為酒店工作是很低下的。在共產主義社會中，一個人為甚麼要伺候另一個人？為甚麼要低下身段給別人端咖啡？結果可想而知，中國的酒店曾是全世界上最糟糕的酒店之一。

1977 年 11 月 12 日，我從廣州飛去北京。那時，交通十分不便，往返大城市的航班很少，在馬來西亞兩天能做成的事，在中國可能需要兩週甚至兩個月。你絕不可能在一天內安排 6 到 8 個會議。人們會去你住的酒店客房與你見面，跟你待上一個或一個半小時，之後兩天卻一個人也見不到。

　　我從北京又去了上海，看到一塊很不錯的地塊，大約三公頃大，坐落於蘇州河入黃浦江的交匯口，是前英國總領事館舊址。我也去了廣州，與當地官員會面，評估一下哪些土地可用作興建酒店。

　　但不久，我便意識到，我找錯了門路。其他投資者見的是北京市政府或廣州市政府。我愚蠢地假設共產主義體制下，只有一個主體、一個政府。但後來我發現，在中國大陸，某些人的權力可以無限大。中國旅遊局是主管旅遊，它也許經營幾家酒店，但它沒有最終審批權。

　　最後，我們終於與中國旅遊局簽署了在上海興建一座酒店的協議。我安排了一家總部在夏威夷的公司來設計這家有 1,300 房的大型酒店。由於需求殷切，我們必須快速進行。

　　接着，上海市政府來跟我說：“你必須借給我們 5,000 萬美元，因為酒店周邊的基礎設施不足。我們需要改善基礎設施，以保障水電的供應和垃圾處理，但我們目前資金短缺。”

　　如果他們要的只是一筆一次性的 5,000 萬美元貸款，我也許會被說服。但任何一個有常識的人都知道，上海經歷過連串的外國管轄，有英租界、法租界和日本佔領區；因此，路面下的基礎設施並不銜接。如果維修期間再出現問題，5,000 萬美元變成 2億美元怎麼辦？他們是如何計算出 5,000 萬美元這個數字的？某個水管或電纜到哪裏算是盡頭？我恐怕只會沒完沒了。但上海的主管們明確説，除非我提供貸款，否則就不會獲批蓋建酒店。

我於是告訴他們："對不起，我無法作出這個承諾。"雖然他們承認是他們違反了約定，但我沒有追究。那是一個寶貴的教訓。我支付了所有開銷，補償了建築師，一切尚算能處理妥當。

幾年後，大約是 1982 年，我帶一批朋友去上海。當時的市長汪道涵請我在昔日的法國俱樂部共進早餐。我剛一坐下，汪市長就開始為上海毀約的事道歉。我説："市長先生，不用道歉。這對我是小事，成本微不足道。您這樣重要的人物出面對我説這些，真讓我感到十分不好意思。"

1977 年到 1981 年間，我在中國的經歷讓我深受打擊。每當我覺得勝券在握時，卻又會再次碰壁。中國亟待發展，亟需外商投資，但與我打交道的人都擺出各種架子。我遇到了大量三流的政府官員。不過，現在回想起來，我真的不能責怪他們。那時正值改革初期，只有真正非凡的人物才能夠打破常規去嘗試新事物。

有一天，我新加坡好友何瑤焜來找我，説："你知道，我幫你找來了一椿好生意。杭州有一家頗為雅致但年久失修的酒店需要裝修、翻新。許多前往北京或上海的國家元首也會被安排在那裏住一兩天，欣賞一下西湖美麗的景色。"他指的是著名的杭州飯店，酒店俯瞰西湖，位置得天獨厚。

於是我便飛去杭州，這是中國最知名的旅遊度假勝地之一。

我與當地主管官員見面，終於成功在中國開始我首個酒店項目。我簽署了翻新酒店合同，投入 2,000 萬美元現金，取得 43% 或 44% 酒店股份。那是 1982 年，我覺得投入 2,000 萬美元是一個頗大犧牲，因為我要是將這筆錢投資當時正興旺的香港房地產市場，可以快錢賺一筆。

我們在杭州得到不少教訓。跟當時中國其他地方一樣，城鎮住房破舊，水管經常爆裂，自來水供應不穩定。由於酒店翻新得宜，而杭州又是省會，因此許多省、市級幹部官員都會慕名而來。他們習慣了享受免費客房，還有餐廳一兩頓免費大餐。

郭氏兄弟公司經營酒店是一門生意，我們之前對這種做法一無所知。而礙於面子，當地官員事前都羞於啟齒。他們認為我們會慢慢了解，並入鄉隨俗。我們不能理解，畢竟投入了 2,000 萬美元，正努力提升房價，以期達到收支平衡，然後開始獲取盈利。但當地的做法不但消耗財力，也與管理原則相悖。我們手上的問題本已很多，比如要杜絕酒店內偷竊，還要處理其他歷史遺留的問題。我們用了大約 18 個月把酒店翻新，之後又用了很長時間去根除舊習。

我們在中國的第一家酒店項目是北京香格里拉酒店，那是我 1983 年底簽定的。我們在北京城西北的海淀區興建了這座酒店，海淀是北京的學院區，北京大學和清華大學都在那裏。我承諾投資 7,200 萬美元完成整個項目的建造和配套，差不多為合夥人承包了一切。我們在北京香格里拉酒店佔股約 45%。

我記得酒店隔壁是家約 150 個房間的老酒店。我們的工作人員便在那裏留宿，但不久便發現它所使用的材料大都高度易燃。一旦發生火災，裏面所有人便會頃刻被燒焦。我們花費了 300 萬美元更換了所有易燃物料，因為我們不能在自家門口留下一個禍根。

與此同時，跟北京中國國際貿易中心的談判也在進行中，但當時我們並沒有參予談判。美國大通銀行（Chase Manhattan Bank）和日本興業銀行（Industrial Bank of Japan）分別以境外團體參與競標。中國外經貿部於 1981 年或 1982 年，最終選擇了大通銀行作為合作夥伴，共同開發這一個當時中國最大的地產項目。

後來，突然整個項目停了下來。鄧小平當時正在鞏固其權力，中國的上層領導中有一些爭論。舊制度的捍衛者試圖阻止該項目，他們詬病外資參與，認為對於一個社會主義國家來說這個項目過於宏大。

至少過了一年，有一天林楷來找我，並且帶來消息說，內部已經決定重啟國貿中心項目。但他們不想讓一家外資銀行來做合作夥伴，想看看還有誰有興趣投標。林楷的聯絡人認為我建北京香格里拉酒店蠻有誠意。他們問林楷：“你的合作夥伴會有興趣參與這個項目嗎？”我表示有興趣，經貿部便指派羅抱一和馮天順與我洽談。

我之前在盤谷銀行的倫敦支行和紐約支行存了大約 9,000 萬美元的現金，等待有一天我能進入中國大幹一場。我估計，通過資產負債的槓桿計算，我應該能夠操作約 3 億美元的項目。我們以黑馬姿態入標，並勝出了。

國貿中心的談判大約從 1983 年下半年開始。我在北京飯店舊翼年租了一個兩單元的套間。經貿部的三位老幹部每天都來跟我和林楷開會。我們五人每天從早上九點一直談到晚上七點。如果我某天不幸罹患肺癌，那一定是因為這段談判經歷。我的酒店套間變成了抽煙室，老幹部和林楷整天吞雲吐霧。

　　1984 年 11 月，我在人民大會堂簽約。整個項目的成本預定為 3 億美元，其中 2 億是貸款。組建公司的實付資本為 1 億美元，我們投入 5 千萬元取得 50% 股權。我記得母親不贊成我投資國貿中心項目，她勸我不要冒進。但好在母親也清楚，她知道這個兒子有很強的主見，明白他有時也會跟她持不同意見。

　　在中國，所有合約都稱中方為甲方，而我們就是乙方。合約規定，乙方主管規劃、建築和管理，因為中方接受了我們的具備能力的事實。我是與對外貿易經濟合作部部長陳慕華女士簽約的，他們問是否可以讓副部長雷任民任董事長。我同意了。

　　之後，在第一次董事會上，雷先生問是否也可以由他們甲方的人出任執行董事一職。我再次作出讓步。我的邏輯是，既然他們開口，如果我說不，只會製造緊張關係和壓力。一如所有官僚體制，他們肯定內部討論過，並達成了共識。我違背他們的意願，有甚麼好處呢？我是在他們的地面上做項目，而不是反過來在我的地面，所以為了合作順利，我需要得到他們的友誼。於是我讓步、讓步再讓步，同時亦苦幹、苦幹再苦幹，並作出犧牲。我們基本上都是實幹的管理者，不是商業奇才。

　　我派了洪敬南過去。假設我們每月連薪水加獎金支付他 15

萬元港幣，我們最多只向國貿中心報賬 5 萬元。儘管他把 95% 的工作時間都花在這個項目上，我們只是默默地補貼，不求回報。

在此過程中，中方從首鋼引入馮志成，他在中國最頂尖的學府接受過教育。他從經貿部聘請了幾位退休的處長，其中一位永遠面帶微笑。但不久，我就開始聽見不和諧的聲音。

中方官員會來香港，我一如過往，會請他們吃一頓午餐或晚餐，然後便會讓他們自行安排活動，倒不是我不想見他們，而是因為我手頭的工作實在太忙。我當然會讓手下安排他們所有餐飲，並安排客人入住九龍香格里拉大酒店。我當時沒意識到，我開罪了其中一部分人。或換句話說，我沒有贏得他們的歡心。

接着，國貿內部開始出現不滿聲音。各個科系和部門領導表面上非常合作，但在背後卻惡言中傷。他們會說："哦，某某人把我們的國家財產拱手讓給了郭先生。"事實上，他們是在指責我從國家的項目中牟取暴利。

第一次聽到這種說法時，我跟傳謠言的人說："好了，別胡說。這些都是無稽之談。你肯定聽錯了。我說，這些人對我一直很客氣。"

可後來，這些閑言碎語和惡言中傷愈演愈烈，我意識到再不能坐視不理。在北京，我常常晚上宴請市領導，以便各種批示能順利下達，並希望他們能認識到我們是率直、正當的生意人。一天晚飯後，我趕回北京飯店，在我昏暗的房間裏，與洪敬南會面。我當時很生氣，要了筆和紙，一口氣便寫了一個半小時，寫了一封六頁長的英文信，抬頭是"尊敬的鄭拓彬部長"。午夜時分，我讓洪敬南把信拿去複印一份留底。

第二天早上，我和鄭部長在北京市外圍的明陵高爾夫球場打球。時值冬天，我穿着外套，我把厚厚的信摺疊了一下，放在外套內袋裏。打完兩個洞，我再也抑制不住憤怒。我說：“部長，今天在你面前的我，心裏極為不快。”

他問道：“哦？為甚麼苦惱呢，郭先生？”

我說：“您的前秘書長指控我偷竊國家財產。他們這些流言蜚語太過分了。部長先生，我知道您懂英語。我無法寫出像樣的中文信。如果其中那部分你不懂，就麻煩找人翻譯一下。”我把信掏出來，交給他。

信中，我明確說出：“請以成本價加利息買走我所有的股份，而利息部分可以再議。我要撤出中國。”我真的很生氣。

部長不停嚷着要我冷靜。但我當時很暴躁，言辭甚至有點冷嘲熱諷。我說：“鄭部長，你的國家是窮還是富呢？”我沒有說“我們的國家。”他吃了一驚，沒有回答。我繼續說道：“好，我來替您作答。你的國家很貧窮。那麼，你們有甚麼財富供我掠奪呢？我來幫助，且不辭勞苦。你們不該在我背後說三道四。請馬上買回我手上的股份。我要撤出。”

四個月後，他們請谷牧副總理出面，在封頂儀式時與我懇談。那是 1987 年。在四壁光禿、尚未安裝窗戶的國貿大樓，谷牧和我隔着一張兩米長的桌子分坐兩端。他說：“郭先生，現今中國官員的態度和才能良莠不齊，許多人仍然很無知。請容忍一下。我們知道你為這項目辛勤工作，有血有汗，我們所有人都有目共睹。經過千辛萬苦才結出果子，眼看快要收成，您卻要退出，這實在太可惜了。聽我一句，郭先生，請不要現在撤出。"

慶幸，我們最終留了下來。今天，這片地價值超過 10 億美元，成為在中國最好的投資之一。但當時，雙方並非受利益驅使。當然，作為商人，我不會讓項目在大幅虧損中經營。這一切憑我的直覺，我知道北京將要騰飛發展，而這個項目將可助其一臂之力。

這確實是個巨大的工程，包括四層地下停車場在內，這個現代化綜合建築羣合共有 40 萬平方米。當中還蓋建了兩間酒店，分別是中國大飯店和國貿飯店，兩者之間僅距 150 米。

1989 年 6 月的天安門事件，使工程延後了約 8 個月，成本增加數千萬美元。但我們仍堅持下去。事件後，我在中國依然十分活躍。我記得我對當時的北京市常務副市長張百發說："大約在這三年內，你們會受責難，但三年過後，人們會諒解並淡忘這件事。"

國貿中心是中國迄今最大的中外合資房地產項目。我相信，它的成功對香港的房地產發展商起着極大的示範作用。在此之前，只有少數幾個房地產發展商投資中國，國貿中心項目成功打開了這道閘門。

我從項目本身也學到很多。我發現中國優秀的領導還是佔多數，特別是高層領導人。只要有他們在，我就願意幫助中國。目睹鄧小平的作為，我對他無比崇拜。我常常與海外朋友說，中國五千多年歷史中，在鄧小平執政前，鮮有領導層如此兢兢業業為人們和國家建設謀求福祉。鄧小平帶領中國走向現時的發展軌道已逾 35 年，而後繼的領導人也傳承着以人民為先的方向。

我們在中國遇到過障礙，也遇見過思維狹隘的人。有些人認定你為掠奪而來，有些人則只為自己着想，如果你不給他好處，他就對你置之不理。在一些省份，你會遇見偏執、狹隘的官員，他們甚麼還沒有做出來，便只會妒忌。我們能做的就是避免去這些地方。

總的來說，我認為我相對成功，是由於我願意妥協。如果你在新加坡或香港經營業務，你不會碰到類似情況。在中國，我願意順應時勢。我並不指望在那裏發大財。我的主要目的，還是想去幫助中國。但以我多年在商場上的歷練，以及對誠信的執着，有些時候我還是無法妥協。如果他們不願意合情合理地做事，我是無法接受的，這些情況也偶有發生。

我不希望拂袖而去，因此寧願讓步。但有時，我們會在投入了不少血汗和金錢後撤出項目，不過絕大多數情況下，我們會先嘗試解決問題，尋找出路。我可以無愧地說，我們從未與腐敗的官員妥協過。人必須信守原則，我們隨時做好心理準備，當出現腐敗跡象時，便會起身離開。

我想以北京為例。這事發生在 1990 代初，北京市委書記陳希同下台前夕。我第一次遇見陳希同，是在 1984 年去北京接手國貿中心項目時。他當時是北京市長，多年後他晉升為市委書記。他下台前曾組織過 399 個官員的代表團訪問香港。出發前，他突然取消了行程，改由幾位副市長帶團。

其中一位副市長張百發那時已是我的好友。他認定我的集團應該嘗試去爭取開發北京火車站旁的一塊地。他很欣賞我們在別人不敢來中國投資時就來到北京，並投入了大量資金在國貿中心項目上。

　　洪敬南主持我們所有在華的地產項目，並在火車站項目上化解了與中方的大部分分歧。項目甲方是北京市政府屬下的一家房地產開發公司，中方負責人是一位姓黃或王的總經理。從我與他有限的幾次交往及洪敬南與他更多的日常交往來看，這個人不是個好的合作夥伴。我想："哦，天啊，我們怎樣跟這個人相處呢？"

　　不過，我們還是在香港的港島香格里拉大酒店簽署了框架協議。文件是洪敬南和這個總經理簽署的。張百發副市長和我見證了簽約。中國禮節都有見證簽約這個環節。所以，我們協議與這家北京房地產公司共同開發這大片土地。幾天以後，洪敬南去北京敲定最後的一些細節。

　　洪敬南到北京後，馬上就憂心忡忡地給我來電。甲方的總經理要修改雙方已經談妥的條款，那些並不是無足輕重的小枝節，而是重大的改變。

　　我在電話上問洪敬南："你能容忍這些變更嗎？"

　　他說："老實說，答案是否定的。更糟的是，如果我們今天讓步，我們不是在大開閘門嗎？"

　　於是我說："敬南，我建議你去找張百發副市長，一五一十地告訴他發生的一切。並跟他說，我們覺得唯一出路是此協議無效並撤出項目，你覺得如何？"

他答道："我覺得這是唯一的出路。"

我們後來就是這樣做了。

我因商務去過上海很多趟。但 1992 年，我做了一次純社交性質的旅行。我帶了兩位最親密的私人朋友，彼此作伴，打打高爾夫球，一起吃飯。他們是我已故的好友霍偉漢和在上海出生的朋友吳仲敏。我們抵埠後，當時的上海市委書記吳邦國要請我在當地的國賓館共進晚餐。吳邦國之後在 2003 年出任全國人大常委會委員長，任職 10 年後於 2013 年 3 月退休。

我接受了邀請，但詢問是否可以帶我的兩位朋友一同前往。他很通情達理地同意了。我記得在那次旅行中，我預感上海政局開始會有些變動。直覺告訴我，一場新的、重大的變革將要來臨。

我一回到香港就召集黃小抗帶領的一個團隊，對他們說："我們現在必須集中精力主攻上海。"

不久，我和小抗到上海出差，他告訴我："你知道嗎？曼谷正大集團已經與浦東陸家嘴開發公司組成了一個合資公司。根據協議，這個合資公司將決定誰能開發陸家嘴的那片土地。我認為，那兒有一塊地很適合建酒店。我們現在能去看看嗎？"

不到一小時，我們就到了浦東。我們下車，察看了一個已經廢棄的舊船塢。那裏有幾架造船的起重機、成噸的鏽鐵和煤堆。小抗說："你如果買下這塊地，他們就會關閉船塢，並在一年到一年半的時間遷走。"我問，在船塢和黃浦江之間是否還會有其他開發項目擋在前面。小抗說沒有："中間是公園綠化地和行人道。"

我信賴他的判斷和消息。一天半內,我們簽署買下了這塊地的協議。之後,我們在黃浦江邊的這塊地上蓋了浦東香格里拉大酒店。

實際上,波特曼中心才是我們在上海的第一個酒店項目。香格里拉受美國國際集團之邀擔任管理。美國國際集團控股在香港上海大酒店退出該項目時接手(我們其後購買了該中心的30%股份)。我出席了開幕式,還被安排入住酒店高層的一個套間。

我記得我打開窗戶,俯瞰南京西路。我看到路的斜對面,一排又一排矮小、破舊的黑頂樓房擁擠在一大片黃金地段上,顯然是在等待城市重建。我馬上讓人找來黃小抗,對他說:"小抗,看對面。我們可以買下那片地嗎?"

我必須承認,我們對此充滿熱忱。我們用極快速度買下拆遷後的土地,支付了最高的價格。然後,我們在慈厚北里蓋建了上海嘉里中心,成為當時上海最好的辦公大樓之一。同時在隔壁興建服務式公寓,它很快便全數租出。儘管這片土地成本很高,但由於上海的驚人發展,它一直都是賺錢的項目。之後,我們又相繼買下相鄰的一片3公頃的土地,在那裏蓋建了嘉里中心二期,包括浦西香格里拉酒店,成為上海具地標性的建築物。

我們在中國投資成功的消息傳到海外。1992年底或1993年初,可口可樂公司接觸我們,問我們是否有興趣購買中國一些城市的瓶裝專營權。我非常有興趣。於是,可口可樂從亞特蘭大總部派來了不同的工作團隊。洽談期間,我們在香港見過可口可樂中國實業有限公司的人。幾個月後，我應邀去見可口可樂亞太區總裁杜達富（Douglas Daft）。杜達富是澳大利亞人，他後來出任公司董事長兼首席執行官。我們在新加坡香格里拉大酒店的總統套房見面。會議進展順利，我們很快草擬了一個協議文本。

之後，我又受邀去亞特蘭大見當時可口可樂的董事長兼首席執行官、已故的羅伯特・戈伊蘇埃塔（Roberto Goizueta）及他的許多手下。我為 1993 年 6 月 30 日舉行的會議飛抵亞特蘭大。我在戈伊蘇埃塔的辦公室與他見面，並且一見如故，一拍即合。我對他很有好感。他是個直來直去的人，我也是。我們都不會轉彎抹角，收收藏藏。

可口可樂的一位常務副總裁約翰・亨特（John Hunter）請我與他的同事一起進餐。我記得席間，亨特直截了當地問我：你可曾想過為甚麼會受邀成為可口可樂家族的一員嗎？

我答道："坦白地說，我覺得這是我生平第一次，有東西從天而降。我這輩子一定要靠努力工作，才能得到成就。但這次，我是受邀成為世界級裝瓶品牌的夥伴。生意是現成的。我只要成為可口可樂輪子上的一個齒輪便可。"我總結道："這是上帝賜予的一次機會，是上天的禮物。我希望我們的關係能不斷深化，達至雙贏的局面。"我只是說出了我內心真實的想法。

可口可樂公司的人都是好人，但他們都是鐵腕的生意人。他們有一條方程式。第一步，向股東彙報每年全球的總銷售額增加了多少百分比。第二步，彙報全球全年利潤上升了多少百分比。可是世界上盈利再好的企業，也不能期待每年持續增長，無限上升，總有些年份會有回落。但為了滿足股東，可口可樂對待裝瓶廠就像一輛強力的推土機，使瓶裝廠背負着巨大的壓力。很快，我們就感覺到壓力了。我們只能依靠自己，並全力以赴。

中國市場競爭異常激烈。市場上有百事可樂，當然還有許多其他本土汽水的瓶裝廠，因此漲價是不可能的。事實上，可口可樂的產品在國內的售價是全球最低的。除此之外，國內有多間可樂瓶裝廠：可口可樂最初用太古，後來在上海等地理位置優越的城市，可口可樂又投資建立了自己的瓶裝廠。我們加入以後，國有企業中糧也想來分一杯羹，他們通過政府最高層施壓獲得瓶裝專營權。

在銷售方面，整個中國是一個無縫交集的大市場，這個情況跟美國完全一樣。瓶裝廠被授權覆蓋幾個省市，但有甚麼方法能制止其他省市越境"平行進貨"呢？如果太古製造的可口可樂侵犯了嘉里飲料的利益，我們是否應該還擊呢？這宗生意確實頗具挑戰性。

儘管有這些問題，我們還是取得了很大進展。1993 年 7 月，我在亞特蘭大與可口可樂公司草簽協議。1994 年，我們在中國大陸開了第一家瓶裝廠，到 1998 年底，我們完成了協議規定的 10 家瓶裝廠。儘管太古公司比我們早 10 年多進入此行業，並在大陸最富裕的珠江三角洲擁有經營特許權，我們在總銷量上已經與它幾乎並駕齊驅。

任何生意都有艱辛的一面，否則傻子也能成富翁了。我必須提一句的是：拋開生意的艱辛不談，我們與羅伯特·戈伊蘇埃塔是所有業務關係中最好的之一。每隔兩三年，他便會安排與可口可樂最出色的 30 或 40 家瓶裝廠代表聚會，他的友情真摯、溫暖。他把我們召集到蒙特卡羅（Monte Carlo），為我們在巴黎酒店訂了最好的房間。

1997 年 8 月，我在蒙特卡羅的聚會上見到羅伯特·戈伊蘇埃塔時，我察覺到他的健康出現了狀況。我記得，我跟太太寶蓮說，我懷疑他能否撐得過 6 個月。遺憾的是，他挺不過。

你不太可能在中國的可口可樂瓶裝生意上鎩羽而歸，但擠壓出滿意的利潤卻是件傷透腦筋的事。我們最後決定放棄這門生意，大約在 2008 年北京奧運會時出售了所有相關業務。

第六部分

·家庭·

第十九章　家事

　　中國人可能是地球上最細緻記載歷史的民族。五千多年來，國事、社會事，很多情況下，甚至家事都有記載。據我所知，能上溯千年尋根問祖的民族還真的不多。

　　母親相信因果，相信算命。她離開福州去馬來亞後，生了三個兒子，這時有人跟她說，福州有一個很靈驗的算命先生，你想不想為三個兒子算一下命？算命有多種不同方法，如可以讀掌紋或看面相。但母親認為最可靠的方法是看生辰八字。中國的先人智者在幾千年前已將所有資料統一總結成圖表。

　　母親仔細記錄了兒子出生時的所有資料。然後有一天，她給中國的一個親戚寫信，讓他把這些時辰拿去給算命先生。我那時還是個孩子，只記得中間等了很長時間。直到很多個月後，算命結果才從中國寄回來，鶴舉、鶴齡和我的分別裝在不同信封裏。

　　習俗規定，不可以讓他人看我們的批命。我們去見母親時，她把信都鎖起來，她說：“不用擔心，你們還年輕。”之後，抗日戰爭爆發。母親一直把這些信珍而重之地帶着。之後，鶴齡在1953年命喪叢林。母親從未跟我說過鶴齡的命相是怎樣，她可能已經把信燒了。鶴舉於2003年過身前，她也沒有跟我說算命先生寫了他甚麼。

　　1980年的一天，我和母親在一起。我問：“媽媽，為甚麼每當我快要遇上災難時，情況都會突然逆轉，不但對我有利，還讓我賺到錢呢？"

她說："其實，命書說你是富貴命。"

"噢，原來如此。那命書還說了些甚麼？"

她說："你很有福氣。你的努力在 30 到 40 歲時會得到很好的回報，50 歲到 60 歲你會繼續走運。運勢還會持續下去，直到最後，只是速度會減緩而已。"她原話就是這麼說，但她從來沒有把命書給我看過。

我用從父親那裏繼承的產業在新山買了一幢房子，1949 年與妻子碧蓉和兩個年幼的女兒搬進去。房子前的車道直通向山坡下的政府公路，而車道盡頭有一扇大閘。一天，一個年輕的印度男子出現在山坡下的大閘外。他肩膀上用棍子挑着一個包袱，他朝山坡上的房子喊道："先生，先生，我是來給你算命的！"

我高聲說："不用了，不用了。你走吧。"我兩個女兒當時坐在門前台階上，她們被嚇到哭了起來。於是，我大聲說："請你走吧。你嚇到我女兒了。"可他非但沒離開，反而打開大門，順車道走了上來。他走得越近，我女兒哭得越兇。我只好讓她們進屋。

我從門廊走出去，在山坡中段截住那男子。我說："我跟你說了別上來。我不要算命。"

他說："不，先生，不打緊，我只想給你算命。給我看你的手。看過我就走。"為了擺脫他，我伸手給他看。他只看了兩三分鐘。

他説："啊，先生，你會蓋很多房子。"我失笑起來。

他問："你做甚麼生意的？"

我說："食品。"

"不，先生，你會蓋很多房子。"

於是我說："好的，那還有別的嗎？"

他說："不，不，先生，你會蓋很多房子，你會不停地蓋房子，先生。"我心想，這人腦子有毛病。他們都是吹牛的人。我從口袋裏掏出一元給他。他有禮貌地道謝，當他轉過身去的時候，他仍在說："先生，你會蓋很多、很多房子的。"

那時，我從未考慮過酒店和房地產開發。我預期自己會發展蔗糖種植或麵粉加工，但甚少想過建房。當然，經過這幾十年的打拼，我們透過香格里拉（亞洲）有限公司，成為亞洲發展最迅速的豪華酒店擁者和管理者。通過嘉里建設有限公司及其聯屬公司，成為中國大陸和香港領先的房地產開發商之一。那個印度男子看到了甚麼呢？中國人相信因果，人的命運是註定的。

我幾乎沒有經歷與前妻謝碧蓉所生5個孩子的共同成長階段。那時，我馬不停蹄，總是在外面。我回新加坡，可能只是途經而已，在那裏待一兩晚便又趕赴雅加達。1963年之後的許多年裏，我會在倫敦的某間酒店房間一連待上好幾個星期，我會用電話和電報在那裏處理馬來西亞和新加坡的業務。我的電報一般都很長，我會一直寫至深夜，連同五英鎊小費一起交給酒店服務生，他會馬上幫我跑去電報大樓。然後，我會於七點一大早，與新加坡通一個很長的電話，通常送到房間的早餐早已變涼。

1970 年初，我們剛剛把公司搬去香港，集中精力發展業務，我深深愛上了一個叫何寶蓮的年輕女士，她就是我現時的太太。

碧蓉幫助我塑造我的人生。從 1940 年起，她一直陪伴着我和 5 個孩子，是一個絕佳的妻子和賢母。如母親所說，她是一個品德高尚的淑女。她亦是我所認識的人中，最不會批評別人的人。

我發現自己很難開口談論這個話題，因為過去 40 多年來，我一直試圖理解為甚麼男人會移情別戀。我的父親也做過類似的事。我下面要說的，並非想為自己的行為開脫，那樣只會給我的前妻碧蓉和我身邊親近的人帶來無限的痛苦。

我大哥很驚詫。他的妻子是碧蓉的姐姐，她無法原諒我。母親亦不能理解。我被他們所遺棄，像一個有罪而被放逐的人。這讓我有很深的體會，內心滿是惶惑掙扎。

我的舊同學 Sukak Bin Rahiman 與碧蓉和我都很要好，他責備我說："羅伯特，你與另一女子相愛，這會讓你的妻子好生失望。碧蓉是一位十分受人尊敬的女士，有高尚的理念和價值觀。你不能怪責她。她雖然仍愛着你，但她的高尚情操絕不容許自己再和你如夫妻般生活在一起。"

碧蓉發現我有新愛幾個月後，她與我坐下來談這件事。她說："年，我一直努力地思考這個問題。我已決定讓你去追尋你的幸福，而我亦準備好與另一個女人一起擁有你。我們就繼續這樣過好了。"

我極其感動。碧蓉善良、寬厚。但她仍然很擔憂，她說："我知道你這輩子一直努力工作。在你建立家族事業的那些年，你一定經歷了難以想像的遭遇，我認為，你值得擁有這份幸福。我不應該自私地阻攔你，所以我準備好與她共同擁有你。"

我當下的反應是，我有一個多好的妻子啊，她真是一個極好的人。但謹慎起見，我說："碧蓉，這是一個重大的決定。你還是再斟酌一下，如果這確是你真心想要的，你就來跟我再說一次。生命會不斷改變，我們無法預知未來的種種波折。現在，我對你的建議不能說'行'還是'不行'。"

幾個月過去了。碧蓉沒有舊事重提。她一定向身邊最親近的人、她的兄弟姐妹徵詢過意見。她也很痛苦。想到憂慮和痛苦，她建議我搬走，她無法承受我在她身邊的壓力。離開後，我跟寶蓮組織了新家庭。1979年，我們一起移居香港。

在亞洲社會，人們不習慣以法律方式離婚。而我的情況是，當我離家時，碧蓉對我說："年，我不會容許你跟我離婚。我也不會跟你離婚，我們只是分居而已。"

我尊重她的決定。碧蓉是一個高尚的人。我們維持着這種關係，直至她離世。遺憾的是，她後來罹患了乳癌，經過5年與病魔搏鬥後，1983年與世長辭。我一直都很關心她，直至她最一口氣。

生活中最美妙的樂事莫過於撫養孩子。1979年我和寶蓮移居香港後，我在太平山頂的紅莓閣買了一座別墅。我和寶蓮所生的女兒惠光、兒子孔華，當時還是嬰兒，還有我的第5個女兒、也是我的第8個孩子燕光，她出生於1990年。他們三人均在香港接受中英雙語教育，然後到美國完成大學課程。

週末和假期，我們在山頂度過了許多美好的時光。一大早，我們會去散步。山頂總是比較涼快，空氣比港島其他地方清新。偶爾，我會帶着孩子與辦公室的同事一起坐船出海。我們在深水灣上船，然後開到海灣中央游泳或潛水。唉，這些聚會着實難能可貴。因為當時我仍在尋夢階段，在中國努力搜尋合適的房地產項目和擴大郭氏集團的業務版圖。

　　寶蓮是我的支柱。她將她所有的愛和關懷都給予了我。她不容許我偷懶和長胖。即使我快 90 歲了，她仍陪我爬樓梯或到戶外走動，或者帶我去打高爾夫球。我稱呼她為長官大人。她會向我發施號令，如"左—左—左，右—左"。如果把我一天步行的時間加起來，應該有一小時，這對我的身體大有裨益。同時，她為我安排合適的飲食、充足的食品種類，讓我能夠吸收足夠的營養。她確保孩子們在充滿愛的環境中長大。他們能成為優秀、有愛的人。我可以肯定的說，這一切都是源於母親對他們的影響。

　　1979 年，我和寶蓮搬到香港時，她不大懂中文。一天，我跟她說："寶蓮，我跟中國越來越多生意來往。我想你儘量多跟我一起外出公幹，但如果你語言不通，怎會自如享受呢？"

　　不等我多說，她就去香港大學報名學習中文，那個班的老師是北京人。她十分用功。不久，她就學得相當不錯了。這樣一兩年後，我叫她不要再去上課了。她於是便在晚上自學到凌晨一兩點鐘。我牀的另一邊空着，實在讓我難以入眠。於是我跟她說，再這樣下去，我便會沒有足夠精神去經營業務。所以她唯有停下來。不過，那時她對中文已經有相當的認識。之後她跟我到中國，見過很多官員，無論是老朋友還是新相識，大家都很喜歡她。

　　雖然母親對我離開碧蓉甚為生氣，但我很開心她後來與寶蓮的關係漸見融洽。最終母親還是原諒了她。而寶蓮對母親的愛更是與日俱增。

第二十章　聚散離合

我深信因果。無論作為商人或家中成員，我那能幹的姪兒郭孔豐重複他父親的經歷，可算是我一生中其中一個最非凡的故事之一。他的父親，也就是我已故的堂兄郭鶴瑞，他曾離開家族生意去尋找自己更光輝的一片天。過了幾年後，他擁有更強的實力，通過商業合併重回家族業務。而孔豐，最終也是由郭氏集團入股他的豐益國際，而成為亞洲最大的食品貿易生意。我認為這就是因果。

父親和他五個哥哥的孩子們組成了我們這一輩。堂兄弟合共22人。但在排序上，由於福州郭氏宗族迷信七和九是不吉利，因此我們跳過了這兩個數字，最終為二十四。按出生排序，我本應排行第十八，但卻被稱為二十堂兄。

孔豐的父親郭鶴瑞（十四堂兄）是我的嫡親堂弟。他年少時在中國，曾被一夥竊賊綁票。綁匪給鶴瑞的父母發了幾次贖金催條，但因為交不出贖金，鶴瑞被關了數月。他被關押的地方條件非常差，跳蚤、蟲咬在他身上留下纍纍疤痕。慶幸他最終能躲過此劫。

郭鶴瑞來新山時已經大約20歲。他離開中國，像我許多其他堂兄弟一樣，加入我父親的公司，但他來得比較遲，我記得大概是1939或1940年。因為他自小在中國長大，因此完全不會説英語，但他有出色的商業基因，特別擅長與人打交道，對數字很在行，記憶力尤佳。

後來，他回福州與父母給他找的太太結婚，婚後兩人回到新山。他們有兩個女兒、兩個兒子，長子是孔豐。按照中國稱謂，我叫孔豐"姪兒"，他叫我"叔叔"。

父親在東昇公司創立的很多業務最終都關閉了，鶴瑞有聰明的商業頭腦，能在眾多為父親工作的堂兄弟中脫穎而出。我可以想像，他應對我父親的經營方式感到憤慨。父親本想討好所有姪兒，但最終卻一個也沒有。所以鶴瑞離開了家族生意，獨闖離新山 130 公里遠，在海岸邊的漁村豐盛港。在其他幾個堂兄弟的資助下，在那裏開了自己的小店。

1949 年 4 月 1 日郭氏兄弟公司成立後，我有時會在週末跟朋友開車北上，去豐盛港作深海垂釣。路程大約 2.5 小時。公路相當新，但有點崎嶇。那裏有許多河道，英軍以前在那裏用鐵和木板搭建起了一條簡單的貝雷橋，方便汽車通過。

我跟鶴瑞很親近。我們出海釣魚兩三天後回程，帶着滿船鮫魚和竹茭魚，他會在碼頭上接我們，請我們出去飽嚐一頓好菜。那個時候，生意還不太景氣，但經過幾年努力，鶴瑞成為豐盛港最大的店主，是當地家喻戶曉的人物。

大約在 1951 年，去豐盛港的一次釣魚之旅，我把他拉到一邊說："鶴瑞，我看不出你在豐盛港能有多大前景。你已是豐盛港最大的食品商店，而這裏又沒有其他生業可做。"當地的主要產業是割橡膠，而所有大橡膠園都由英國人擁有。我說："返回家族企業吧。你現在是唯一一個仍在外面的。我肯定，我們能給你很好的安排。"

初時，他顯得有點拘謹，沒做出任何承諾。我覺得拘謹是郭氏家族除我以外所有堂兄弟的特點。他肯定把我的想法跟他太太商量過。我相信，他妻子必定先對我作評估，然後再判定我沒有誘騙她丈夫墮入困境的意圖。到我第三四次嘗試遊說鶴瑞時，我看見他眼睛裏閃出了一線亮光。於是，我提議以股票面值給予他郭氏兄弟 8% 的股權，並同意以任何他認為合理的價格收購他的店舖。我們因此合併了兩家企業。鶴瑞在新山買了一幢房子，並帶家人同來。他一邊花越來越多的時間在新山，一邊還繼續經營他在豐盛港的店舖，因為他很享受在那裏工作。

不幸的是，鶴瑞患有高血壓和心臟病。儘管他體格強健，但他在 1990 年 70 歲出頭便去世了。

郭孔豐 1949 年生於豐盛港。我記不起過往釣魚時，是否見過他，大概那時他和他姐姐莉莉（Lily）還在搖籃裏或者在店舖樓上。1970 年代初他於新加坡大學畢業後，直接加入新加坡郭氏公司工作。那個時候，我們在馬來西亞和新加坡的業務已經營得相當不錯。

孔豐很快從我手下的經理那裏學會了做麥、米的貿易，從加拿大、澳洲，有時也從美國等質佳價低的地方買入麥子。後來，他也買入其他農作物，如玉米、大豆和其他有需求的農作物。孔豐迅速成長，不久便不再需要指導，可以完全獨立工作，但他每週會來見我兩三次。

一天，他告訴我，瑞士一家公司研發出用酶素從大豆提煉食油的技術。大豆油是極高品質的食用油，壓榨後的大豆殘渣仍然含有豐富的油和蛋白質。事實上，這大概是動物飼料中營養最豐富的成分。他問我可否批准他沿此想法繼續開發。結果，我們訂購了器材，建設了一家大豆壓榨廠。後來，我們還因此在飼料加工業做得很大。幾乎與此同時，我們在東馬來西亞的砂拉越（Sarawak）和沙巴（Sabah）買了大片土地，種植棕櫚樹，開始生產棕櫚油。

　　孔豐成為這些事業背後的驅動力，這就是後來大家熟知的郭氏糧油。在馬來西亞建立這些企業後，孔豐在 1980 年代中期開始籌劃在與香港鄰接的中國深圳建立首家食用油精煉廠、進口、倉儲和包裝基地。他預見到食用油是一個巨大的產業，而中國是一個蘇醒中的市場。他接着以橫向整合、縱深開拓的方式拓展業務，運用地理優勢，成為集團中一個主要的關鍵企業。

　　這是第一次，我在幾個姪兒中發現了一個能力與我不相伯仲的商人，看起來孔豐是郭家下一代中最有才幹的人。我這麼說，並不是要抹殺我自己孩子和其他親屬的管理才能和所付出的辛勞。只是孔豐具有特殊的創業天賦，能夠發現機遇並將它轉化成無限商機。

　　1991 年初的一天，我在香港正準備參加孔丞的兒子、我的孫兒郭孟馨（Kuok Meng Xin）在九龍香格里拉大酒店的滿月慶祝晚宴。孔豐那天剛從新加坡到香港，大約晚上六點鐘，他問我他可否過來談一會兒。我當時正準備出門過海參加宴會，時間將近，已經有點趕了。他進來說：“叔叔，我想佔用你一點時間，討論一下獎金的事。”

我一直留意他的部門 1990 年的業績。那年，他在幾筆主要的期貨交易上失手，我不記得是做長倉還是淡倉。我快速掃過他全年交易的月結清單，知道他有幾處失手，並默默希望他中途能把形勢逆轉過來。我堅信，外人不應該橫插一手和提供意見，因為這樣往往只會打亂他的交易節奏。可惜，他那年的節奏不對，成果平平，結算下來沒有甚麼利潤。

孔豐慣常每年見我一次，批准他對獎金數額的提議。那年，他沒有提出數字，只是說：“我想聽聽您的意見。”

我當時肯定有些過於直接，但我記不起有任何粗魯的表現。我說：“孔豐，很遺憾，你全年都看錯了市場，而且沒有調整策略，以致囊中空空。你要知道，我們是按利潤分配獎金的，所以我不知道該如何對你說。這個狀況很尷尬。”

他突然繃緊了身子說：“叔叔，我一直想跟您說，我想另立門戶。我現在提出辭職。”

當然，這番話讓我倒抽了一口涼氣。我記得自己很快說：“孔豐，你來去都是自由的，即使離開，你也得到我的祝福。我祝你好運。”我問他去不去參加我孫子的晚宴。他說不，他會趕下一班飛機回新加坡。

孔豐幾週後離開了公司。此後不久，我去新加坡，我在酒店房間接到一個電話。他說：“年叔叔，我是孔豐。我能來見你嗎？”我說：“當然可以。”

他進來，寒暄一番後，便切入主題。他告訴我，他覺得，他走後部門士氣低落，很多不錯的人也許會離開，他問我是否可把生意賣給他。我很吃驚，於是拖了他一下。我與高層商量後的決定是，我們不能將這麼大的一部分生意賣給任何人。於是，我回絕了孔豐。這時，他已經在開展自己的業務。我們之間沒有爭執，他只不過是嘗試直截了當地做一筆交易而已。

我記得，與分家有關的唯一一次對峙，是孔豐的新公司提出法律訴訟，稱他在郭氏兄弟公司工作期間開發的一個品牌應該歸他們所有。該品牌最早在馬來西亞、新加坡註冊為"Arawana"，在中國叫"金龍魚"或"Golden Dragon Fish"，是中國食用油的領軍品牌。我們最終贏了官司，保留了該品牌。

之後多年，由於我需要全神貫注在自己公司，所以沒有密切留意孔豐的業務發展。在 1990 年至 2000 年這十年間，我全情投入了中國房地產和酒店業務的開發。

不過，我也聽到片言隻語的消息，說孔豐發展得不錯。到了 2000 年，他的公司在食用油和油籽領域已經在馬來西亞、新加坡、印尼、中國大陸、印度等地站穩陣腳。他得到郭氏兄弟部分前經理的輔助，其中包括濮金心。他是原中糧的僱員，1970 年代初，我跟中國政府做食糖交易時，他一直參與其中。

我們公司與孔豐公司直接競爭，不過同時，我們與業內同行都有競爭。我總覺得競爭是好事。食用油市場如此之大，實質上的交鋒和競爭少之又少。不過，郭氏糧油在中國是領軍品牌。我個人並未親身感受到競爭，因為我一直忙於其他業務，並沒有實際參予郭氏糧油的營運。

2006 年的一天，我在新加坡辦公室與郭氏集團新加坡的不同業務部門主管聊天，這是我的一個習慣。我會從郭氏兄弟（新加坡）有限公司董事長張裕錦開始，他主管船運業務。我記得是裕錦提起孔豐的公司已開始經營化肥業務，與我們的化肥業務有所競爭。他亦開展船運業務，也是我們競爭對手。裕錦對孔豐的成功讚賞有加。他說："你知道，孔豐最近做得非常、非常好。"這是我第一次聽有人到對孔豐作出如此高的評價。裕錦又提到，孔豐的上市公司豐益國際止準備做一部分配股。

我的另一個姪兒郭孔光，他是太平洋航運有限公司的董事總經理。當時，我問他："你跟孔豐有任何聯繫嗎？"他說："有的，但不是很經常。"

我說："光，你幫我傳話給他，說我有興趣買入他豐益的部分配股，問問他是否會考慮我的配股申請。"

幾小時後，孔光打電話來說："孔豐很高興聽到你有興趣，他問您想買多少？"我考慮過拿下所有配股，因為我聽到許多對他的讚賞，而且我很願意當千里馬的伯樂。但我不想顯得貪婪，於是我說："價值 1,500 萬美元的股份吧。"不到幾個小時，我從孔光那裏得到孔豐的回覆，他很高興我支持他，並完全同意我提議的數額。我十分欣慰。

不久，我收到孔豐的電子郵件。我們大約有 15 年沒有直接溝通了。我甚至沒有在家庭聚會上見過孔豐。他發來簡短但親切的信息，詢問他是否可以來見我。我馬上回覆郵件說"當然可以"。由於孔豐直接與我聯繫，我就沒有再通過孔光。我說："親愛的豐，我樂意隨時與你見面，現在、明天、任何時間都可以。"就這樣，我們見面了，一起聊天，一如往昔。

幾個月後，我得到當地政府的批准，可以在武夷山附近的一個機場降落私人飛機，武夷山是中國南方最美的旅遊景點之一。我邀請孔豐、他的母親和兩個姐妹同行，我們在一起度過了愉快的時光。回程時，我們在福州市短暫停留，去看我母親在那裏建的小廟，當時，那座僅供拜佛的小廟正在擴建成正規寺廟。

後來，我從朋友那裏聽說孔豐正考慮進一步擴張業務，正在接觸投資者，希望能引入一大筆新投資。我從不懷疑他想迅速發展。我對自己說，孔豐應該來找我。所以，我給他打電話，說："我聽到的是真的嗎？"孔豐猶豫了一下，好像有點尷尬，但他確認屬實。我說："豐，你可以找其他門路，也可以跟我探討合併的可行性。合併不但能發揮更大的協同效應，還能壯大你的業務強度。"

他說："我之前不知道你是否願意跟我談這件事。"我想他對以前分家拆夥的關係有所顧慮。他對我考慮合併好像很意外，我覺得他對於我的建議甚為欣喜。

萬事俱備，只差具體操作。我方管理合併團隊的負責人是我姪兒、我大哥的長子、當時郭氏兄弟馬來西亞的董事長郭孔輔，以及那時已被正式指定為我的接班人、我的長子郭孔丞。

我對他倆說："把事情辦妥，不要出差錯，不要小心眼。如果你們覺得他在協議中稍微佔優一些，要讓步。我們必須力挺這匹千里馬。孔豐是你們能協力合作的最優秀生意人。"任何合併總會問題不斷,因為各方將領都奮力保衛自己的小地盤。這就是為甚麼從一開始,我就對我方人員先提出"讓步、讓步,讓步。"我希望顧全大局。吹毛求疵往往一事無成。

孔豐問我合併公司該用甚麼名字,我說:"你定。如果你喜歡豐益這個名字,就用它好了。"所以公司就叫豐益國際有限公司。如今,它是新加坡證券交易所最大的上市公司之一。

合併重組於 2007 年 6 月完成。塵埃落定後,郭氏集團在豐益擁有約三分之一的股份。從合併之日起,孔豐在做任何重大決策前都會至少簡短跟我聊一下,儘管他並沒有法律義務需要這樣做。

我們在豐益的股份是郭氏集團最大部分的資產之一,這就是我們對孔豐能力和生意人操守的信任的回報。豐益的主要股東有孔豐、吳笙福(Martua Sitorus)和美洲大型農業公司阿丹米公司(Archer-Daniels-Midland Company)。孔豐是董事長兼首席執行官,吳笙福任執行董事兼首席營運官。我的兩個兒子孔丞和孔演任董事。

作為合併的組成部分,豐益國際從郭氏兄弟購買了部分資產,包括馬來西亞、印尼的棕櫚園和棕櫚油廠,馬來西亞的食用油精煉廠和貿易部門,以及中國、孟加拉、印尼、越南、荷蘭和德國的食用油和糧食加工廠。豐益國際 2014 年度的全年收入為430 億美元,純利達 12 億美元。合併後,公司持續擴張,現在擁有超過 450 家製造加工廠,在 50 多個國家聘用了大約 92,000 名員工，並擁有自己的船隊。

豐益的農產品集團在亞洲具有領導地位。其業務包括棕櫚種植、油籽壓榨、食用油精煉、特種油脂、油脂化學品和生物柴油的製造、糧食和食糖加工。豐益也是全球領先的原糖生產商和精煉廠，擁有澳大利亞其中一個最著名的食糖和甜味劑銷售品牌。同時亦是全球最大的棕櫚油、椰油、食用油和特種油脂的生產以及營運商之一。豐益的食用油業務從歐洲（它是烏克蘭最大的精煉商）延伸到非洲東部（主要的進口商），從印度到東南亞、中國（在那裏它擁有領先市場的品牌）。它也是馬來西亞、印尼最大的棕櫚種植園擁有者之一，是全球最大的棕櫚生物柴油製造商。

棕櫚油是最經濟、高效的植物油產物，尤其是在土地利用方面。對於行業發展來說，它更符合社會的期望，並且可持續發展，這一點至為重要。

2013 年 12 月，豐益宣佈落實不濫伐森林、不使用泥炭、不剝削的堅定政策，對可持續發展作出重大貢獻。

豐益自 1991 年白手起家，合併之前發展穩健。合併之後，公司持續增長，從 2007 年到 2010 年，收入幾乎增加了一倍。這些都印證了我認同孔豐是商業能手的想法。他既有規劃能力亦有執行力，並且能把準確的觀察化為行動。

此外，他意識到中國農村的一些上百年生產技術，輕而易舉便能提升至現代化水平。他能注意到這些，全因為他是一個親力親為的管理者，不但卓有遠見，而且一年到頭每天工作 16 小時，甚或更長。他會親身到工廠實地視察，與經理們交談。他目睹農民辛勤勞動，甚至比從前更辛苦，但他們對農作物的質量和收成量、加工和精煉技術、蟲害防治和其他與生產力相關的問題關注不夠。

他給米農提供更優質的種子，並為他們安裝最好的碾米機。他改變了收成時不分優劣同時收割、碾篩的傳統，實行擇優分級。稻糠往昔用來餵養家禽牲畜，或用於老式鍋爐燒水。孔豐向農民展示，通過使用他提供的最好設備，能生產出更優質的糧食，還能在稻糠中萃取出有價值的玄米油。

豐益的政策是改善食品生產技術、提高產量，並與農民和其他加工者分享增值所帶來的利潤。這就是為甚麼豐益在它營運的地區如此成功的原因。它兼顧到了供應商和顧客、賣家和買家。這些優勢加上遠見、勤奮，高效推動着公司的發展。營商需要親力親為、直接管理。業務要健康發展，必須要不斷擴展。

當然，過度、超速膨脹也是不健康的。它可能引發無能競爭者的嫉妒或憤怒。豐益只是追求高效，但高效的代價可能換來忿恨不滿。過度發展也可能導致環境問題。當政府認為本國消耗的食品太多來自進口，或者食品行業過多地被"外國人"主導時，"食品安全"的擔憂也會浮現。另外，在中國大陸，政府可以決定，為了抑制通貨膨脹，不允許如植物油這類商品漲價，完全不考慮生產商的成本上漲因素。因此，豐益有時只能無奈地作虧本營銷。

豐益為人們提供必不可少的基本食品，以上各方面都是建構業務的組成部分。中國領導人並沒有中飽私囊。他們恪盡職守為國家利益、為法制和秩序效力。中國傳統道德和哲學理念在其中起到了重要作用。大多數中國人誠實、有道德、順服、守法，尤其當國家領導人誠實、無私、愛國、對百姓表現出愛和同理心時，中國人會支持政府公平、合理的措施和法律。

我成年後，一直努力把姪兒們和他們的後代攏在一面大旗下，讓他們富足、送他們的孩子上最好的學校。突然之間，我們又因豐益彙集在一起。我們作為一個團隊，一起應對商業問題。這是我巨大滿足的來源。

我仍堅信，1949 年由五人組成的公司，發展至今天由母集團持有的多間聯屬公司仍可以持續經營 150 年。我們現時的三間私人控股公司：郭氏兄弟私人有限公司 1949 年在馬來西亞成立，郭氏（新加坡）有限公司 1952 年在新加坡成立，嘉里控股有限公司 1974 年在香港成立。這些公司最終持控多間上市公司和一些較小型公司的大股或控制權，以及船運、倉儲、化肥、糖、麵粉等業務的私人股份。

1993 年，我們向魯珀特・梅鐸（Rupert Murdoch）購入了《南華早報》的控股權，這是一家在香港具領導地位的英文報紙。我認為一個獨立的媒體對於一個公平有序的社會是極為重要的。可能我是舊式人，雖然新媒體已不斷湧現，但我還是相信紙媒的重要性。我相信紙媒仍有其持久性，把一天天的事情記錄下來。我不認為書籍或報紙將會過時，儘管他們的形式可能會有改變。

我每天早上都會閱讀《南華早報》，但我未必會同意當中所有報導，但也從來沒有促使我嘗試去改變其編採內容。但若有誹謗的話，我會非常嚴厲地告訴他們：「如果報紙因此而遭起訴，你必須負責並承擔有關費用，因為這可不是老闆要發的新聞。」報紙發佈的是新聞，而不是臆測。對於任何偏頗的報導，也會有反對的意見。我們應該讓讀者有選擇，讓他們自行決定哪一方持較佳論據。

2016 年 3 月，我決定將《南華早報》售予阿里巴巴的馬雲。我很高興馬雲能接手管理，因為這份報紙極具重要戰略意義，我認為必須交給可靠的人。

當交易完成後，朋友來問我出售了這間擁有了 24 年的報紙感覺如何。我掃一下眉頭，舒一口氣回答道：「噓！」

第二十一章　隱藏的船長

在海上航行時，你甚少會見到船長，但你認定他一定在駕駛艙內。當你去駕駛艙時，可能只見到一名水手在掌舵，但船仍是四平八穩地行駛着。

母親就是我們這條船的船長。她把一切都看在眼裏，記在心上。母親是一個很有智慧的人。她從不插手干涉任何事，但卻在背後發揮潛藏的影響力，把整個集團凝聚在一起。

1949 年，我與家族成員聯手創辦郭氏兄弟之後，在親屬眼中，我一定是個令人討厭的暴發戶。在所有人當中，我年紀最輕，但我卻把所有人都差來使去，説話粗聲粗氣。我容不下任何人做事拖泥帶水，也不允許任何人干涉我。如果我想做甚麼，任何人都攔不住。因為母親處事公平公正，家人都會去找她抱怨。她總是耐心地勸他們，向他們解釋説我只是一心努力為大家謀求福祉，不存半點私心。

郭氏兄弟巧妙地融合了我粗獷、強硬的風格和母親如佛慈光環般的溫和。我簡直不敢相信自己曾是這樣的人。1960 年末的一個晚上，跟倫敦市場在做交易時，但凡出現了一丁點錯失，我就會對着葉紹義、柳代風和助手咆哮大罵。工作中，我每分每秒都像吃了火藥似的。發起火來排山倒海，像維蘇威火山爆發一樣。有時真的氣得眼前一片通紅。那時的我，真的是魔鬼的化身。

我身邊的所有人都被我罵過，尤其是我的左右手，可憐的柳代風。有幾次，我更把他逼得走投無路。就在他想要辭職的時候，他去見我母親。母親總是有辦法說服他，讓他繼續留下來。她會勸他別在乎我的臭脾氣和古怪行徑，因為這都不是針對他個人。她解釋說，我的脾氣就像暴雨一樣，總有過去的時候。

然後她會把我叫過去問：“年，你怎麼又發脾氣呢？”不知怎樣，她像能了解萬事的節奏韻律，把事情看得很透徹，完全知道這些過雲雨不會對集團構成任何實質的傷害。母親就是這樣維持着和平與團結。

她總是讓我們關注大方向，她指導我們要遠離那些會給人帶來傷害、破壞和痛苦的生意。她的原則也促使我遠離如醫院這類的行業。對於生病需要護理但又付不起錢的病人，我們還怎麼能忍心收費呢？我可以把醫院作為慈善事業來做。但醫患之間沒有正常的商業關係。醫院手裏掌握着病人的性命。

母親教育我和兄長永遠不要貪心，她說賺錢的同時也要保持着高尚的道德。她強調，公司能賺錢，就要向本地的慈善機構捐款。

一天，她拿來了三塊金屬匾牌對我說：“年，你在吉隆坡、香港和新加坡都有辦公室。你把它們都掛在每天早上一定能看到的地方。”這些匾牌，警示我們永遠不要牟取暴利，不要貪婪，多關注社會的各種需求。

我前面曾提到，從 1974 年起，我開始與燕志做生意。印尼整個國家的糖和大米進口都是通過他來交易的。那些日子，我每月至少去新山兩趟看望母親。我會向她講述集團的重大進展。她總是不厭其煩地跟我說，大米、糖和所有主要商品都是人類生存不可或缺的食物，着我無論如何都不能從中牟取暴利。我明白她口中暴利的含義。日用品交易中，賺 1.5% 到 2% 的利潤是合理的，賺 2% 以上就可以説是開始向別人插刀子了。

我把母親的訓示在馬來西亞付諸實踐，我在這裏創辦了最重要的事業，包括煉糖廠和麵粉廠，這讓我一生感恩。1970 年初，英鎊貶值，農作物收成欠佳，導致價格混亂，小麥價格隨時翻一倍。我很幸運，價格上漲前，直覺告訴我有大事要發生，我指令小麥買手，去談判購入一整年的需求量。我們最終拿到了 12 到 14 個月的貨。數週後，國際市場價格飛漲。

當我的直覺被證實時，我很快飛到吉隆坡，約見馬來西亞國際貿工部秘書長丹斯里・納西魯丁・默罕默德（Tan Sri Nasruddin bin Mohamud）。我向他講解了國際小麥市場的情況，建議他給馬來西亞所有麵粉加工廠發函（我們佔了市場將近 50% 的份額），調查一下他們各自以甚麼價格買入了多少小麥等等。我説："你必須這樣做，否則麵包和其他相關商品的價格便會立即上漲。"

我以成本價向市場投入小麥，並把麵粉價格維持在很低水平。這樣做，我將 3,000 多萬馬幣奉獻了給政府，而馬來西亞政府亦得以嚴格調控麵粉等生活必需品的價格。不用太聰明也能想到，我其實是可以將所購買的合同轉到日內瓦或香港的離岸公司，這樣我的麵粉廠看起來是從這些離岸公司購入小麥。也就是説，我可以將暴利轉移到海外。但我沒有這樣做，我反而心甘情願地選擇用於平衡國內市場價格。這全是因為母親一直叮嚀指引着我。如果你有這樣的母親，不斷向你灌輸"永遠不要成為推高主要食糧價格的罪魁禍首，因為窮人都是靠此為生"，你便會像我一樣。

母親頭腦清晰，思維敏捷、判斷客觀。她博覽羣書，對各國發展瞭如指掌，無論是馬來西亞、新加坡、中國或世界其他地區。所以每當我遇到難題時，我就會去找她。有時，我只是跟她閑聊，沒有直接提出問題，只是旁敲側擊地聽聽她的意見，便能從中獲得足夠的智慧，知道該如何行事。如果我和同事之間相處得不愉快，我也會去見她，因為我有時也需要一個肩膀讓我好好地哭一場。聽罷我的傾訴後，她寥寥數語便能讓我平靜下來。

母親是個虔誠的佛教徒，每天專心虔誠誦經至少兩小時。她會把中文經文放在面前的樂譜架上，然後隨着節奏誦經。我前面曾提過，我潛意識裏總覺得母親的祈禱和她高尚無私的德行，在不知不覺間護佑着我，使我在險惡的商場中遠離邪惡、免受傷害。

有一個例子我記憶猶新。一天，我新加坡的好友雅各布·巴拉斯介紹我認識了一個移民澳洲的匈牙利猶太人，這個人創辦了一家公司叫哈托格（Hartog PLC）。此人毀譽參半，但雅各布叫我放心，説他已經改過自新，重新做人。

1960 年末或 1970 年初，有一次我飛去倫敦做糖生意，收到了這個澳大利亞人的電話。他住在帕克路的希爾頓酒店。他提起雅各布的名字，邀請我第二天到他希爾頓的套間見他。我大約是上午 11 時到了他那兒。

我這輩子就這麼一次，在交談中感覺到自己好像被催眠了。他不知在胡謅着甚麼，我給迷惑了。他向我推薦一宗生意，要我投資二三千萬美元，在當時來說這是一個巨額數字。有那麼三四次，我幾乎要答應，與他握手成交了。華商一般很講誠信的。對我們來說，口頭承諾跟書面簽字同樣有效。我從來都信守承諾，言出必行。

在最後一刻，彷彿有甚麼力量阻止了我作出口頭承諾。我跟他說，我需要諮詢我在新加坡的其他董事。他突然像隻被捉到要宰殺的貓一樣。我從他眼神中看得出，他被我這突然叫停的舉動嚇了一跳，眼中掠過一絲失望。這倒使我從他的圈套中驚醒過來。我說我會下午給他電話，這樣我就可以有時間回到酒店，給我新加坡的董事打電話。

倫敦的中午是新加坡的晚上八時。我回到酒店，給母親打電話。我說："媽媽，我需要你的意見。"我把整件事告訴了她，包括這個由雅各布介紹我認識的神秘澳大利亞人。

她說："給我兩三分鐘，別掛。"

她去翻她的經書。母親常常會這樣做。她會叫我不假思索地說出一個數字，比方說，我選了67，她就會翻到第67頁。67頁上會有好幾段經文，她眼光落到那裏，她就會挑出那句話，翻查注解。

她回到電話旁，說："兒子，別碰它！這是毒藥！非常危險！你會血本無歸的。"她的話像一桶冰水澆在身上。我給那人打電話說："不了，謝謝你。"我再也沒有見過他。幾個月後，他在澳洲的生意破了產。

這是母親給我保護的經典例子。迷信嗎？是的，但生活中確實有不少讓人迷信的事，我別無它法，我根本不了解這個人。他可能也催眠過我的朋友雅各布。我感到很幸運，因為我深愛母親，總是對她的話深信不疑。

在 1970 年代末的一天，母親把她當時的四個孫子叫到跟前（當時孔華還未出生）。四個孫兒包括鶴舉的兩個兒子孔輔和孔鋪、我的兩個兒子孔丞和孔演。母親説："我老了，不需要錢了。如果鶴年發生甚麼事，這家公司就由你們四個年輕人聯手主理。我要把我所有的股份平分成四份給你們。"就這樣，她把她在郭氏兄弟的所有股份（當時她持有 7%）都交了出去，自己一點也沒有留下。

從那天起，孩子們不時送些錢給她。我請我新加坡的秘書林秀鳳小姐每月給母親寄 5,000 元坡幣，確保她足夠日常的開支。我記得她每月一般只花 1,500 元左右。

她的膳食主要是蔬菜和大豆，每天誦經四五次，衣着純樸，深居簡出。她無慾無求，把大部分的錢都捐了給當地的慈善機構、福州及中國其他地方的公益組織。她是本地一份中文報章的忠實讀者，這些媒體熱衷於報道各種悲慘消息，如新山外的公路發生車禍，一名貧窮的出租車司機身亡，留下臥牀不起的寡婦和五個年幼的孩子。母親便會拿着剪報，坐車去市內找我的秘書，對她説："我想就把這幾千元寄去給這個寡婦。幫我把這些錢換成匯票寄給她吧。千萬不要公開。"如果一個鰥夫，由於要照顧孩子而無法工作，母親也會寄錢給他，每一次都是匿名的。

母親於 1995 年離世時，留下了一小筆信託基金，用於支持距離新山 10 英里外，士古來鎮上一座由她一手籌建的佛寺。

對於我所擁有的財富，母親給我的忠告是："兒子，不要把財富全都揮霍在自己身上。留下大部分給你的子孫和你設立的基金上。"這個忠告源自"積福"這兩個中文字。這句中國哲理，說出人一生福禍、悲喜都有定數。如果你沒有把它耗盡，通過善行，上天會幫你將你的善德轉給後代。我深深知道，我已經享受了，並可以繼續享受着母親和先人的福報。

1949 年 4 月 1 日，我們成立了郭氏兄弟。八年後的一天，我對所有擁有郭氏兄弟股份的親屬說："現在是時候，我們應該給公司注入一點社會主義。"我說服了所有股東各自拿持股量的 30% 出來，集合起來以低價賣給我們的員工。由此，郭氏家族成員的持股量降至 70%。以我個人為例，我的股份由 25% 稀釋到 17.5%。母親的股份則降到 7%，如此類推。

同樣地，新加坡的控股公司郭氏（新加坡）有限公司，一開始也是由郭氏兄弟全資擁有。後來，我們發新股給公司管理層和員工。之後，我們又出售了更多股份給公司新聘的員工。如今，郭氏兄弟公司沒有持有郭氏（新加坡）有限公司任何股份，兩間公司只是郭氏集團的姐妹公司。

我移居香港，創辦了嘉里控股有限公司，那些跟我一起移居的同事，如柳代風和李鏞新，每人都購買了這家新控股公司 0.5% 到 3% 的股份。即使那些沒有移居香港的新加坡管理人員，如張裕錦和吳樹城也擁有嘉里控股的一批股票。因為我覺得，來自新加坡的精神動力對創辦香港公司起了很大作用。那些對馬來西亞和新加坡公司作出過重要貢獻的人，都有參股香港公司的機會，而且我還把東南亞的生意慢慢下放給他們管理。

我很早期就採用了這個方法，就是在每間控股公司預留一批股票。一開始我就想到，1960年代跟隨我的同事，到1970年代時可能已不會再有貢獻和建樹了，而1970年代的功臣到1980年代也是如此。所以我們總要預留一批股票，用於激勵新人。預留的股票有時會變多，因為許多舊人會選擇退休，並兌現手上的股票。回收的股票便可循環再給新人。人們一旦從僱員變身股東後，他們的態度就會轉變。如果我們作了愚蠢的投資，他們也會感到心疼。不僅管理層持股，任何有成績、有貢獻的員工，包括我出色的秘書黃小蓮也持有股份。

對中國人來說，家族關係至為重要。人們必須對父母和祖輩，包括妻子家族的長輩盡孝，還要疼愛兄弟姐妹。

此生與我共事的人，無論是直接為我工作或在為公司工作的，對我來說都很重要。我稱他們為工作上的手足，因為當你創辦一家公司時，你和你的同事真的親如一家。我跟他們共事60多年，同泣同樂。他們幾乎比我的親兄弟還重要，只是這種情感不會沖淡我的兄弟之情或對母親的愛。我只是想說，我對工作上的手足一樣看重。

不過，有一次，我們集團差點要分裂。我已故的五堂兄、曾在父親的東昇公司任職的郭鶴青，在1949年郭氏集團成立時持股 25%，這與我所持的股數相同。鶴青是我二伯的長子，而二伯是我父親最愛的哥哥。鶴青曾在英國求學，對父親極為忠誠。

鶴青有七個孩子，最小的兒子大衛（David Kuok）在英國修讀過會計。我們僱用了他的三兒子詹姆斯（James）。他開始時被派到我十二堂兄所領導的一個部門工作。過了幾個月，我十二堂兄對我說："哦，我們這個姪兒不行啊。"詹姆斯的行徑古怪，他常常從辦公室無故消失。最後，我們只好讓他離職。他離開公司後，與其他人合作嘗試過各種生意，但終究一事無成。

數年後，我因為同情他，重新聘用了他。這一次，我直接管他。但我慢慢發覺之前對他的投訴都是對的。他確實是個很糟糕的員工。過了一段時間，我對他說："詹姆斯，我們不能再這樣下去了。我經常出差在外，當我回來時，我的同事們都來投訴你。"所以，我們只得請他再度離開。

1970 年初，在郭氏（新加坡）有限公司的一次年度股東大會上，鶴青的四個孩子，包括詹姆斯和大衛突然現身。那時我以董事長身份宣佈會議開始。當我談到賬目時，詹姆斯說："董事長，我要了解一下賬目。我的兄弟姐妹和我都是股東，我們都對這些賬目存疑。我們認為是假賬。"

我於是說："詹姆斯，這些賬目都經過審計的。你想質疑甚麼呢？"

他回答道："董事長，現在我不是以姪兒的身份，而是以股東的身份來向你提問。我們還是正式一點。"我看了看鶴青，他一直低頭不語。

接着，詹姆斯和大衛指控説我們的賬目曾被編造篡改，嚴重失信。我略作訓斥，表示不能接受他們的指控。他們反覆説了兩三次，要求我表現得像個董事長："這不是家族會議！董事長，你怎能用這種語氣？"

會後，我去找鶴青，問他："鶴青，發生了甚麼事？"

他答道："我不知道。我無法控制我的孩子。"鶴青 20 多歲起就開始抽鴉片，所以他實際上是毒品的受害者。他腦子裏想甚麼，只有他自己和那些毒品知道。他説的話可能是幻覺，也可能是事實。

我説："好吧，鶴青。你知道我很努力工作，經常出差。我不能再這樣下去了。如果你的人想搞宮廷叛變，只可能有兩種結果。一是你現在向我承諾，會管好自己的兒子，一是賣掉你手上的股份，全面退出。否則，這樣下去只會釀成災難。"

這種骨肉相殘的爭鬥持續了兩年或三年。我在盡力管理生意，鶴青的孩子們到處散佈關於我的惡意謠言。我不能為此去諮詢母親的意見。有一次我去探望她，正想提起這件事，我看見母親臉上掠過一絲極度痛苦的表情。她的回應，大意是："年，他們也是我的孩子。你必須自己解決這個問題。我在這件事上不能表態。"她眼見家族不和，痛心疾首，但作為長者，她必須不偏不倚，不願置評。

鶴青的子女不斷威脅要起訴我。經過幾年的對立紛爭，我們終于達成和解。他們退出公司，以 2,500 萬坡幣出售手上的股票。鶴青的長子彼得（Peter）是一個訓練有素的律師，我記得我對他説："彼得，如果你們能善用這 2,500 萬元現金，你們可以做出超越母公司的成績。但如果你們沒有能力管好，那一切都會化為烏有。"

不幸的是，正如我所擔心的，後者應驗了。我了解那幾個孩子，知道他們一定會爭得翻天覆地。我們和解數週後，他們兄弟反目、兄弟與姐妹反目、姐妹之間反目、母親與兒子也反目了，相互不斷訴訟。

和解一年多後，鶴青來見我。我當時在吉隆坡，在馬來西亞國際航運有限公司的董事長辦公室裏。他從電梯裏出來時，氣喘得很厲害。我問："青，你身體怎麼這麼糟？"他暗示生活壓力很大。他不停急速喘氣好一陣子。

鶴青告訴我，他的兒子已經對他提出訴訟。詹姆斯聯同其他幾個兄弟告上法庭，說鶴青霸佔了理應屬於子女的紅利。鶴青說，這些年來，他一直認為這不過是父子間的糾紛，所以從未在意。不過這一次，子女可能有證據在手。

鶴青向我求助。他說："如果真的開庭，你能不能來宣誓作供？"

我答道："鶴青，你要我幫你做偽證。如果我被你兒子的律師或者法官詢問時，我只能如實作答。我很抱歉，鶴青。我建議你嘗試跟兒子和解吧。"

可憐的鶴青說："我理解的，我理解的。我這個要求太過份了。我已無話可説了。"他起身準備離開。我跟他說："鶴青，你自己一定要保重啊。"這是我最後一次見到他。幾個月後，他就過身了。

在我看來，營商的才幹和直覺都是天賦的，無法從課堂中學到。我認為最恰當的例子就是足球比賽。頂級的足球員才能都是天賦的。非天生的頂級球員是可以通過訓練成為一名好球員，但無論怎樣也不可能成為貝利、梅西這樣的巨星。這些球王天生就有超人的球技，再輔以後天的訓練就如虎添翼。

我從商以來，從來沒有榜樣可依循，也沒有導師指引。我沒有把自己與任何人比較。這一點，也許是自視過高，不讓自己與他人相比。我只拿我的原則和理念與我的良心相比。我總是想，母親會如何處理，已故的二哥鶴齡會怎樣行事，他們就是我良心的指引。我不認為自己待人處事特別出色出眾。我知道，一定有人比我寬宏大量。

每個成功的商人必須建立自己的一套原則，時刻記在心中。我不相信通過學習便能成為出色的商人。我認為觀察自然規律勝於聽從別人的忠告。我在父親的身上看到精明，在他的商業關係中看到一些非常人性化的素質。母親則用她的智慧深深影響着我。除此之外，沒有其他人能真正影響我。事實上，我在其他人身上首先看到的是弱點，然後我再從反面去學習。我一旦觀察到他人的弱點，就會告誡自己千萬不要那樣。

我僱用員工主要看他們是否誠實、勤勞和聰明。我要在他們眼裏看到忠誠。我並不看重工商管理碩士的學歷或優才生等稱號。我們可以僱用一個聰明人，一個成績優異的畢業生，但如果他心術不正或者生活態度扭曲，那聰明又有何用？我寧願要一個墨守成規的普通大學生，只要他值得信任，頭腦清晰，懂得人情世故就可以了。我一生痛恨甚麼精英管治的想法。直覺告訴我，那只會是帶來災難。最重要的是集團內部的團結：團隊合作、努力工作、永不背叛。建設一個穩固的企業，不需要僱用愛因斯坦或者諾貝爾獎得主。

我在學校讀書時很少能考進前五名。即使這樣，打從很年輕時，我就明白，前五名的學生在實際生活中都不會出類拔萃。他們往往自視過高，他們當中大多數的價值觀和想法都是錯誤的。我想："現實生活可是截然不同的。"在學業上考取高分的學生總是被大多數同學所羨慕。但他們一旦獲得成功，常常會沖昏頭腦。如果你去研究他們一生的軌跡，你會發現，他們後來往往很失敗。因為自大悄悄然佔據了他們，而且總是發生在最為危險的年紀。

我聘請員工或與人做生意時，我很注意對方是否有虛榮心。我發現，對於大多數人而言，最難的一件事就是承認錯誤。你如果去恭維他們，他們就會加速自我膨脹。恭維是最廉價的賄賂。你會驚訝地發現，大部分人都很愛虛榮。而事實上，無論男或女，要成功，其中一個最重要的因素就是謙遜。人必須保持謙虛低調，因為無論今天你有多強，總有一天會有人比你更強。無論你有多少物質財富，都要緊記，人不是孤立生活的，我們永遠都是社會的一分子。

這讓我想起中國的一句格言"失敗乃成功之母"。確實，如果一個人失敗了，只要他有堅韌的性格，他可以用更大的力量去扭轉局面。但我在多年的商業生涯中，得到一個結論，就是把這句格言反過來説，或許更能反映現今社會真實的一面，就是"成功乃失敗之母"，因為成功會使人驕傲、輕率。

你身邊的人，在你成功時還能看清大局地對你説："注意啊！我認為事情不是這樣的。"你可能會對此置之不理。但反過來，當你身處困境時，不斷掙扎奮鬥的時候，你就會要求他："把話再説一遍。"並且會加倍地聆聽別人的忠告。所以，緊記要保持謙虛。謙虛只會讓你加分，絕不會減分。而且還不用花分文便能得到。

同樣地，我相信人應該通過努力工作去積累財富。漸進致富讓人學懂節儉和守護財富。他會更懂得關注社會和身邊的貧苦大眾。因為他自己一生都在辛勤工作，與社會各階層的人士摩肩接踵，讓他更能深切地體恤弱勢羣體的需求。

母親送給我的牌匾至今仍掛在我的辦公室裏。

第七部分

· 結 語 ·

第二十二章　文化的力量

我很小的時候，大概四五歲，就開始理解母親所講的故事，和她常常對三個兒子的耳提面命。父親、他的助手，甚至他店舖裏的中國勞工也很有智慧。我從他們和他們的行為中學懂，我所屬的民族擁有深厚的文化。

待我漸漸長大，從 1930 年到 1940 年代，我開始意識到，中國人最缺乏的是紀律和團結。我們的文化可以追溯至幾千年，我覺得，我們的骨子裏有一些優秀品質，也有一些缺點。

中國人非常勤勞。無論在那裏，他們都嘗試自食其力。一些移民到當地做車夫，所以當地居民就把中國人與汗臭味連起來，說他們是一羣可憐蟲。我從來沒有理會過這些廢話。生活中，人要學會分辨形式和本質。如果我們的眼睛總是盯着形式，那麼我對你此生是否有成功的可能存有懷疑。

如今，中國人無需從書本中學習孔孟之道。儒家之道已經自然融入了我們的文化，成為我們與生俱來的一部分。那為甚麼部分中國人無論在國內、國外也留下不少劣跡呢？這全因為貪念。

如果通向文明的路程以萬里計，我懷疑我們連一百里也還沒有達到。倉促中，人們屢屢犯錯。過去 30 年，中國大陸發生翻天覆地的改變。在此過程中，我觀察到很多錯誤，但我也看到認真地撥亂反正的努力。

事實一再證明，資本主義是發展經濟的最佳體制。即使中國大陸也認識到這一點。但同樣真確的是，如果我們允許資本主義像失控的雪球亂撞，它的破壞性可以很巨大。我目睹過資本主義世界的林林總總，因此已成為憤世嫉俗和懷疑論者。我們每天都要將資本主義擱到放大鏡下審視，然後每週用顯微鏡再仔細檢查。我還要每個月將它放到清洗機中清洗一次。

年輕時，有雄心壯志是好事，但有貪念就不好了。在資本主義社會裏，人們都需要些許雄心和貪念來作驅動，但雄心和貪慾的界線又在哪裏呢？每個人心中或多或少都有貪念。我覺得你可以隨機挑一萬個商人，你很難從中找到沒有貪念的人。

這就是為甚麼我說，如果任憑資本主義自由發展，它就會像雪球一樣衝下山坡造成諸多破壞。一個完善的資本主義體系需要強而有力的領導，開明的政府，其領袖必須是政治家，他們願意將國家和人民的利益置於一己私利之上。我指的政治家不是那些為名、為利、中飽私囊的人。真正的領袖來自羣眾，通過管治，把人民帶向更高境界。

有時，我覺得評論資本主義和共產主義的各種聲音都是虛實參半的。沒有一種東西稱得上是絕對的資本主義，也沒有一種東西可以稱為絕對的共產主義。從資本主義變得充滿壓制性、自私、完全以自我為中心的那天起，它就會開始走向自我毀滅。資本主義要存續下去，必須要在一杯資本主義中不時摻入幾勺共產主義的成分。我指的共產主義是一個更有同理心的社會，能夠實施社會機制，將富人麵包上豐富的奶油取一些下來抹在窮人幾近沒有牛油的麵包上。

美國的資本主義制度常常、至少被美國人推崇為全球的模式。坦率地說，我對美國的資本主義制度從來沒有多大信心。從1960年代中期起，我就開始與美國商人打交道。在過去十幾年經濟陷入混亂或更早之前，我已開始迴避華爾街的資本主義。我認為做生意要謙卑，但在美國，我看到人們做生意那種高傲、無禮，甚至近乎完全缺乏人性。你好像必須要變得高傲，否則便無法在險惡的生意場上生存。這種狀況我不敢恭維。

美國最大的問題是其文化建立在物質主義之上。2007年和2008年的金融海嘯由於無預付首期的按揭貸款和信用卡債務所引起，這些做法都縱容了非理性消費。全球現在仍能感受到無節制消費引起的震盪。

我認為，中國過去五千年的歷史中，從未像過去30年一樣，有一批如此賢明的領導人。他們希望自己的國家發展、人民富裕。在真心愛國、恪盡職守、願意全心全意投入國家建設、提高人民生活水準等方面，鮮有領導人能與當今中國大陸的領導人相比。

有一段時間，我認為他們誤解了儒家思想，或者他們不願將儒家的價值觀傳承給年輕人。他們迴避所有宗教，將儒家思想歸為舊觀念。毛澤東想用共產主義理想取代人民的舊觀念。但是，在此過程中，他忽視了人們心中、腦中仍然存在的野蠻主義傾向。談論人人平等容易，但並非所有人都能獲得平等，野蠻的本性仍流淌在我們的血脈中。

在我到中國大陸出差公幹的經驗中，我常常遇到無能、固執己見的官員。幾乎每次我與他們發生重大摩擦，或者我遇到了不可信的副省長、市長，我都會回來，用我主觀的判斷與同事説："這個人怎麼能管好某某市呢？"十有八九，我下次再去時，比方説一年後，那個人已被免職，有更好的人接替了他。我開始對自己、對別人説：在東南亞，壞蛋得以晉升；但在中國，壞人都被免職。

不過，在清除無能官員方面，我認為尚大有可為。我有一名優秀的同事叫彭定中，他幫助我們公司在中國赤貧地區進行扶貧工作。我們嘗試為貧困地區的人民打開一片天空，給他們帶去希望。在此工作中，我們接觸到很多當地的村幹部，他們的質素差別極大，那些極腐敗的官員光説不做。

彭定中告訴我一個令人沮喪的故事：一個來自小村莊的聰明的年輕人通過努力考入全國頂尖的大學。畢業後，他回到家鄉分享他的知識。他很善良。20 年過去了，他失去了所有熱情、精力和夢想，成為一個被遺忘的靈魂，被官僚體制的大網緊緊纏繞着。因為他挑戰上級的想法，結果上級對他評價很低，他因此不受重視，遭受欺壓。中國有不少像他一樣的人，他們希望做好事，改善周邊人民的生活，卻遭那些無所作為而又高傲的官員從中阻撓。

我於 1990 年秋天受邀去見鄧小平。他給我的印象是：一個偉大而謙遜的人。雖然，那時他年事已高，但他從看到我的那一刻起，他整體的態度上、臉上的微笑、肢體語言都表現得像一個渴望結識新朋友的年輕人。他的言行舉止中沒有帶絲毫"我是一國之主，你是誰？"的意味。你可以察覺到，他從來不為自己着想，反而是全心全意為人民、為他的人民。

我們入座後，他的第一句話就是感謝並誇讚海外華人對新中國誕生所作出的貢獻，以及他們在中國經濟騰飛中持續起到的重要作用。接下來，他說的幾件事讓我至今記憶猶新。一件事是："30 年後，中國將會成為亞洲最重要、最強大的國家，而亞洲將成為全球最強大的地區。"鄧的語調中並無傲慢，他像是一個年老的聖賢看着能預測未來的水晶球，描述着他看見的一切。他說這些話的時候很謙遜，然後他補充道："我不可能活着看到這一天了，但我可以肯定，這一切都會成真。"

他還說："郭先生，大家都說，是我給中國帶來了如此巨大、快速的發展。他們錯了。我實施中國對外開放時，大家都在後面推動我。至今，大家仍然在推動我。"他並不是用以退為進的方式來邀功，他只是在陳述事實。人民都渴望經濟發展。

然後，鄧用很長時間講了台灣問題。他說："我向他們提出了比香港更優惠的條件。他們將可獲得香港所得的一切，此外，他們可以保留自己的軍隊、更新升級他們的武器裝備。我所要的只是一個統一的國家、一面國旗、一個外交部、一個中華民族。中國除了向前發展沒有任何其他的出路！"

整個會面，他都面帶微笑。我的印象中，他是一位善良、友好、完全無私的人。但當他談到台灣問題時，我第一次看見他帶着一絲極度的挫敗感。

這是我第一次，也是唯一一次見到鄧。後來，我在北京的朋友告訴我，這是中國政府最後一次給鄧小平安排正式會晤。我們的會面之後，大幕落下，他的來訪者只有家人和親近的朋友。

　　中國仍處於變革中。當我們談及一個13多億人口而又在變革中的國家時，一個人的智慧遠不能看透。假設你站在一頭體型龐大的大象面前，你根本無法想像出牠的全部。

　　過去那些年，極左共產主義的改革試驗對中國社會帶來了負面的副作用。其一是很多人在成長過程中沒有強大的道德準則。他們認為富人必須跟他分享財富。他們宣稱可以分出他們的財產，但他們清楚知道自己根本一無所有。我曾經跟中國幹部說："那不是共產主義，那是在高速公路上搶劫！你們對自己都不說實話，這就更不妥當了。"

　　我認為，中國面臨的兩大挑戰是：重建道德教育和建立法治。

　　道德社會不可能通過管治來獲得。我們必須從頭開始、從少年開始，從家庭和學校做起，把很強的道德觀念灌輸給年輕人。千百年來，儒家觀念為中國提供了道德的標準，這些都可以重新再建立起來。

　　第二件重要的事是：中國大陸必須努力理解並貫徹法治。在我看來，這比實行民主更為重要。法律面前人人平等是法治的基本原則。今天的中國，我們依然靠人治，但在法治體系下，即使是黨總書記也不能凌駕於法律之上。

　　我知道，一些人認為，共產黨不會接受法治，但我認為，中國共產黨要存續下去，其領導人必須適時求變，否則人民就會排斥、摒棄他們。

　　我只是希望中國共產黨能夠帶頭貫徹法治。這需要付出巨大的努力，因為必須改變文化，創建法律框架。中國需要培養正直的法官、律師來維護法律體系。這需要 20 到 30 年時間，但今天必須開始行動。如果共產黨能成就這具紀念性的偉大使命，那麼對全人類來說，中國未來的道路將會充滿希望。

第二十三章　回歸與退休

　　我在 1999 年 8 月退休，或者説是嘗試退休。我決定從郭氏集團的管理前線退下來，但我還會繼續為集團進行股票期貨交易，因為我這數十年來練就的交易技能仍可發揮作用。不過到最後，我的退休只是暫時性的。對我來説，工作是永無止境的。

　　1999 年讓我考慮退休的原因，是我意識到生命是有限的。我見過在 30 歲、40 歲、50 歲猝然離世的朋友，而到 1999 年，我已經接近 76 歲了。那時，我也飽受脊椎疾病的痛苦，幸好後來通過手術得到極大舒緩。因此，為了公司着想，我應該與公司保持距離，讓他人執掌經營。

　　所以我下定決心退休，不是為了逃避工作或面對可能出現的挑戰，而是因為我擔心我踩過的地方長不出青草來。我想站到一邊，觀察我的繼任人如何經營。另外，我還有兩個跟隨我幾十年的助手——我的兒子孔丞，還有自 1967 年起一直伴在我身邊的柳代風。我安排孔丞與他，及幾位管理人員共同執掌公司。

　　理論上，這些決定看來很理性和合乎邏輯，但在實際操作中，我還是駕馭着公司的所有業務，甚至參與決定員工獎金。所以，儘管那幾年我不再去辦公室，但我住的地方只離辦公室幾公里遠。很多人到我家裏來，只要一個電話就能找到我。我想，我的繼任人一直感覺到我的存在。我無處不在的身影，讓他們無法填補真空。應該說，根本沒有甚麼真空。我就在那裏。這個實驗證明沒法成功。

2003 年，有兩件不幸的事件導致我重返公司。我本已把集團的韁繩交給了兒子孔丞，我原來的首席助理柳代風像之前輔佐我一樣，做孔丞的助手。但 2003 年 2 月，代風在毫無徵兆的情況下，心臟病突發猝死。同月，可怕的"非典型肺炎"（非典）在香港爆發。當時還不知名的病毒迅速傳播開去。代風的離世和非典造成的衝擊促使我復出，處理應對集團面臨的問題。

代風 1941 年 10 月 6 日出生於吉隆坡，全名柳代風。從 1960 年代末起，我每次外出公幹幾乎都有他陪伴左右。他是我的私人秘書、首席助理、頭號學生。他也因此常常承受我的性急與壞脾氣，有時甚至會想到辭職。至少有兩次，他跟我母親說："我再也受不了，叔伯母，我再也受不了。"可他一直忠心、誠實、可靠地待在集團，直至生命的最後一刻。

回想起來，我最後一次與代風見面是他去世前的幾週。孔丞和代風問我，他們可否一起來見我。這從未發生過。他們到達後，孔丞轉身朝向代風，示意他先說。

代風很激動，我很久沒見過他那麼憂心忡忡。他說："羅伯特先生（他這樣稱呼我是因為家族裏有太多的"郭先生"），事情很不順利。"他在我兒子孔丞、他的頂頭上司面前，希望盡量慎言，不想冒犯，但他的一些話還是語中帶刺。他最後說道："我們不能再這樣下去了。"

其實，當着孔丞面前這樣說話等同不敬，因為孔丞是代風的老闆。我當時想，這不是代風的一貫風格，他平時不是這樣的。他怎麼就這樣爆發了呢？不過，當時事情實在發生得太快，就像鍋上的蓋子突然被沸騰得跳起來。

數週後，我和太太寶蓮在倫敦與我們的女兒惠光和燕光一起，準備搭飛機去日內瓦開始滑雪假期。那是 2003 年 2 月 1 日，我們在倫敦機場辦好登機手續。在候機室，我買了一本雜誌，回來的時候，寶蓮說孔丞剛來過電話，五分鐘後會再打來。

還沒過三分鐘，我的電話就響了。孔丞說："爸爸，我有非常壞的消息要告訴你。"我的心沉了下去。

他說："有關代風的。"我的心更沉了。

"他去世了。"

代風躺在吉隆坡機場的登機閘口離開了人世，他正準備登機。

代風和孔丞來見我的情景突然在我腦海中閃過。漢人有一句古語，大意是"人之將死，必有異常之兆"。這可能是一種先兆吧。

此事讓我深受打擊。我和寶蓮決定飛回亞洲，孩子們繼續她們的滑雪假期。說來慚愧，在回香港的漫長旅途中，我整整哭了好幾小時。我的心碎了。這位忠誠待我、侍我數十年，在早年艱苦經營期常被我苛責的人，這麼年輕就突然地離開了人世。

回香港的飛機上，為了試圖排遣自己的內疚感和不願置信的痛苦，我手寫了一封訣別信給代風。當然，我沒讓寶蓮看到這一切。當飛機駛入黑夜，我開着小閱讀燈，寫啊寫，感覺像在跟代風聊天，就我們倆。我沒有把信給任何人看，但參加喪禮之後，我把信交給了他的長子，並告訴他，我對他父親的死傷心欲絕。

我無法逃避可能是我加速了代風死亡的這樣一種感覺，因為我可能給了他太大壓力。同時，我百思不得其解，他怎麼會讓自己的健康糟到這個地步，卻從不提起。我那時已經退休，我看不到任何徵兆。而事實上，我很少見到他。我一直在想，如果我沒有退休，是不是可以挽救他？代風享年僅 61 歲。

　　2003 年，全球才知道非典型肺炎是蝙蝠的急性病毒貫穿了人類的保護屏障。從京華酒店感染首例開始，病毒呈幾何級數傳播。在威爾斯親王醫院，一些醫生和護士也受感染死亡。一位去該院做透析的腎臟病人也遭感染，他後來曾探訪住在淘大花園的兄弟，使用過那裏的衛生間。因此，致使淘大花園上百名住戶也受到感染。遺憾的是，受感染者當中，有一位是我們公司房地產開發業務的項目經理，他亦因此去世。

　　中國大陸和香港均受到重大衝擊，世界衛生組織向疫區發出旅遊警示。我們的生意受到重大影響。港島香格里拉酒店共有 565 個單元（房間和套間）及數家餐廳。它們都異常冷清。我壓低聲線問酒店經理：“客房入住率有多少？”

　　他答道：“百分之二。”

　　此時，報章充斥着各間公司緊縮業務的消息。即使如此，我還是拒絕考慮裁員。設身處地為員工着想，我覺得裁員無異於遺棄他們在沙漠。他們怎樣回家面對家人。我要求各經理採取靈活彈性手法處理。

　　我們耐心等待着。慶幸大約在兩個月後，撥開了雲霧看見青天。國際間的合作使疾病傳播受到控制。香港大學和香港中文大學出色的醫藥研究人員成功為病毒解碼，找到了病源和傳播途徑。很多病人經過醫護逐漸康復。通過對病人的有效隔離，疾病傳播速度減緩，最終停止傳播。非典終於被制服。雲開霧散，全世界都鬆了一口氣。

成功之路總會經歷不斷的挑戰，人們應以柔韌面對每次失敗和試煉。如果你在追尋目標時，選擇了一條艱辛的道路，你必須以柔韌、客觀的態度走下去。焦慮從來都不是解決問題的方法。事實上，焦慮只會使問題惡化，它弱化大腦，最終擊垮身體，使人們死於挫敗感，並對失敗產生憂慮。

管理團隊永遠都應該具備很強的柔韌性。我覺得，過去這些年裏，郭氏集團充分發揮到這一點。集團上下有一個共識：我們的成功需建立在對業務的了解、勤奮工作、恪守誠信的價值觀上。未來，只要我們具備這些品質，能夠從挫折中柔韌反彈起來，根本沒有理由不獲得更多新的財富。

不要把問題視為一堵磚牆。人可以穿越問題。穿透去另一側，忘記問題，再重新開始生活。也許，你需要從零開始，但生活中總有重生的機會。我們不一定都會成功，但至少我們有機會。

心無旁騖、努力工作、並且明智地工作。很多人認為靦腆是美德。但你若要進入商界，就要把靦腆摒於門外。你需要厚臉皮，經得起打擊。你會受辱，有人會把門甩在你臉上，堵住去路，但總還有另外一扇門、另一條路、另一個前行的方向。

今天的郭氏集團好像一棵榕樹。1949 年，它從一株幼苗開始生長，至今已變得枝葉繁茂。在過去 60 多年時間裏，我負責照料這些枝幹，確保它們茁壯健康。現在，我的兒子、他們手下的高層管理人員，很多人一起照管它們。不過，每做重大決策前，他們還是會來找我。因為大樹枝幹眾多，因此我還是從早忙到晚。但當球擊回到他們那邊場時，交談便告一段落了。不過我想，只要我健在，這樣的交談還是會繼續。退休的事就不提了吧。

第二十四章　為何要積聚財富？

　　道德法則是無可置疑的，而且威力強大，一如萬有引力一樣。在放諸四海而皆準的法則下，一切皆有因果。如果人們違背了公平和公正的原則，就會得到報應。

　　如果你看見某人致富，但你知道他刻薄、無恥，甚至很狡詐，那你大可不必羨慕他！那些採用不道德手段的商人都會受到應得的懲罰。尊重他人，他們也會以相同方式對待你。如果有兩三個沒有道德的人背叛了你，你還有 97% 到 98% 的人站在你的一邊。那些缺德的人跟本不會有同路人。

　　進入商界前，你必須發誓：不管從事甚麼行業，你都得遵循道德法則。這可確保長治久安。採取合理、清白、體面的商業方式，避免骯髒、狡猾、無恥的手段。不道德的手段只會使純潔的人格墮落。這些都是從我長達 70 年的工作生涯中觀察所得的。

　　我從商以來所遵循的原則和道德標準，全歸功於我的母親。她教誨我恰當、合理地生活，不要走極端。母親對我的教育和她恆久的影響使我能夠超越自己，客觀地去看待自己和其他商界人士的行為。

　　母親對自己極其嚴格，她完全拒絕生活中的享樂。她跟我說了無數遍這樣的話："人是為了受苦才降生到這個世界的，而不是為了過奢侈的生活或享樂。"有她做榜樣，她的觀點都清晰地、深刻地在我們所有人面前展現出來。坦白地說，我從來沒見過任何人有我母親那麼嚴格的標準。

我是由一些特殊材料構造而成的。孩提時代，我常有缺乏物資和挨餓的經歷。如果家傭在廚房裏打破了杯子，母親也會責怪她。當我看到家傭臉上憂愁的表情時，我會被一個問題困擾着：我們怎麼才能擺脫貧困？答案是：獲取財富。錢財是好是壞，我並非裁判，但既然財富是社會的組成部分，我就不得不投身這競技場。

但當你擁有財富後，你怎樣運用它呢？財富本身並非終極目的，財富只是助你達成目標。但金錢本身並不會讓你快樂。你很快會發現，即使是最甜蜜的物質享樂也不過是過眼雲煙。我人生最快樂的一段時光，是 1942 年 1 月初二次大戰期間，在叢林裏的菠蘿園中所度過的幾個月。那時，物資極度缺乏，但我卻擁有很美好的回憶。

貪婪讓人不快樂。你擁有了一些東西，但還是不滿足。此生，我見識過無以復加的貪慾。錢財滋生貪慾，這種貪慾醜陋之至，讓人無法直視。

我可以把自己的所有財富都留給兒女。但我不會這樣做。事實上，僅僅"承繼"這個概念就很困擾我；這不但含腐蝕性，還會破壞平衡，打歪道德天平。我們是否真的想用它來傷害子孫嗎？母親的話很有道理："子女如你，他們就不需要從你那裏繼承財產；子女若不如你，你的遺產對他們又有甚麼用呢？"

那為甚麼要積聚財富？無疑，財富會給子孫後代和人類留下一個更美好的世界。因此,財富應該被用於兩個主要目的上。其一,通過投資和再投資,來創造更好的新機會;其二,純粹以慈善形式,或通過投資科研、健康等課題,來造福人類。

我通過投資創造了財富和就業機會,這讓我獲得了極大的滿足感。對我來說,這是正面的人生。郭氏集團在亞洲聘用上萬名員工,我自信我們是正派和充滿關愛的僱主。同時,我們通過有效的方式為普羅大眾提供日常主食,為社會作出貢獻。比方說,在馬來西亞,我們不僅種植甘蔗、加工精煉食糖、將小麥碾磨成麵粉,我們還建立了非常完善的分銷體系。這樣,我們的食糖和麵粉得以用消費者能夠承擔的價格出售。食油也是如此。

我一生在慈善上無私奉獻。我認為,每個人都必須有關顧之心,想想自己能為那些不如你幸運的人做些甚麼。母親常常這樣教誨我。如果每一個人都能幫助弱勢羣體,我們都將生活在更加和諧的世界裏。

我在慈善方面的觀念,深受我的一些英國好友所影響。我天性愛拼搏賺錢。曼氏公司的資深合夥人艾倫・克拉特沃西是一個極為淡泊名利的人。他常常提醒我:"羅伯特,財富是死不帶去的。"我無意炫耀自己的善舉,但幫助他人給了我無限的快樂和滿足。而當你心情愉快時,身體便會更加健康。正如美妙的拉丁箴言所說:品德高,體自康。

我最早成立的三個慈善基金分別是,在吉隆坡設立的郭氏基金、在香港以我母親名命的鄭格如基金和為紀念我的亡妻而在香港設立的郭謝碧蓉基金。我建立郭氏基金,原意是成立一個價值一億馬幣的基金。但通過妥善的投資，如今該基金已值好幾億元，而且每年，它在慈善活動中的投入都比我們當初的種子基金還要多。

而其後成立的兩個基金，以兩位出色的女性來命名實在再合適不過。她們對我、我的子女和我大哥鶴舉的子女影響深遠。母親和碧蓉以直接和間接的方式，給郭氏集團注入了誠實、正直和謙遜的價值觀，讓我們努力向着創造更多財富的目標奮鬥，然後運用這些財富持續投資，為社會提供就業機會。

我也設立了一個信託基金以表達我對妻子寶蓮的敬意。但是，由於她仍健在，從因果信念的角度考慮，為了保護她，我把我的名字也加進這個信託裏。它叫鶴年—寶蓮信託基金，它最終會轉為一個全面的慈善基金。

設立這些基金的目的，是要明智地投資和妥善地管理好要捐助的資產，將每年的收入用於幫助有需要的弱勢社羣。所以，我們養好金鵝，用它生的金蛋來支持教育、醫療衛生事業。這些基金和郭氏家族成員的私人股份在郭氏集團佔有控制權。

慈善工作從家出發。我為郭氏集團的員工也設立了一個信託基金，並轉入了大量股票。這個信託基金專門用於支付員工的醫療費用和其他所需。

我希望並相信，母親的子孫和後代會接力承傳和發揚這無私、慷慨的傳統；郭氏集團的每一代接班人都會努力工作，不僅為自己和子女的溫飽，還要盡其所能地幫助弱勢社羣。

母親給我灌輸了這樣的道德觀念和哲理。她讓我懂得，良好的聲譽和健康的體魄是獲取財富的先決條件。若只擁有財富，但卻沒有良好的聲譽和健康，那整個家族就像走進了一條死胡同，根本沒有未來可言。

我堅信人生的終極目標，應該要依循高尚的道德標準，並且要在所有行為上表現出來，這樣才能創建出更加公正、公平的世界。當然，這是一個未必能夠實現的崇高理想，但只要我們還在奮鬥，我們便已經為構建更美好的世界作出貢獻。

我對郭氏家族的下一代充滿信心，因為他們每一位都擁有母親的智慧。也許他們對母親的理念和思想，理解不如我深，但他們也是母親的信徒。母親的精神會傳承下去，成為郭氏集團前行的驅動力。

事情會如何演變？數年前，一位美國來的醫生朋友來探訪我。他在紐約是一位天才的脊椎外科醫生，他於 2000 年曾為我施行一個十分複雜，但非常成功的手術。在他要返回美國前的一晚，我和太太在香港的家中設小型晚宴招待他和他的女伴。

晚宴尾聲時，他來到我的座位背後，輕拍我的肩膀說："未來有一天，當你感覺到肩膀被人輕拍時，轉過頭來，就會見到我。"

就當時的對話，他應該是說在 50 或 100 年之後。因此，我問："醫生，這是甚麼意思？"

他說："因為我強烈相信，我們死後靈魂仍然存在。"

我說："醫生，你是一個讀科學的人。你真的相信靈魂之說嗎？"

他表現得同樣驚訝地說：“你不相信嗎？你為何不相信我們擁有靈魂呢？”

我回答道：“嗯，老實說，我最愛的母親離開了我十二、三年了。我們之間不曾有過任何感覺或溝通。你怎能認為我會相信有靈魂這回事呢？我最愛的二哥於 1953 年在叢林中悲慘被殺，我多麼渴望能再見到他，感受他。但到頭來甚麼也沒有。”

我大體上是一個宿命論者。人沒有永生，我相信人所創造的事物也無法永遠存在。中國遠古前所鑄造的青銅和瓷器可能仍然能遺留下來，但大部分人所製造出來的都有其生命限期。若集團能如現狀般多經營 150 年，我已經感到十分欣喜了。

經歷過這麼多年，我們已建立了多種不同的慈善基金和信託，連同我個人和我子女的股份來持有着這個集團。在我離開後，若我的後人能團結一起，擁有共同目標，並且明白集團的生存並非只為爭逐財富，而是活得更加精彩。我已經很心滿意足了。

後記

寫完大部分的回憶錄之後，又過了好幾年。在最後一章裏，我希望補充一下我的故事，以及提出一些我對現代中國崛起和如何維持良好健康的看法。

習近平的中國夢

全世界正在見證，習近平總書記領導中國走向偉大復興。

我的一生目睹中國翻天覆地的轉變。年輕時，常常聽到中國各種可怕的壞消息。經歷過數十年的不當管治、內亂和外敵壓迫下，一場革命已在國內醞釀萌芽。1949 年 10 月 1 日，毛澤東和他一輩能力超卓的同志們建立了中華人民共和國。然而，因為他並非經濟和商務上的能手，當經濟開始衰退時，他受到身邊同志的指責。一怒之下，毛澤東嘗試用火炬燒死攀爬在房屋邊緣的那些螻蟻，卻沒料到木造的房子被波及，熊熊地燃燒起來，引發了文化大革命，將整個國家燒得滿目瘡痍。

經過一連串極不穩定的政治鬥爭後，鄧小平掌權了。大約用十五年的時間，他親自帶領着人民向正確的方向邁進。1990 年9 月，鄧小平先生在北京人民大會堂會見了我，他的謙遜深深打動了我。鄧小平指人民將國家的快速經濟發展和社會繁榮歸功於他，但他卻認為自己不能居功。他說："我唯一做的就是打開了一扇門,而幫助國家推進那扇門的卻是隨在我身後、奮勇衝鋒的民眾。"我深感鄧小平是一位睿智且愛民的領導——真正的一代偉人。

在鄧小平將中國帶入逐漸繁榮富裕的同時,社會上也隨之而滋生了貪婪和腐朽的病根。

有幸習近平於 2012 年 11 月接任成為國家領導人。他在短短 4 年間已經取得驚人的成就,大大地減少各個政府機關、國營企業和軍隊中的貪腐。在此之前,中國的經濟發展在缺乏監管之下導致了鋼鐵、水泥和鋁等等的生產能力過剩。為了針對以上的問題,政府加強調節,人們從而開始感受到經濟改變的陣痛。

習近平了解到這不僅是本體出現了問題,墮落的思維和腐敗的心靈更入侵了整個社會和系統。他試圖重整和復興思想、物質、道德和心靈上的各方面,這是一件艱鉅的工作,因為國家已進入了較為富裕的階段。反而當窮困的人民一無所有時,領導人重整政策會受到較小的阻力。

習近平正有效地破除中國社會中根深蒂固的封建思想和官僚作風,帶領中國一步一步地走向現代化。

以我對習近平的認識,他是一位無私無我、心懷悲憫、熱愛祖國並深切認識中國歷史和文化的領導。他致力於建立良好的制度,以圖進一步改造中國。他可能還需要多年時間才能將自己的印記加於中國之上,但我堅決相信,歷史將尊崇他為中國最偉大的領導人之一。

人類的長征

我認為在過去二、三十年間，人類邁向真正文明的長征受到阻撓，在某程度上甚至可以說是倒退。整體來說，進程讓人感到沮喪。

中國的文化和政策是不容干預、介入或評論任何別國內政，就算他們在暴君的統治下亦不例外。這與美國認為有權批判、起訴和執行刑罰的思維方式截然不同。我認為這種危險的思維方式，只會帶來更多衝突和破壞。

我相信，前路只能靠人類創造一套受自然法所規範的德行文化，包括道德法規。過分依賴人定的法律，由於詮釋上的分歧，只會為人類帶來更多苦難。

健康的身體和價值觀

我活在這個世界上已經快一個世紀了。回顧從商的 75 年，我意識到要在漫長的商業生涯中取勝或逆境求存，關鍵是要有一個強健的體魄和健康的心靈。我一直很欣賞一句拉丁文：*"mens sana in corpore sano*（健康的心靈存在於健康的身體）"，這正是我早年學校的座右銘。現在每個見到我的人都會問我如何在 93 歲還能保持健康，而我的答案——在身體和心理上過簡單樸素的生活是良好健康的黃金法則。

從青年到 90 歲，我一直很幸運能轉危為機、正面地重塑我的生命。當日本法西斯政權侵略並征服了馬來亞後，他們強迫我們將時鐘調快一個半小時，以配合東京時間。

當年我通常在東京時間晚上九點就寢（即馬來亞時間晚上七點半）。每個工作日的清晨，我會騎着單車穿過黑暗的街頭，來到一間離我任職的三菱公司不遠的小小印度素食餐館。在那兒，我會坐在一羣印度勞工之中，和他們一起享用簡單的薄餅和咖哩醬，再喝上一杯熱騰騰的鮮奶咖啡。

這個維持了三年多的簡樸生活方式為我未來的健康打下了堅實的基礎。

從 1942 至 1945 年，我掌管了三菱公司的進口香煙生意。當時，三菱公司擁有米和煙草的壟斷權，而香煙是從日本或泰國進口的。我曾打開一包香煙跟同事們分享，自己也當然抽了幾支。可是隨後的一個禮拜，我的喉嚨總會疼痛不堪，而且會咳嗽得連肺都快咳出來了。儘管如此，兩、三個月後我又會抵不住誘惑，再次抽煙，然後又再次病倒。我曾患了非常嚴重的扁桃腺炎，並在之後的一年多終於領悟到抽煙這回事實在不值得，從此就再也不抽煙了。直至 1970 年末我去古巴，當地的朋友在我的酒店房間裏放了幾盒哈瓦那雪茄，我就假裝自己是詹姆士邦，開始吞雲吐霧。不料我抽了雪茄之後，再次喉嚨發炎、痛苦不堪，所以從此以後連雪茄也不抽了。

我認為這是不幸中之大幸，因為香煙就是毒藥，養成了習慣，後果會不堪設想。

我最喜愛的蛋白質是魚肉，而大部分蝦蟹貝類等的海鮮我都會吃。青菜和水果也是對人體有益的最佳食品。我母親大約 45

歲時全心禮佛便吃全素。她活到 95 歲一直保持着良好的健康。

我相信現代醫學的建議──每週至少吃 20 種不同的食物。不僅如此，中國人經過數千年的智慧累積也教曉了我們哪些食物和烹煮方法對健康最為有益。

擁有健康的價值觀亦很重要。為了一個快樂及滿足的人生，我相信每個人都應該培養幾項重要的生活習慣──第一是抑制妒忌，第二是抑制貪念。

為了推動自己往前邁進，我們都需要一點點的貪念，它是能激勵我們向上的燃料。沒有貪念就沒有成功的資本主義，但當它超過一個限度後，貪念就會變成一種疾病並成為人類的詛咒。

如果你能捉到 10 條魚，但你已滿足於擁有 6 條，那你就會永遠感到快樂。如果你的能力只能捉到 10 條魚，但卻希望能捉到 20 或 30 條，那你永遠都不會感到快樂。

貪婪能導致地球與人類的滅亡，所以我們必須找到一個平衡點。

我相信每個人天生都有好運和惡運的配額。過着道德的生活能夠打開好運的源頭，失德敗行則會阻塞流向你的好運。

無可否認，有些人天生就擁有比他人更強的能力和好運。如果你屬於這幸運的一羣，並將你所擁有的與身邊的人分享，這會給你無比的快樂。有着喜樂和滿足的人自然會活得長壽。

人應學會謙卑。真正的謙卑須發自內心，對人要懷着慈悲之心。我發現大部分人都會願意為真正謙卑的人效力，而一個自大傲慢的人在 20 個"朋友"中可能勉強能找到 2 人願意向他伸出援手。

　　我希望年輕人能反省人類在這地球上的真正意義。不要將物質上的滿足與快樂混為一談，金錢並不能帶給你一切，要懂得分辨真實和幻想。學會過着簡單樸實的生活，並在有能力的情況下將財富和他人分享。我們在這世界上並非孑然一身。古代的聖人留下了無盡的智慧，如老子就教導我們 —— 人若要過知足的一生，就應放棄貪念、盡力過一個與大自然和諧共融的簡單樸素的生活。